Heinz Siebenbrock

**Führen Sie schon oder
herrschen Sie noch?**

Heinz Siebenbrock

Führen Sie schon oder herrschen Sie noch?

Eine Anleitung zum fairen Management

Tectum Sachbuch

Heinz Siebenbrock
Führen Sie schon oder herrschen Sie noch?
Eine Anleitung zum fairen Management
© Tectum Verlag Marburg, 2013
ISBN: 978-3-8288-3157-5

Umschlagabbildungen: Bürostuhl: © Igor Kovalchuk | shutterstock,
Thron: © Oleksandr Moroz | fotolia, Autorenportrait: Roman Men-
sing, Münster im Auftrag des Poko-Institus
Umschlaggestaltung: vogelsangdesign.de
Satz und Layout: Heike Amthor | Tectum Verlag
Druck und Bindung: Finidr, Český Těšín
Gedruckt in der Tschechischen Republik
Alle Rechte vorbehalten

Besuchen Sie uns im Internet
www.tectum-verlag.de

Bibliografische Informationen der Deutschen Nationalbibliothek
Die Deutsche Nationalbibliothek verzeichnet diese Publikation
in der Deutschen Nationalbibliografie; detaillierte bibliografische
Angaben sind im Internet über http://dnb.ddb.de abrufbar.

Geleitwort

„Ist das Unternehmen für Sie da oder sind Sie für das Unternehmen da?

Sind die Mitarbeiter für Sie da oder das Unternehmen für die Mitarbeiter?

Sind die Kunden für das Unternehmen da oder das Unternehmen für die Kunden?"

Als ich noch ein junger Unternehmer war, stellte mir ein Berater diese drei Fragen und ergänzte: „Je nachdem, welche bewusste Haltung Sie einnehmen, schauen Sie nämlich anders in die Welt und können die Fragen so oder so beantworten."

Jede Führungskraft hat eine bestimmte Haltung und agiert entsprechend. Die Frage ist nur, ob sie sich das bewusst macht oder nicht. Gegenwärtig leben immer noch zu viele Manager mit Unklarheit darüber, wie sie sich zu ihren Mitarbeitern, ihren Kunden und zum Unternehmen stellen. Wenn man den Wirtschaftsteil einer Zeitung aufschlägt, hat man meist den Eindruck, die Menschen seien für die Wirtschaft da.

Wer sich aber fragt, warum und wozu er all das macht, erkennt, dass alles, was er tut, stets den Menschen zum Ziel hat. Ohne Menschen gäbe es keine Wirtschaft. Also kann der Mensch nicht das Mittel sein. Der Mensch ist der Zweck all unseres Handelns.

Wer ist für wen da? Das Unternehmen für die Menschen! Ein Unternehmen stellt für jeden Beteiligten einen Lebensschauplatz dar, der ihm helfen sollte, sich seiner selbst bewusst zu werden und seine Biografie zu gestalten.

Das vorliegende Buch kann ich jeder Führungskraft ans Herz legen. Die Lektüre dieses Buches ermöglicht, sich die eigene Haltung und den eigenen Umgang mit Mitarbeitern bewusst zu machen. Das ist heute wesentlicher denn je. Eine Führungskraft kann langfristig nicht erfolgreich sein, wenn sie bei der Frage „Wer ist für wen da?" bildlich gesprochen daneben greift.

Die wichtigste Aufgabe von Menschen mit Führungsverantwortung ist es, das Unternehmen so zu gestalten, dass es Innovationen anzieht – das bedeutet, Initiative weckende Rahmenbedingungen zu gestalten. Alle Beteiligten müssen den Freiraum haben, selbst Ideen entwickeln und einbringen zu können.

Ein Unternehmen ist umso unternehmerischer, je mehr Menschen im Unternehmen selbst erkennen, was zu tun ist und eigeninitiativ tätig werden. Wer sich diese Erkenntnis zu eigen machen möchte, hat mit diesem Buch einen wichtigen Schritt getan.

Juni 2013   Prof. Götz W. Werner

Inhalt

Geleitwort	V
Abbildungen	IX
Vorwort	1
1 – Engagierte Mitarbeiter?	5
1.1 – Führung: Eine Frage der Einstellung	7
1.2 – Aufbau des Buches	9
2 – Fragwürdige Werte der Betriebswirtschaftslehre	13
2.1 – Sparsamkeit	14
2.2 – Gewinnmaximierung	17
2.3 – Wettbewerbsorientierung	21
2.4 – Wachstum	25
2.5 – Auswirkung fragwürdiger Werte auf die Einstellung von Führungskräften	28
3 – Ein Modell für gute Führung entsteht	33
3.1 – Führungstheorien in der Literatur	33
3.2 – Einstellung des Managements als Voraussetzung für gute Führung	39
3.2.1 – Wertschätzung	43
3.2.2 – Nachhaltigkeit	50

3.2.3 – Erfüllung   56
3.2.4 – Vertrauen   60
3.3 – Leitlinien guter Führung   71
3.4 – Aufgaben guter Führung   92

4 – Gute Führung: Auch eine Frage des Anstands   155
4.1 – Anständige Unternehmensführung
         im betriebswirtschaftlicher Kontext   158
4.2 – Anständige Unternehmensführung im gesellschaftlichen Kontext   174
4.3 – Controlling einer anständigen Unternehmensführung   196

**5 – Moderne Managementkonzepte vor dem Hintergrund einer
guten Führung**   203
5.1 – Universell einsetzbare Managementkonzepte   205
5.2 – Alternative Managementkonzepte   221
5.3 – Einengung oder Erweiterung der Möglichkeiten
         durch Managementkonzepte?   232

6 – Fallbeispiele guter Führung   237
6.1 – Miteinander: Der Betriebsrat als Controller   238
6.2 – Diversity: Offen für Neues und für Neue   243
6.3 – Die neue Schulleitung   248
6.4 – Do it yourself: Theater!   253
6.5 – Filiale geschlossen, der Chef geht auch!   256
6.6 – Ein Leben auf dem Skateboard: Mal rauf, mal runter, und wieder rauf! 259
6.7 – Ausgezeichnet: Unterstützung durch unternehmensübergreifende
         Initiativen   263

7 – Hoffnung: Politische Unterstützung für ein faires Management   265
Danksagung   273
Literatur   275
Personenverzeichnis   287
Stichwortverzeichnis   291
Anmerkungen   301

Abbildungen

Abb. 1: Die impliziten Werte der Betriebswirtschaftslehre   16

Abb. 2: Grafische Ermittlung des Gewinnmaximums   19

Abb. 3: Werte eines fairen Managements   65

Abb. 4: Orientierungsrahmen eines dunklen Managements   67

Abb. 5: Dimensionen der guten Mitarbeiterführung   73

Abb. 6: Hierarchischer Zusammenhang zwischen ökonomischen Zielen   96

Abb. 7: Beispiel für die Gestaltung eines Protokolls   128

Abb. 8: Beispiel für die Aufgabenanalyse eines Teamleiters (Auszug)   131

Abb. 9: Beispiel für die Detailbeschreibung einer Aufgabe im Rahmen
der Aufgabenanalyse   133

Abb. 10: Johari-Fenster   150

Abb. 11: Johari-Fenster nach erfolgtem Feedback   151

Abb. 12: Drei-Schritte-Modell der Organisationsänderung
nach Kurt Lewin   220

Abb. 13: Wandelbegriffe im Vergleich in enger Anlehnung
an Georg Schreyögg   223

Vorwort

Die Wirtschaftswissenschaften stehen seit geraumer Zeit in der Kritik. Dabei beschränkt sich diese Kritik überwiegend auf die volkswirtschaftliche Theorie. Walter Otto Ötsch („Mythos Markt"), Wolfgang Berger („Fließendes Geld"), die Gebrüder Peter und Andrew Schiff („How an economy grows and why it crashes"), Joseph Stiglitz („The Price of Inequality: How Today's Divided Society Endangers Our Future") und andere führen volks- und weltwirtschaftliche Probleme auf ein unzureichendes Theoriegebäude zurück. Mit Blick auf die Finanzkrise im Jahre 2008 kommt David Orrell sogar zu dem Schluss: „Ich kritisiere die mathematischen Modelle, die von den Ökonomen benutzt werden, nicht deshalb, weil sie die Krise nicht vorhergesagt haben. (...) Ich kritisiere sie dafür, dass sie den Ausbruch der Krise überhaupt erst ermöglicht haben. Sie haben ein falsches Sicherheitsgefühl geschaffen. So als würde man einen Sicherheitsgurt anlegen, der gar nicht richtig verankert ist."[1]

In diesem Buch geht es nicht in erster Linie darum, an den Grundfesten der volkswirtschaftlichen und der damit in enger Verbindung stehenden betriebswirtschaftlichen Theorie zu rütteln. Vielmehr soll das Augenmerk auf die gefährlichen, jedoch weitgehend unbeachteten Nebenwirkungen der betriebswirtschaftlichen Theorie gelenkt werden. Dabei sollen die der betriebswirtschaftlichen Theorie zu Grunde liegenden bzw. impliziten, durchaus fragwürdigen Wertevorstellungen den Ausgangspunkt der Betrachtungen bilden.

Denn die Betriebswirtschaftslehre vermittelt nach meiner Auffassung neben der Theorie in gehörigem Maße durchaus auch Werte, die angehende und aktuelle Manager vermutlich erheblich beeinflussen, auch wenn (oder gerade weil) dies eher unterschwellig geschieht. Die Vermittlung dieser fragwürdigen und doch selten hinterfragten Werte schüren demnach viele der in der Öffentlichkeit zu Recht beklagten Zustände in der Wirtschaft. Das Ergebnis: ausgebeutete Ressourcen, gierige Manager, geizige Konsumenten, demotivierte Mitarbeiter, Burnout und sogar Tod!

Die fragwürdigen Werte der Betriebswirtschaftslehre tragen dazu bei, den Menschen im Unternehmen auf einen Produktionsfaktor zu reduzieren, den es wie eine Maschine zu beherrschen gilt. Daraus leitet sich ein weit verbreitetes Paradigma ab: Der Vorgesetzte muss alles unter Kontrolle, alles im Griff haben und behalten. Diesem Herrschaftsansatz soll mit diesem Buch ein Führungsmodell entgegengestellt werden, das die Initiative des Mitarbeiters in den Mittelpunkt stellt. Führen bedeutet vor diesem Hintergrund, einen Rahmen zu schaffen, in dem die Mitarbeiter von sich aus erfolgreich sein wollen und alles dafür tun, erfolgreich zu bleiben. Ein Fundament dafür bilden die ,Grundzüge des fairen Managements', die ich Ihnen, liebe Leser, als einen alternativen Führungsrahmen vorstellen möchte.

* * *

Warum Sie dieses Buch lesen sollten?

1. Dieses Buch greift gravierende Schwächen der klassischen Betriebswirtschaftslehre auf: Speziell werden die impliziten Grundannahmen erstmalig systematisch offengelegt. Die daraus resultierende, „völlig andere Art, ein Unternehmen zum Erfolg zu führen" (D. Lohmann), ist brandaktuell und wird auch in den derzeitigen Bestsellern von Martin Wehrle

(‚Ich arbeite in einem Irrenhaus‘) und Detlef Lohmann
(‚… und mittags geh ich heim‘) aufgegriffen.

2. Dieses Buch ist im Gegensatz zu den beiden genannten
   Werken als strukturierter Ratgeber für aktuelle und zukünftige Führungskräfte konzipiert. In diesem Buch finden Sie mit
   der ‚Anleitung zum fairen Management‘ ein Theoriegebäude,
   mit dem Sie Ihren eigenen, ethisch fundierten Führungsstil
   entwickeln und ausbauen können.

3. Das Buch zeigt Ihnen mit vielen Ratschlägen (‚Eckpfeilern‘)
   und Fallbeispielen, wie sich Ihre ethisch fundierte Führung
   ausbauen lässt.

4. Das Buch hilft Ihnen, gängige Managementkonzepte wie
   Qualitätsmanagement und Wissensmanagement vor dem
   Hintergrund eines ethischen Fundaments einzuordnen.

***

Der Leser wird in der männlichen Form angesprochen. Dies ist   Liebe Leserinnen!
der leichteren Lesbarkeit geschuldet, zeigt aber auch, dass der Ver-
fasser mit Blick auf die Inhalte dieses Buches keinen Unterschied
zwischen Frau und Mann zu erkennen vermag.

Drensteinfurt, im Juli 2013
Heinz Siebenbrock

1 – Engagierte Mitarbeiter?

„Ein Buch muss die Axt sein für das gefrorene Meer in uns."

Franz Kafka[2]

Die Welt ist voll von Menschen, die anderen nicht gut tun, die unterdrücken, quälen, Angst schüren und Schrecken verbreiten. Das gilt besonders auch für das Geschäftsleben und ganz besonders für das Verhältnis von Vorgesetzten zu ihren Mitarbeitern. Nach einer Gallup-Umfrage weisen mehr als 80 % aller Mitarbeiter in Deutschland ein erschreckend niedriges Engagement in ihrer beruflichen Tätigkeit auf. Als *die* Hauptursache wird die Unzufriedenheit mit dem oder den Vorgesetzten benannt.[3] Dieser Befund hat sich in den letzten Jahren immer wieder bestätigt, zuletzt in einer beachtlichen Studie, die Diana E. Krause und Juliane Simon von der Universität Klagenfurt vorlegten.[4]

Der Teufelskreis ist einfach zu beschreiben: Unterdrückung führt zu niedrigem Engagement bei den Mitarbeitern, während niedriges Engagement weitere Unterdrückung durch die Vorgesetzten nach sich zieht. Warum schafft es bestenfalls einer von zehn Managern, aus diesem Teufelskreis auszubrechen? Offensichtlich gibt der wirtschaftliche Erfolg diesem im Grunde menschenverachtenden System (noch) Recht.

Ein Teufelskreis

Tatsächlich fordert die herrschende Betriebswirtschaftslehre, an der sich die meisten Vorgesetzten orientieren dürften, implizit zur Unterdrückung, zur Ausbeutung und zur Abzocke, ja sogar zu Geiz und Gier auf! Es ist an der Zeit, die negativen Werte, die diesem Fach traditionell zu Grunde liegen, aufzudecken.

Vor diesem Hintergrund wundert es nicht, dass ein Großteil aller Mitarbeiter in Deutschland allenfalls ‚Dienst nach Vorschrift schiebt‘, während jeder vierte Mitarbeiter bereits innerlich gekündigt hat. „Nur etwa jeder Siebte (14 Prozent) ist Feuer und Flamme für seinen Betrieb"[5], lautet das desaströse Fazit der Internetausgabe der Wochenzeitschrift ‚Die Zeit‘ zur Gallup-Studie.

Das Gros derjenigen, die sich in Forschung und Lehre mit der Betriebswirtschaftslehre auseinandersetzen, behauptet zu Unrecht, dass diesem Fach kein Wertegerüst zu Grunde liegt; es handele sich angeblich um eine wertfreie Wissenschaft. Ohne die Fundamentalkritik Alfred Nobels an der Wissenschaftlichkeit dieses Fachs aufgreifen zu wollen, sei zumindest die angebliche Wertfreiheit in Frage gestellt. Der auch politisch einflussreiche tschechische Ökonom Tomáš Sedláček bemerkt dazu: „Es ist paradox, dass ein Gebiet, das sich vorwiegend mit Werten beschäftigt, wertfrei sein will."[6]

Die der Betriebswirtschaftslehre impliziten Aufforderungen zur Gewinnmaximierung, zur Wettbewerbsorientierung und zum Wachstum sind alles andere als wertfrei! Wie nachfolgend zu zeigen sein wird, wirken sich gerade diese Leitbilder äußerst ungünstig auf das Mitarbeiter-Vorgesetzten-Verhältnis aus.

Das bisherige Leitbild: Unterdrückung

Wenn schon die Fachvertreter der betriebswirtschaftlichen Theorie dies nicht zur Kenntnis nehmen (wollen) und stattdessen weiterhin unbeirrt ihre ‚Lobgesänge‘ auf die Gewinnmaximierung, auf die Wettbewerbsorientierung und auf das Wachstum vortragen, dann folgt daraus nur allzu folgerichtig, dass die betriebswirtschaftliche Praxis diesen falschen Leitbildern folgt und auf Unterdrückung setzt.

Den meisten angehenden und aktuellen Managern kommt es auf Grund ihrer betriebswirtschaftlichen Ausbildung zwangsläufig überhaupt nicht in den Sinn, ein gutes Verhältnis zu ihren Mitarbeitern anzustreben. Ein Leser des zitierten ‚Zeit‘-Beitrags bringt die scheinbar typische Grundhaltung von Vorgesetzten in seinem Kommentar auf den Punkt: „Warum sollte ein Vorgesetzter Wert auf Mitarbeiterbindung legen, wenn die Mitarbeiter selbst keinen Wert genießen und als ersetzbar und austauschbar gelten? (…) [Die] Identifikation mit dem Arbeitgeber wird doch gar nicht mehr verlangt, geschweige denn geschätzt (…). In vielen Betrieben zählt der Mitarbeiter gar nicht mehr, da zählt nur noch, welchen Nutzen er erzielt, sprich welchen Profit er einbringt (…). Also warum bitte sollten sich die Arbeitnehmer da noch groß engagieren, wenn sie Angst haben müssen, unter Umständen einfach wegrationalisiert zu werden – nicht etwa, weil sie schlechte Arbeit leisten, sondern weil auf ihrem Rücken gespart werden muss (…). Wertschätzung sieht anders aus."[7]

1.1 – Führung: Eine Frage der Einstellung

Über erfolgreiche Führung ist bereits in Büchern und auf Veranstaltungen so viel geschrieben und gesagt worden, dass der Leser mit Recht eine Begründung für dieses Buch erwartet. In den Wirtschaftswissenschaften, in der Soziologie, in der Psychologie, in der Anthropologie und in der Philosophie ist Führung schon lange Gegenstand der Untersuchung, ohne dass dieses Thema erschöpfend behandelt wird. Jedes Jahr wartet mit neuen Erkenntnissen und neuer Literatur in den unterschiedlichsten Disziplinen auf. Wozu dient nunmehr dieser weitere Beitrag?

Zunächst einmal richte ich mich nicht an ein Fachpublikum oder an Spezialisten. Dies ist eher ein populärwissenschaftlicher Beitrag, der sich um einfache Sprache bemüht und kein Vorwissen voraussetzt. Andererseits verspreche ich keine Rezepte, denen nur noch die Anwendung folgen muss.

Dieses Buch inspiriert zum Nachdenken. Es fordert zur eigenen Arbeit, zur eigenen Überprüfung, Veränderung und Entwicklung des Führungsverhaltens auf und zeigt, welche Aspekte dabei zu beachten sind.

Darum dieses Buch!

> **Ich bin der grundlegenden Auffassung, dass Führung eine Frage der persönlichen Einstellung ist. Selbstreflexion und Selbstpositionierung sind notwendig, um ein individuelles, wirksames Führungsverhalten zu entwickeln.**

Mein zentrales Anliegen besteht darin, den aktuellen und zukünftigen Vorgesetzten in seiner positiven Grundeinstellung zu seinen Mitarbeitern zu unterstützen und zu bestärken. Hierauf aufbauend wird es ihm gelingen, seine Mitarbeiter situationsgerecht, erfolgreich und mit Freude zu führen.

Gut oder Böse? Etwas dazwischen!

Die Führungspraxis sieht, wie gezeigt wurde, eher düster aus. Gerade einmal einer von zehn Führungskräften wird ‚gute Führung‘ im Sinne eines ethisch einwandfreien, humanen Führungshandelns attestiert. Folgt man dem Grundgedanken des Führungskontinuums[8], kommt man zu dem Schluss, dass es auf der anderen Seite auch nur eine von zehn Führungskräften verdient, als wirklich ‚schlecht‘ oder gar ‚böse‘ bezeichnet zu werden. Zwischen diesen beiden Polen finden wir vielfältige Schattierungen, die sich allerdings, so bestätigt es die Gallup-Studie, tendenziell an dem inhumanen Pol zu orientieren scheinen. Spricht man solche Führungskräfte ‚aus der Mitte‘ auf inhumane Praktiken an, werden diese gern als selbstverständliche Notwendigkeiten attribuiert. Als Beispiele dienen einige der oft gehörten Ausflüchte:

* Wo gehobelt wird, da fallen Späne!
* Ein bisschen Druck hat noch niemandem geschadet! *Oder:*
* Nur unter großem Druck entstehen Diamanten!
* Man kann nicht immer Rücksicht nehmen!
* Wenn du nicht frisst, wirst du gefressen!
* Der Ehrliche ist der Dumme!
* Die anderen sind auch nicht besser!
* Der Erfolg heiligt die Mittel!

Mir ist klar, dass ich mit diesem Buch den Überzeugungstäter unter den ‚bösen‘ Managern kaum erreichen kann. Schlimmer noch: Mit einem ‚Bodensatz‘ böser Menschen im Management werden wir auch in Zukunft leben müssen, wenngleich es durchaus gelingen sollte, durch ein geeignetes Einstellungsprozedere, das auch die ‚ethische Qualifikation' einbezieht, einen wichtigen Beitrag zum fairen Management zu leisten.

Zu fragen bleibt aber vor allem, warum sich Manager ‚aus der Mitte', die sich weder als gut noch als böse bezeichnen würden, tendenziell stärker an Beispielen inhumaner Führung orientieren. Eine Schlüsselantwort darauf gibt die Enthüllung der fragwürdigen impliziten Werte der Betriebswirtschaftslehre. Damit verbinde ich die Hoffnung, dass sich die fast 80 % der Manager ‚aus der Mitte' an den durchaus vorhandenen guten Beispielen orientieren und mit Hilfe der nun vorliegenden ‚Anleitung zum fairen Management' ein Führungshandeln entwickeln, das auf der Grundlage einer humanen Einstellung aufbaut und ethischen Ansprüchen genügt.

Orientierung?

1.2 – Aufbau des Buches

Mit diesem Buch wird der Leser eingeladen, die impliziten Werte der Betriebswirtschaftslehre zu erkennen und zu überdenken. Ich setze dieser Orientierung ein Leitbild entgegen, das auf einem menschenorientierten Wertegerüst gründet. Dabei stehen die Begriffe Wertschätzung, Nachhaltigkeit, Erfüllung und Vertrauen im Mittelpunkt. Dieses Wertegerüst wird nicht jeder Leser exakt für sich übernehmen wollen, vielmehr stellt es eine Anregung dar, eine individuelle, positive und vor allem humane Einstellung zum unternehmerischen Handeln und den dort tätigen Personen (Mitarbeiter, Kunden, Lieferanten) zu entwickeln.

Ein Führungsmodell der Anständigkeit

Auf der Grundlage dieses Wertegerüstes wird sodann ein Führungsmodell entworfen, mit dem die praktische Umsetzung dessen, was Hans Küng in seinem gleichnamigen Buch mit „Anständig Wirtschaften" bezeichnet, gelingen kann. In diesem Führungsmodell werden in Anlehnung an Fredmund Maliks Werk „Führen, Leisten, Leben" allgemein gültige Leitlinien, Aufgaben und Instrumente der Führung vorgestellt und vor dem Hintergrund des alternativen Wertegerüstes diskutiert.

Wertegerüst

Die vorzustellenden Leitlinien sollen im Sinne von Leitplanken dafür sorgen, die eigene humane Einstellung abzusichern. Immer

wieder gerät man in Situationen, in denen der ‚innere Schweinehund‘ zu einem Verhalten rät, das mit einer humanen Führung
nicht vereinbar ist. Die Leitlinien der Führung leisten einen wichtigen Beitrag, nicht in konventionelle, auf Unterdrückung setzende
Einstellungen zurückzufallen.

Mit den Aufgaben der Führung wird die eigentliche Zuständigkeit eines Vorgesetzten beschrieben. Dabei kommt es nicht
darauf an, möglichst viele Aufgaben an sich zu reißen, sondern
die wenigen Aufgaben zu erkennen, die mindestens von einem
Vorgesetzten wahrzunehmen sind. Schließlich wird mit einer
detaillierten Beschreibung von geeigneten Führungsinstrumenten praxisnah gezeigt, wie die Führungsaufgaben im Sinne eines
humanen Managements umgesetzt werden können.

Der Darstellung des Führungsmodells folgt ein Kapitel über die
‚Eckpfeiler‘ einer guten Führung: Die Beachtung der dort formulierten ‚Anstandsregeln‘ runden das Bild fairer Führung nicht nur
ab, sondern sie geben auch Hinweise darauf, wie faires Führungshandeln gemessen werden kann.

Gegen den ‚Mainstream‘?

Ein Einwand drängt sich vorab geradezu auf: Wenn sich doch
die meisten aktuellen Manager (wohl mehrheitlich unbewusst)
an einem eher inhumanen, dunklen Leitbild orientieren, ist es
dann besonders klug und erfolgversprechend, gegen den ‚Mainstream‘ einen alternativen Ansatz zu wählen und ‚anständig‘ zu
wirtschaften und zu führen? Dieser in vielen Gesprächen immer
wieder gestellten Frage soll in den letzten beiden Kapiteln begegnet
werden.

Gängige
Managementkonzepte
und Humane Führung

Mit einer Einordnung gängiger Managementkonzepte wird
verdeutlicht, dass es in der Praxis durchaus bereits Muster gibt, die
wichtige Bestandteile einer humanen Führung aufgreifen. Dazu
gehören zum Beispiel die Konzepte ‚Wissensmanagement‘ und
‚Change-Management‘. Andererseits ist in diesem Zusammenhang
auch darauf hinzuweisen, dass überaus bekannte und in der Praxis
weit verbreitete Konzepte wie ‚Lean Management‘ und in Teilen
auch ‚Qualitätsmanagement‘ einer humanen Führung eher im
Wege stehen.

Anhand von Fallbeispielen wird abschließend gezeigt, dass dieser alternative Ansatz der konventionellen, auf Unterdrückung ausgelegten Führungspraxis mindestens ebenbürtig, wenn nicht gar überlegen ist, auch mit Blick auf den wirtschaftlichen Erfolg. In jedem Fall bringt dieser Ansatz mehr Freude in das Leben aller Beteiligten.

2 – Fragwürdige Werte
der Betriebswirtschaftslehre

Welche Werte prägen die Betriebswirtschaftslehre? Die bis auf Max Weber[9] zurückgehende Meinung, die Wirtschaft und ihre Wissenschaften seien wertneutral, bewirkt offenbar, dass derart grundlegende Fragen nur selten gestellt werden. Immerhin weist Günter Wöhe in seinem weit verbreiteten Grundlagenwerk „Einführung in die Allgemeine Betriebswirtschaftslehre" darauf hin, dass es „besonders in der Betriebswirtschaftslehre, wo Wert- und Bewertungsprobleme eine bedeutende Rolle spielen, (…) einer besonders kritischen Betrachtung"[10] bedarf. Er belässt es aber bei einer kurzen Gegenüberstellung ‚wertfreier' Fachvertreter und solcher mit einem ‚wertenden Gewissen', ohne auf die der Betriebswirtschaftslehre zu Grunde liegenden Werte und Leitlinien inhaltlich näher einzugehen.

Spätestens seitdem die Betriebswirtschaftslehre aus einer deskriptiven Betrachtung der Realität herausgetreten ist und sich mit der Zuwendung zur Systemtheorie und der Entwicklung der Entscheidungstheorie auf normatives Terrain begeben hat, kann von einer Wertfreiheit dieser wissenschaftlichen Disziplin keine Rede mehr sein. Umso wichtiger erscheint es heute, die impliziten Werte der Betriebswirtschaftslehre aufzudecken und deren Wirkung zu diskutieren. Dazu werden nachfolgend solche Wertvorstellungen

Die betriebliche Praxis

untersucht, die die betriebswirtschaftliche Lehre und den unternehmerischen Alltag wie selbstverständlich begleiten oder gar bestimmen und kaum reflektiert oder gar hinterfragt werden. So erscheinen die betriebswirtschaftlichen ‚Selbstverständlichkeiten' Sparsamkeit, Gewinnmaximierung, Wachstum und Wettbewerb bei näherem Hinsehen als Konstrukte, die die Praxis nachhaltig prägen, obwohl sie einen fragwürdig-destruktiven Einfluss auf Manager und ihre Mitarbeiter ausüben.

2.1 – Sparsamkeit

„Sparsamkeit ist die Lieblingsregel aller halblebendigen Menschen."

Henry Ford[11] (1863–1947), amerikanischer Unternehmer

Wie ihre Schwesterdisziplin, die Volkswirtschaftslehre, geht auch die Betriebswirtschaftslehre davon aus, dass Güter grundsätzlich knapp sind und deshalb einen ‚ökonomischen', also sparsamen Umgang erfordern. Diese Grundannahme erscheint zunächst einmal sinnvoll: Gegen den anklingenden ethischen Anspruch, Verschwendung vermeiden zu wollen, ist zunächst einmal nichts einzuwenden. Denn Sparsamkeit lässt Spielraum für alternative Verwendungen. Aber nur, wenn diese Verwendungen tatsächlich auch realisiert oder mindestens beabsichtigt werden, ist der ethische Anspruch tatsächlich gegeben. Sparsamkeit um der Sparsamkeit willen kann mit Knauserigkeit oder Geiz übersetzt werden und ist alles andere als tugendhaft. Im Mittelalter zählte Geiz zu Recht zu den Todsünden.

Während die klassische Betriebswirtschaftslehre nach wie vor auf Sparsamkeit setzt, etwa in Form immer ausgefeilterer Methoden der Kostenkontrolle oder des japanischen Konzeptes ‚muda'[12], das sich gegen Verschwendung richtet, gelingt Wolf Lotter mit seinem Buch „Verschwendung – Wirtschaft braucht Überfluss" ein Gegenentwurf, der gleichermaßen plausibel erscheint und nachdenklich macht: „Verschwendung ist gut – sie ist produktiv, sie ist erfinderisch und sie ist natürlich. Seit Milliarden von Jahren handelt die Evolution verschwenderisch. Wir sind das Produkt dieser natürlichen Vielfalt. Märkte funktionieren von jeher auf der Basis eines verschwenderischen Angebots und einer vielfältigen Nachfrage."[13]

Übertriebene Sparsamkeit steht schließlich einer äußerst erfolgreichen Tugend im Wege: der Großzügigkeit. Großzügigkeit besteht darin, ohne Verpflichtung und Zwang Dritten etwas zukommen zu lassen, also ebenso Spielraum für alternative Verwendungen zu erschaffen. Selbstverständlich sei auch der Großzügige gewarnt, es zu übertreiben und über seine Verhältnisse zu leben.

Sparsamkeit als Grundwert der Betriebswirtschaftslehre benötigt also mindestens zwei Ergänzungen: Sie darf zum einen keine extreme Ausprägung erfahren, der Sparsamste ist keinesfalls der Beste. Zum Anderen bedarf sie, um ethischen Ansprüchen zu genügen, einer Entsprechung bzw. eines Bezugs. Großzügigkeit erscheint trotz des vermeintlichen Widerspruchs als Entsprechung der Sparsamkeit durchaus geeignet, wenn beispielsweise mit dem Engagement gegenüber Bedürftigen oder der Umwelt dieser Bezug hergestellt wird. Auch auf den betrieblichen Alltag lässt sich dieser Gedanke leicht übertragen: Ein sparsamer Umgang mit Ressourcen eröffnet alternative Verwendungen, etwa eine großzügigere Beschäftigung mit der eigenen Zukunft durch Ausweitung der Forschungs- und Entwicklungsaktivitäten oder eine großzügigere Gewährung von Freizeit für die Mitarbeiter oder eine großzügigere Bezahlung von Lieferanten, Mitarbeitern und/oder Eigentümern. Kurz: Wenn Sparsamkeit angestrebt wird, muss es auf die Frage „Wozu?" eine für alle Beteiligten nachvollziehbare und angemessene Antwort geben.

Sparsamkeit richtig angewendet

Neben der Sparsamkeit fallen drei weitere Konstrukte auf, die die Betriebswirtschaftslehre in fragwürdig-destruktiver Weise massiv bestimmen: Gewinnmaximierung, Wettbewerbsorientierung und Wachstum sind Kategorien, die zur kaum hinterfragten Selbstverständlichkeit in Wissenschaft und Praxis geworden sind.

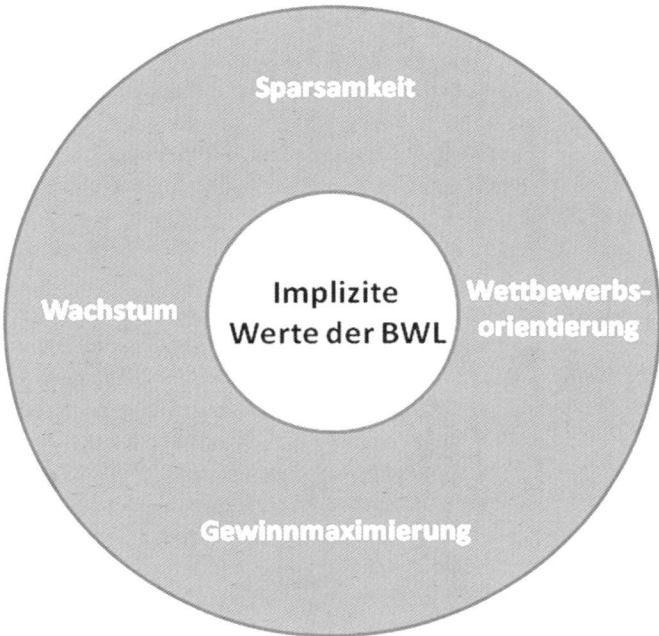

Abb. 1: Die impliziten Werte der Betriebswirtschaftslehre

Auch diese Konstrukte erscheinen auf den ersten Blick durchaus vernünftig. Unternehmen müssen Gewinne machen, um zu überleben. Die Beachtung dieses Ziels ist notwendig, um Produkte und/oder Dienstleistungen anzubieten. Dabei den realen und sogar den potenziellen Wettbewerber im Auge zu behalten, fordert dazu auf, sich nicht zu überschätzen, innovativ zu bleiben und sich ständig weiterzuentwickeln. Wachstum kann vor diesem Hintergrund schon fast als eine Folge von Gewinn und Wettbewerbsorientierung interpretiert werden.

Und dennoch steckt in diesen drei Konstrukten eine erhebliche Gefahr! Sie werden, von vielen Menschen unbemerkt – zum Beispiel durch Erziehung und Ausbildung – Teil der eigenen Identität. Bereits bei Kleinkindern werden diese Werte in Form von

Spardosen und Weltspartagen unterschwellig verankert; die Schule erscheint zunehmend als ein Ort, an dem im Wettbewerb mit den Mitschülern Gewinne in Form guter Zensuren einzufahren sind, während das Ziel ,Lerne fürs Leben!' nur noch müde belächelt wird; und spätestens nach der Einführungswoche ist dem Studierenden der Betriebswirtschaftslehre klar: Gewinnmaximierung ist das höchste Ziel auf Erden.

Die Konstrukte Gewinnmaximierung, Wettbewerbsorientierung und Wachstum haben eben auch erhebliche Schattenseiten, indem sie ein Miteinander behindern und gleichzeitig ein Gegeneinander fördern. Gerade weil diese Werte unreflektiert übernommen werden, tragen sie subtil zu einem inhumanen Umgang bei. Darüber hinaus ist zu vermuten, dass diese Konstrukte insofern sogar eine Rechtfertigungsgrundlage für unanständiges Managerverhalten bilden.

Auswirkungen dieser Konstrukte

2.2 – Gewinnmaximierung

> „Gewinne zu machen ist so wichtig wie die Luft zum Atmen.
> Es wäre traurig, wenn wir nur auf der Welt wären, um Luft zu atmen,
> genauso wie es schlimm wäre, würden wir nur Unternehmen führen,
> um Gewinne zu machen."[14]
> *Hermann Josef Abs (1901–1994), Vorstandsvorsitzender der Deutschen Bank*

Bereits in den 1970er Jahren haben Hochschullehrer in St. Gallen darauf aufmerksam gemacht, dass die Forderung nach Gewinnmaximierung zu konkretisieren ist. Man hatte beobachtet, dass einige Manager zu Lasten der Zukunft kurzfristig hohe Gewinne einfuhren. Wer nämlich kurzfristig und zu Lasten der Zukunft Gewinne maximiert, riskiert die Existenz des Unternehmens. Typische Maßnahmen sind: Verlängerung der Instandhaltungszyklen, Reduktion des Budgets für Forschung und Entwicklung, Aussetzen von Weiterbildungsmaßnahmen. Um diesem Treiben entgegenzuwirken, empfahlen die Hochschullehrer, das Gewinnziel mit einer langfristigen und damit nachhaltigen Perspektive auszustatten. Auch wenn dieser Sichtweise sicher zuzustimmen ist, bedarf es einer grundsätzlicheren Betrachtung. Auf die Frage, welches Hauptziel Unternehmen verfolgen, gibt es für Studierende der Betriebswirtschaftslehre (BWL) nur eine Antwort: Gewinnmaximierung. Vom Studienanfänger bis zum Examenskandidaten, von der wissenschaftlichen Hilfskraft bis zum Doktoranden, die angehenden Manager und Wirtschaftswissenschaftler kennen frühmorgens, nachmittags und auch nachts, selbst wenn sie angetrunken aus dem tiefsten Schlaf gerissen werden, nur diese eine Antwort: Gewinnmaximierung. Das Ziel bzw. die Aufgabe ‚Gewinnmaximierung' brennt sich von Anfang an derart ins Hirn eines BWL-Studenten ein, dass es Teil seines Selbst wird und nicht hinterfragt wird. So wird Gewinnmaximierung zu einer impliziten Leitlinie, die beinahe die gesamte Managerwelt prägt.

Was Studenten beigebracht wird

Dieses Hauptziel Gewinnmaximierung, das für immer im Kopf bleibt und die Psyche nachhaltig formt, wird bereits im ersten Semester anschaulich an einem Modell erläutert: Gewinn ist die Differenz zwischen Umsatz und Kosten und es gilt, den Punkt zu finden, an dem Umsatz und Kosten möglichst weit auseinander liegen. Dieser gewinnmaximale Punkt lässt sich als Mengenangabe in einem Koordinatensystem ausmachen.

Beim Umsatz unterstellt man, dass er mit Steigerung der Ausbringungsmenge zunächst steil ansteigt, sich dann abschwächt, um ein sogenanntes Umsatzmaximum zu erreichen. Von da aus fällt der Umsatz mit steigender Ausbringungsmenge. Die Kurve ähnelt einer Glocke, wenn man auf der y-Achse den Umsatz und auf der x-Achse die Menge abträgt. Eigentlicher Hintergrund dieser Glocke ist die fallende Preis-Absatz-Funktion, mit der unterstellt wird, dass mehr Produkte abgesetzt werden, wenn der Preis gesenkt wird. Die Multiplikation der dort ausgewiesenen Preise mit den zugehörigen Mengenangaben führt unausweichlich zur angesprochen Umsatzglocke.

Bei den Kosten unterstellt man einen Kostenblock, der auch dann anfällt, wenn überhaupt nicht produziert wird. Diese sogenannten Fixkosten beginnen also auf der y-Achse und steigen dann mit der Ausbringungsmenge, in manchen Modellen linear, in komplizierteren Modellen in aller Regel degressiv, um sogenannte Skalen- oder Lerneffekte darstellen zu können.

Nun sucht man eben jene Ausbringungsmenge, bei der die beiden Kurven weitestmöglich auseinanderliegen; oder man zeichnet eine neue Kurve, die die Differenz der beiden Kurven darstellt, und sucht dort das Maximum. Das lässt sich geometrisch bewerkstelligen, oder mit Hilfe von Rechenalgorithmen aus der Kurvendiskussion.

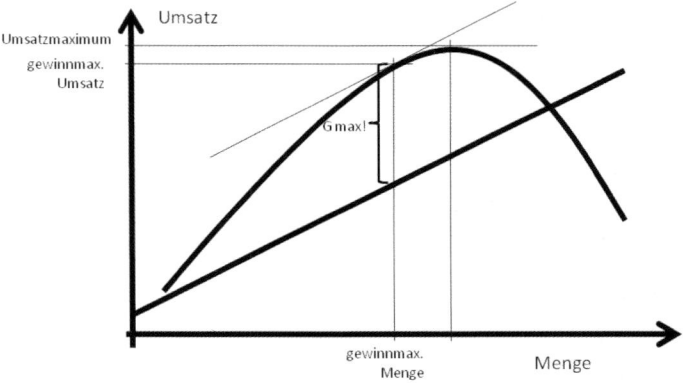

Abb. 2: Grafische Ermittlung des Gewinnmaximums

Erstaunlich ist in diesem Zusammenhang der absolut fehlende Praxisbezug: Es gibt keinen Manager, der sich am Schreitisch diese beiden Kurven zurechtlegt, um daraus Handlungen abzuleiten. Es kommt noch erstaunlicher: Gewinnmaximierung ist nicht einmal messbar, obwohl Messbarkeit eine Hauptanforderung an operationale Ziele darstellt! Denn im Nachhinein lässt sich keineswegs sagen, ob die ergriffenen Handlungen tatsächlich zu einem maximalen Gewinn geführt haben, vielleicht hätte es doch noch ein bisschen mehr sein können.

Die mathematische Untermauerung der Grundthese, Gewinnmaximierung sei das Hauptziel eines Unternehmens, trägt in entscheidendem Maße dazu bei, dass sie sich praktisch unauslöschbar im Kopf festsetzt und zum Teil der eigenen Identität wird. Was in mathematischen Modellen ausgedrückt werden kann und sich (angeblich!) berechnen lässt, wird wohl auch richtig sein! Das wäre nicht weiter schlimm, wenn Gewinnmaximierung auch aus ethischer Sicht ein erstrebenswertes Ziel wäre.

Um die Gefährlichkeit der Gewinnmaximierung zu verdeutlichen, ist dieses Prinzip zunächst einmal analytisch aufzuspalten: Gewinnmaximierung ist nichts anderes als Umsatzmaximierung bei gleichzeitiger Kostenminimierung.

Umsatzmaximierung ist Abzocke

Umsatzmaximierung fordert dazu auf, so viel Umsatz wie eben möglich zu machen. Dahinter steckt die folgende Aufforderung: ‚Nimm so viel Geld von deinen Kunden wie du eben bekommen kannst!' ‚Setze den Preis so hoch wie es eben geht!' Um es ganz klar und deutlich zu sagen: Im Prinzip Gewinnmaximierung steckt eine mehr als deutliche Aufforderung zur Abzocke, einem ethisch unzweifelhaft fragwürdigen Verhalten.

Abzocke ist es, einen ungerechtfertigt hohen Preis zu verlangen. Auch wenn im strafrechtlichen Sinne nicht immer ein Vermögensdelikt in Form einer rechtswidrigen Bereicherungsabsicht unter Vorspiegelung falscher Tatsachen oder sogar Wucher vorliegt, erscheinen die Angebote vieler Unternehmen vor diesem Hintergrund zweifelhaft. Klingeltöne und Abo-Fallen sind nur die Spitze der hässlichen Seite der wirtschaftlichen Realität. Selbst seriöse Anbieter scheuen sich nicht, ihre Kunden mit überteuren Service-Hotlines oder kaum bezahlbaren Serviceangeboten (z.B. Gepäckaufschlag bei Überschreitung der Freigrenze im Flugverkehr) abzuzocken.

Kostenminimierung ist häufig Ausbeutung

Und auch die Aufforderung zur Kostenminimierung hat es in sich: Kostenminimierung fordert dazu auf, möglichst wenig eigene Ressourcen abzugeben, den denkbar niedrigsten Preis zu zahlen, Lieferanten (zumindest für einige Zeit) unter die eigenen Kosten zu drücken, ökonomische über soziale Standards zu setzen. Auch hier ein deutliches Wort: Im Prinzip Gewinnmaximierung steckt eine unmissverständliche Aufforderung zur Ausbeutung, nicht minder ethisch fragwürdig.

Die wertfreie Definition für Ausbeutung bezeichnet zunächst einmal Ausnutzung oder Aufbrauchung jeglicher Art. Der Begriff wird jedoch spätestens seit Karl Marx insbesondere auf den unterdrückenden Einsatz von Menschen in Produktionsprozessen bezogen. Heute wird unter Ausbeutung ein besonders abscheulicher Arbeitseinsatz wie Versklavung und Kinderarbeit verstanden. Bezeichnenderweise wird dieser deutlich negativ besetzte Begriff in einigen Standardwerken der Betriebswirtschaftslehre im Zusammenhang mit der Nutzung von Produktionsfaktoren völlig bedenkenlos verwendet. Zu Gute halten muss man den Autoren allerdings, dass sie sich nicht auf den Produktionsfaktor Arbeit, sondern eher auf Materialien oder Investitionsgüter beziehen.

> **Abzocke und Ausbeutung und mithin Gewinnmaximierung fordern also dazu auf, sich die Notlage Dritter zu Nutze zu machen.**

Wie bereits erwähnt, ist es gleichwohl die Aufgabe von Unternehmen, Gewinne zu erwirtschaften. Deshalb sei vorgeschlagen, diese wichtige unternehmerische Zielsetzung eben nicht mit der wenig operationalen, radikalen Ergänzung ‚Maximierung' zu belegen. Als Ersatz für die Zielsetzung ‚Gewinnmaximierung' könnten die Begriffe ‚Gewinnerzielungsabsicht' oder ‚Erzielung eines *angemessenen* Gewinns' verwendet werden.

2.3 – Wettbewerbsorientierung

> „Um zu gewinnen, muss man aber nicht andere besiegen.
> Nur einfache Gemüter definieren sich einzig
> über den direkten Kampf, den Wunsch, zu besiegen."[15]
>
> ‚Albatros' *Michael Groß*, Schwimmweltmeister und Olympiasieger

Die Volkswirtschaftslehre geht von der Grundannahme aus, dass Wettbewerb das beste Leistungsangebot hervorbringt. Fehlender Wettbewerb führt zu höheren Preisen, schlechteren Angeboten und schlimmstenfalls zu einer Unterversorgung der Bevölkerung.

Aus dieser Grundannahme leitet sich für die Betriebswirtschaftslehre die Forderung ab, dass Unternehmen wettbewerbs-

Grundannahme der VWL

fähig sein müssen, um zu überleben. Um im ökonomischen ‚Survival of the fittest' bestehen zu können, muss das Unternehmen langfristig besser sein als die Konkurrenz, ansonsten muss es vom Markt verschwinden.

Im Wettbewerb bestehen bedeutet, zu Ende gedacht, den Wettbewerber zu besiegen. ‚The winner takes it all!'

Auch dieser Gedanke ist neben der Gewinnmaximierung zu einem wesentlichen Leitmotiv des Managements herangereift: „Die Wettbewerbsfähigkeit ist zu einem Glaubensbekenntnis geworden, zum neuen Evangelium jener Bevölkerungsgruppen, die heute über die Welt herrschen."[16] In Sonntagsreden, Geschäftsberichten und angesichts notwendig gewordener Reorganisationsmaßnahmen beten viele Führungskräfte und Politiker das immer gleiche Mantra der Wettbewerbsorientierung. Dazu bemerkt der italienische Soziologe Riccardo Petrella, der sich als Gegner der Privatisierung von Trinkwasser einen Namen gemacht hat, dass der Wettbewerbskult längst aus dem Unternehmenskontext herausgelöst wurde und bereits weite Teile der Gesellschaft erreicht hat: „Das Gebot des Wettbewerbs zwischen den Unternehmen und den Nationen hat das Denken, die Strategien und die Entscheidungen der Bildungsminister, der Universitätsleiter, der Gewerkschaftsführer, Parlamentarier und Bürgermeister, der TV-Produzenten und Journalisten stark geprägt und bestimmt sie auch weiterhin."[17]

Dem Leitmotiv Wettbewerbsorientierung ist es wohl auch zuzuschreiben, dass die Wortwahl von Managern und sogar Wirtschaftswissenschaftlern sehr oft an eine Sprache erinnert, die ursprünglich für die Beschreibung besonders brutaler Ereignisse wie Kriege und Verbrechen geprägt wurde. Der Kampf um Marktanteile klingt in der deutschen Sprache noch vergleichsweise harmlos, während im Englischen der Spruch ‚Business is War' als geflügeltes Wort zur Zustandsbeschreibung der Wirtschaft gilt.[18] Und bei der Suche nach begabten Berufsanfängern befinden sich die Unternehmen in einem ‚War for Talents'. Auch in das deutsche Wirtschafts-Vokabular haben sich völlig unverdächtig klingende Begriffe wie ‚Strategie', ‚Taktik' und ‚Logistik' eingeschlichen, die Carl von Clausewitz (1780–1831), ein preußischer General, ursprünglich zur Beschreibung kriegerischer Auseinandersetzungen benutzt hatte. Bruno Wagner zeigt sogar an vielen Beispielen, dass nicht nur die Wortwahl, sondern auch die Handlungen von Managern an Kriegsführung erinnern.[19] Schließlich trägt das Buch von Matthias Weik und Marc Friedrich, in dem das aktuelle Verhalten von Politik und Finanzwelt angeprangert wird, den bezeichnenden Titel: „Der größte Raubzug der Geschichte.

Jedenfalls ist Wettbewerb Kampf, Wettbewerb ist ein Gegeneinander. Die Aufgabe von Unternehmen ist es jedoch, miteinander und mit Konsumenten Geschäfte zu machen. Unternehmen haben Kunden, sie arbeiten also primär nicht gegen, sondern *für* jemanden oder *für* etwas. Nur sekundär arbeitet man gegen den Wettbewerber. Insofern erstaunt es, dass die Wettbewerbsorientierung einen derart hohen Stellenwert genießt, während die Kundenorientierung selbst von seriösen Unternehmen sehr häufig stiefmütterlich behandelt wird. Die ‚Servicewüste Deutschland' wird in regelmäßigen Abständen beklagt und ihre Existenz mit Hilfe diverser Studien belegt, ohne dass nachhaltige Verbesserungen erkennbar wären.

Wettbewerb ist Kampf

Manager bezeichnen sich mit Blick auf den Sport gern als Mannschaft oder gar als Team. Zwischen einer Sportmannschaft und einem Unternehmen besteht jedoch ein gewaltiger Unterschied: Die meisten Sportmannschaften sind im Gegensatz zu Unternehmen tatsächlich fundamental wettbewerbsorientiert ausgerichtet: Fußball-, Handball- und Hockeymannschaften wollen ihre Gegner bezwingen. Sie brauchen einen Gegner, sonst macht dieser Sport keinen Sinn.

Nur wenige Sportarten kommen völlig ohne Gegner aus, wenn auch gelegentlicher Wettbewerb einen gewissen Kick auslöst. Gemeint sind zum Beispiel Segeln und Bergsteigen. Hier steht, wie übrigens auch bei Individualsportarten wie Laufen und Schwimmen, ein Ziel im Vordergrund, für das man sich anstrengt. An allererster Stelle steht, dass man auf dieses Ziel hinarbeitet. Als Teil einer Segel-Crew oder als Läufer ständig den Gegner im Auge zu behalten, bindet zu viele Kräfte, die anders zweckmäßiger eingesetzt werden. Das Ziel und nur das Ziel steht im Mittelpunkt; dem Gegner widmet man sich bestenfalls, wenn das Ziel erreicht ist.

Das Kernziel eines Unternehmens besteht eben nicht darin, jemanden zu besiegen oder aus dem Rennen zu schlagen. Würde der Läufer jemanden im wahrsten Sinne des Wortes aus dem Rennen schlagen, würde er wegen grober Unsportlichkeit disqualifiziert. Vor diesem Hintergrund drängt sich der Gedanke geradezu auf, das heute in vielen Unternehmen noch weit verbreitete und als notwendig empfundene Bekämpfen und Attackieren von Wettbewerbern als fragwürdig zu betrachten. Die Erwägung aggressiven Wettbewerbsverhaltens als taktische oder strategische Alternative gehört nach meiner Ansicht in die Mottenkiste der Managementliteratur.

> **Unternehmerisches Handeln sollte vor allen Dingen von dem Kernziel geprägt sein, einen Kunden zufriedenzustellen.**

Eine übertriebene Wettbewerbsorientierung bindet Ressourcen, die zweckmäßiger eingesetzt werden könnten. Außerdem verstellt eine übertriebene Wettbewerbsorientierung den Blick für die Bedürfnisse des Kunden.

Die Entlarvung des Wettbewerbs als unzweckmäßiges Leitmotiv wird schließlich auch durch Erkenntnisse aus der Psychologie gestützt. Der Psychologe und Nobelpreisträger Daniel Kahneman verweist auf ein interessantes Experiment, „bei dem zwei Gruppen von Probanden ein Spiel spielen. Bei der einen heißt es ‚Gemeinschaftsspiel‘, bei der anderen ‚Wettbewerbsspiel‘. Im ersten Fall werden die Leute hilfsbereit, im anderen egoistisch – und das, obwohl es beide Male dasselbe Spiel ist."[20]

2.4 – Wachstum

> „Rein monetäres Wachstum ist fragwürdig,
> dieses Wachstum wird bezahlt mit einem Riss in der Gesellschaft."
>
> *Friedhelm Hengsbach*[21], deutscher Jesuit und Sozialethiker

„Die Grenzen des Wachstums" (engl. Originaltitel: The Limits to Growth) ist eine viel beachtete, im Jahre 1972 veröffentlichte Studie zur Zukunft der Weltwirtschaft. Die Studie wurde im Auftrag des Club of Rome erstellt. Donella und Dennis L. Meadows und deren Mitarbeiter am Jay W. Forrester's Institut für Systemdynamik führten dazu Untersuchungen und Computersimulationen mit verschiedenen Szenarien durch.

Grenzen des Wachstums

Die zentrale Schlussfolgerung der Studie ist: Wenn die gegenwärtige Zunahme der Weltbevölkerung, der Industrialisierung, der Umweltverschmutzung, der Nahrungsmittelproduktion und der Ausbeutung von natürlichen Rohstoffen unverändert anhält, werden die absoluten Wachstumsgrenzen auf der Erde im Laufe der nächsten hundert Jahre erreicht.

Die Studie ist vor 40 Jahren erschienen. Ihre zentrale Schlussfolgerung ist bis heute weitgehend unumstritten. Das Buch der Meadows ist in über 30 Millionen Exemplaren in 30 Sprachen erschienen. 1973 wurde der Club of Rome für seine Studie mit dem Friedenspreis des Deutschen Buchhandels ausgezeichnet.

Da verwundert es schon, dass Wirtschaft und auch Politik heute immer noch auf grenzenloses, sogar auf exponentielles Wachstum setzen.

Im Mittelstandswiki war Mitte 2010 zu lesen: „Die große Mehrheit der deutschen wie auch der weltweiten Unternehmen will wieder auf Wachstum umschalten – sei es von innen heraus oder durch Zukäufe. Das ergab das zweite Capital Confidence Barometer, eine Studie der Prüfungs- und Beratungsgesellschaft Ernst & Young, für die weltweit 800 Entscheider befragt wurden, davon 79 aus Deutschland. Basis des wachsenden Optimismus sind laut Studie eine deutlich gestärkte generelle Zuversicht und ein gewachsener finanzieller Spielraum der Unternehmen."[22] Die Wachstumsambitionen sind so selbstverständlich, dass man in

Artikeln wie diesem vergeblich nach Gründen fürs Wachstum sucht. Ein Grund für die ‚Sucht nach Wachstum' könnte wiederum in der inhaltlichen Ausgestaltung der Betriebswirtschaftslehre verborgen sein. Die Betriebswirtschaftslehre stellt eine Reihe ‚strategischer Instrumente' zur Verfügung, mit der die Richtung des Unternehmens bestimmt und kontrolliert werden kann. Kaum eines dieser Instrumente verzichtet auf den Aspekt Wachstum. Ob SWOT-Analyse oder Portfolio-Matrix, Balanced Scorecard oder Lebenszyklusanalyse, der künftige Erfolg eines Unternehmens wird recht einseitig anhand von quantitativen Wachstumspotenzialen abgelesen. Im Ergebnis wird das Unternehmen zusammen mit den vermeintlichen Experten, die die ‚strategischen Instrumente' mit bunten Schaubildern gekonnt visualisieren, auf Mengenwachstum getrimmt.

Alternativen zum Wachstum

Hingegen erhalten die Alternativen, zu konsolidieren oder sogar bewusst zu schrumpfen, in der betriebswirtschaftlichen Fachliteratur allenfalls eine Randnotiz; in der Beratungspraxis kommen die Alternativen oft gar nicht erst vor. Diese Themen sind offensichtlich nicht ‚sexy' genug, um aufgegriffen zu werden. Dabei sind es gerade diese Themen, mit denen sich künftige Manager zunehmend auseinandersetzen müssen. Grenzen des Wachstums zu erkennen bedeutet insbesondere, Unternehmen steuerbar zu machen und wendig zu halten. Dabei kommt es besonders darauf an, die eigenen Möglichkeiten zusammen mit den Mitarbeitern selbst zu erkennen, statt den immer gleichlautenden, angeblichen Expertenmeinungen zu folgen.

Und noch ein Gedanke zum Wachstum: Nicht jeder Absolvent der Betriebswirtschaftslehre wird in wachsenden Unternehmen arbeiten können. Selbst wenn die Volkswirtschaft wächst bzw. wachsen muss, wie uns viele Politiker glauben machen wollen (Stichwort: Wachstumsbeschleunigungsgesetz!), was aber langfristig nicht wahrscheinlich ist, wird es überdurchschnittlich wachsende, unterdurchschnittlich wachsende und auch schrumpfende Unternehmen geben, die gleichwohl durchaus gute Leistungen für ihre Kunden zu erbringen wünschen. Wenn die Betriebswirtschaftslehre mit ihren Inhalten und Fallbeispielen einseitig auf wachsende Unternehmen setzt, bildet sie allenfalls Schönwetterkapitäne aus.

Angesichts der immer wieder zu beobachtenden schwierigen Phasen, die die Unternehmen durchlaufen und bisweilen die gesamte Volkswirtschaft erfasst, erscheint die Ausbildung von Managern zur Krisenbewältigung geradezu unabdingbar. Es ist kein Zufall, dass dieses Feld in der Praxis eher den Juristen als den Betriebswirten überlassen wird. Zum Beispiel sind die meisten Insolvenzverwalter von Haus aus Juristen.

Sich Wachstum zu wünschen, ist durchaus verständlich, wenn dadurch ein höherer Gewinn erzielt wird, vielleicht sogar ein höheres Einkommen für die Mitarbeiter entsteht. Nicht zuletzt profitiert auch der Staat von zusätzlichen Steuereinnahmen, mit denen er die ständig wachsenden Ausgaben begleichen kann.

Entsprechend wird die Forderung nach Wachstum von Politikern, Ökonomen, Managern und Unternehmern unreflektiert und grundsätzlich mit einer positiven Entwicklung gleichgesetzt. Grenzen des Wachstums werden bewusst ausgeblendet, Gefahren des Wachstums werden nicht einmal wahrgenommen. Dabei ist aus der Medizin durchaus bekannt, dass ein beschleunigtes Wachstum meistens tödlich endet: Diagnose Krebs.

Unbegrenztes Wachstum ist meistens tödlich

Auch die Natur eignet sich nicht, grenzenloses Wachstum zu begründen. Pflanzen und Lebewesen wachsen, bis sie *er*-wachsen sind. Übermäßiges Wachstum Einzelner oder einzelner Populationen führt letzten Endes ins Chaos, weil es das ökologische Gleichgewicht zerstört. Daniel Goeudevert liefert mit seiner Beschreibung der Seerose ein wunderbares Beispiel: „Von der Antike bis zur Neuzeit galt die Seerose als Symbol für Unschuld, Reinheit und Keuschheit. (…) Ihre wohlriechenden Blüten mit den spiralförmig angeordneten Kronblättern decken zwar einen wunderschönen Mantel über alles Darunterliegende (…); Botaniker weisen aber zu Recht darauf hin, dass die Seerose ein Starkzehrer ist und ihrem Untergrund so viel Nährstoffe entzieht, dass sie ihren eigenen Lebensraum zu zerstören droht."[23]

Das Seerosen-Prinzip

> **Die allzu weit verbreitete Wachstumsgläubigkeit ist also keine Lösung für anstehende Probleme, sondern sie verdrängt sie in der naiven Hoffnung, ein ‚Weiter so' sei der richtige Weg.**

Die Forderung nach Wachstum verstellt den Blick für notwendige gravierende Veränderungen.

2.5 – Auswirkung fragwürdiger Werte auf die Einstellung von Führungskräften

,Dunkles Management'

Die fragwürdigen Werte der Betriebswirtschaft bleiben nicht ohne Auswirkung auf Führungskräfte sämtlicher Branchen. Es ist sogar davon auszugehen, dass sie die persönliche Einstellung vieler Manager und Unternehmer dauerhaft prägen. Insofern produzieren die fragwürdigen impliziten Werte der Betriebswirtschaftslehre einen bedenklichen Orientierungsrahmen für Manager, der von einem äußerst negativen Menschenbild geprägt ist.

Die Ergebnisse dieses dunklen Managements sind weithin sichtbar. So meldet die Zeitschrift Focus: „Die Zahlen sind erschreckend. Fast 87 Prozent der Deutschen sind unzufrieden mit ihrem Job. Hassfigur Nummer eins: der eigene Chef."[24] Auch die Zeitschrift *Der Spiegel* gibt insbesondere den Folgen dieser Ergebnisse mit den Themen Mobbing und Burnout aktuell viel Raum und widmet ihnen Titelseiten und -stories.[25]

Nieten und Despoten als Manager

Mit seinem Titel „Nieten in Nadelstreifen" machte Günter Ogger bereits vor 20 Jahren als einer der Ersten darauf aufmerksam, wie weit dunkles Management in Deutschland verbreitet ist und welche negativen Auswirkungen damit verbunden sind. Mit dem ehemaligen Automobil-Manager Daniel Goeudevert und dem Fernsehjournalisten Ulrich Wickert folgten bekannte Autoren, die Oggers Befund bestätigen.[26] Dass dieses Phänomen nicht nur auf Deutschland beschränkt ist, zeigen Paul Babiak und Robert D. Hare in ihrem Buch „Snakes in Suits, When Psychopaths go to Work" für den amerikanischen Markt.[27] Da verwundert es nicht, dass mittlerweile literarische Ratgeber mit heftig klingenden Titeln erschienen sind, die den „geschickten Umgang mit Aufschneidern, Intriganten und Despoten im Unternehmen"[28] thematisieren.

Obwohl auch ich im Verlaufe meines Berufslebens[29] zahlreiche ähnliche Erfahrungen wie die vorstehenden Autoren gemacht habe und bestätigen kann, dass es deutlich mehr schlechte als gute Manager gibt, soll nachfolgend weder eine ‚Abrechnung' erfolgen noch sollen weitere Ratschläge für Mitarbeiter, die sich miesen Führungskräften ausgesetzt sehen, entwickelt werden.

Der Überzeugung folgend, dass vielen Managern überhaupt nicht bewusst ist, wie schlecht sie mit ihren Mitarbeitern umgehen, wurde mit der Diskussion der fragwürdigen Werte der Betriebswirtschaft und den darauf basierenden negativen Einstellungen der Hintergrund eines dunklen Managements beleuchtet. Nachdem auf diese Weise die Augen geöffnet wurden, bleibt es selbstverständlich dem Leser überlassen, ob er daraus Konsequenzen ableiten möchte. Wer nun nicht unbewusst, sondern bewusst den Weg des dunklen Managements mit all den negativen Einstellungen und Konsequenzen weitergehen möchte, bitte sehr! Ihnen kann dieses Buch nicht weiter helfen.

> **Allen anderen Lesern möchte ich den Vorschlag unterbreiten, die beschriebenen negativen Einstellungen über Bord zu werfen und durch positive Einstellungen zu ersetzen.**

Der auch bei vielen Managern für seinen Rat geschätzte Benediktinermönch Anselm Grün unterstreicht: „Nicht Unruhe und Hektik soll die Führung verbreiten, sondern Frieden, Klarheit, Ruhe und Lust am Arbeiten."[30] Wenn Sie jetzt sagen: ‚Klar, ich bin überzeugt. Genau das mache ich!' haben Sie die Botschaft dieses Buches verstanden und bräuchten eigentlich auch nicht weiterzulesen. Doch es ist keine leichte Aufgabe, die Sie sich da vornehmen! Das Streben nach einer positiven Einstellung erscheint mir persönlich als eine wirklich große und ständige Herausforderung.

Bewusstsein schärfen

Eine große und ständige Herausforderung

Wie schon eingangs gesagt, ist die Welt voll von Menschen, die anderen nicht gut tun, die unterdrücken, quälen, Angst schüren und Schrecken verbreiten. Und auch in unserem persönlichen Umfeld gibt es Menschen, die schlechte Stimmung verbreiten und uns enttäuschen. Das zieht runter! Und manchmal stehen wir uns auch selbst im Wege. Es sind nicht immer die Anderen schuld! Insofern erscheint es sinnvoll, nach Hilfestellungen auf dem Weg zu einer positiven Einstellung und mithin zur Stabilisierung eines positiven Menschenbildes Ausschau zu halten.

Die wichtigste Übung besteht aus meiner Sicht darin, die positive Einstellung inhaltlich konkreter zu beschreiben. Selbstverständlich muss jeder Leser diese Übung selbst durchführen, denn die Einstellung ist individuell mit der eigenen Persönlichkeit verknüpft.

Hilfreich erscheint in diesem Zusammenhang ein Wechsel der Ebene: Dem Begriff ‚Einstellung‘, der sich auf die persönliche, individuelle oder auch psychologische Ebene bezieht, entspricht auf der soziologischen Ebene der Begriff ‚Wert‘. Werte sind auf der einen Seite mehr oder weniger mit Anderen ‚geteilte‘ Einstellungen, auf der anderen Seite prägen Werte unsere Einstellungen.

Mit der nachfolgenden Liste versuche ich, diejenigen Werte zu zeigen, die aus meiner Sicht im Einklang mit einem positiven Menschbild stehen. Dem Leser wird auffallen, dass die ‚ganz großen‘ Werte wie Liebe, Frieden und Glück(lich sein) nicht aufgeführt sind, doch schwingen sie sicherlich im Hintergrund stets mit.[31] Als Ökonom fühle ich mich nicht berufen, hierzu in epischer Breite Stellung zu beziehen. Mit Blick auf das gewählte Thema ‚Führung‘ und mit Bezug auf den Fokus ‚Unternehmen‘ erscheint es mir gerechtfertigt und angemessen, den Rahmen enger zu ziehen.

Positive Werte	Fairness	Ehrlichkeit	Wertschätzung	Vertrauen
	Zuverlässigkeit	Zufriedenheit	Verbundenheit	Erfüllung
	Gerechtigkeit	Zukunftsorientierung	Nachhaltigkeit	
	Leidenschaft	Sinn(haftigkeit)	Beständigkeit	

Dieser Wertekatalog ließe sich einerseits noch erweitern, andererseits sind die genannten Werte nicht überschneidungsfrei. Insofern mag die kleine Liste den Leser anregen und ermuntern, weitere Werte hinzuzufügen. In einem nächsten Schritt sollte eine Auswahl mit dem Ziel der subjektiven Überschneidungsfreiheit erfolgen, so dass wenige Werte übrig bleiben, die eine stabile und nunmehr bewusste Grundlage der eigenen Einstellung bilden. Denn die Konzentration auf wenige, bewusst ausgewählte Werte macht das Streben nach einer positiven Einstellung handhabbarer.

Nach gründlicher Überlegung habe ich mich persönlich entschieden, die Werte Nachhaltigkeit, Wertschätzung, Erfüllung und Vertrauen zur Grundlage meiner eigenen Einstellung zu machen. Der Begriff Fairness, der den Untertitel dieses Buches bestimmt, durchdringt diese vier Werte gleichermaßen. Es geht schließlich um Fairness gegenüber der Zukunft, gegenüber den Ressourcen, gegenüber sich selbst und gegenüber den Beziehungen, die wir eingehen. Meine persönliche Begründung für die Auswahl meiner vier Werte möchte ich Ihnen nicht vorenthalten:

> Gerechtigkeit und Ehrlichkeit sind in der aus meiner Sicht weiter reichenden Wertschätzung im Wesentlichen enthalten. Um auch den Bezug zu den ‚ganz großen‘ Werten, die im Zusammenhang mit einem positiven Menschenbild genannt werden, herzustellen: Liebe kann als Wert interpretiert werden, der Wertschätzung beinhalt‚et.

> Beständigkeit und Zukunftsorientierung im Sinne eines qualitativen Wachstums kommen für mich in dem Wert Nachhaltigkeit deutlich zum Ausdruck.

> Im Wert Vertrauen, der in meinen Augen sehr stark das Miteinander betont, erkenne ich die Werte Verbundenheit und Zuverlässigkeit wieder. Auch hier ist ein Bezug zu ‚größeren‘ Werten erkennbar: Vertrauen lässt sich als Voraussetzung für Frieden interpretieren.

> Und der auf den ersten Blick recht angestaubt wirkende Begriff Erfüllung umfasst meiner Meinung nach die Werte Sinn(haftigkeit), Leidenschaft und Zufriedenheit. Erfüllung im Beruf bzw. in der Arbeit erscheint mir als kleine Ausgabe

Fokussierung

des Begriffs Glück, soweit dieser sich auf ein glückliches Leben bezieht.

Ethischer Kern Auch wenn Sie, lieber Leser, eine andere Auswahl für sich treffen, werden Sie im nachfolgenden Kapitel nachvollziehen können, dass meine Beschränkung auf Wertschätzung, Nachhaltigkeit, Erfüllung und Vertrauen einen starken Kern für ein humanes Management darstellt, der Ihnen ein tragfähiges Muster für die Entwicklung Ihres eigenen ethischen Kerns bietet. Genau genommen ist es keine Beschränkung, sondern eine Fokussierung: Die nicht ausgewählten und einige weitere Werte werden im Folgekapitel keineswegs ausgeblendet, sondern an geeigneter Stelle erneut aufgegriffen.

Die wichtigste Übung besteht darin, dass Sie einen ethischen Kern zur Stabilisierung Ihres positiven Menschenbildes entwickeln und diesen zur Grundlage des Managements erheben. Die Verbesserung Ihres Führungshandelns ist eine zwangsläufige Folge, die Sie nicht verhindern können.

Allein dieser ethische Kern erfüllt Ihr Führungshandeln schon mit Leben.

3 – Ein Modell für gute Führung entsteht

„Für die Gabe, Menschen richtig zu behandeln,
zahle ich mehr als für jede andere Fähigkeit unter der Sonne."

Nelson R. Rockefeller[32]

Wolfgang H. Staehle hat in seinem Werk „Management" zahlreiche Theorien zum Führungshandeln dokumentiert und kommentiert.[33] Zwar weisen sämtliche Theorien Unzulänglichkeiten auf, besonders wenn Führung in einem ethischen Kontext behandelt werden soll. Ein stark verkürzter Abriss über die Entwicklung der Führungstheorien bietet jedoch die Gelegenheit, diese Unzulänglichkeiten zu benennen und die Anforderungen an eine Theorie einer fairen Mitarbeiterführung zu erkennen.

3.1 – Führungstheorien in der Literatur

Schon im Jahre 1925 stellte Mary Parker Follett fest, dass Führung eine erlernbare, technische und eine nicht erlernbare, angeborene Seite beinhaltet. In der Folge konzentrierten sich die Führungswissenschaften und später eben auch die nun entstehenden Beratungs- und Ausbildungsinstitutionen auf die erlernbare Seite.

Kann man Führung lernen?

Das ‚Harzburger Modell'

Prof. Dr. Reinhard Höhn gründet 1956 ‚Die Akademie für Führungskräfte der Wirtschaft (AFW)' und stellt 1962 in Bad Harzburg erstmals das ‚Harzburger Modell' vor: Dieses Modell basiert auf der Grundvorstellung, dass Geführte besser und freudiger funktionieren, wenn sie mitdenken dürfen. Als Modell zeigt es eine methodische Arbeitsweise für Führungskräfte auf, Unternehmen und Unternehmensteile mit Hilfe von Stellenbeschreibungen, mehrstufiger Hierarchie und verteilter Macht zu lenken und zu kontrollieren. Das Führungsmodell selbst beinhaltet Führungsanweisungen, Stellvertretungen, Dienstaufsicht und Erfolgskontrollen, Zielvereinbarungen und Mitarbeiterbesprechungen. Das Harzburger Modell zielt also auf eine Art kooperativer Führung ab. Dabei sollen Entscheidungen nicht mehr allein von Vorgesetzten getroffen werden, sondern von allen betroffenen Mitarbeitern, die die nötige fachliche Kompetenz besitzen. ‚Die Akademie', wie sich die Nachfolgeorganisation Höhns mittlerweile nennt, ist ein Trainings- und Ausbildungsunternehmen, das die Lehren von Prof. Höhn auch heute noch kommerziell verbreitet.

‚Verhaltensgitter'

Robert R. Blake und Jane S. Mouton entwickeln 1960 das sogenannte ‚Verhaltensgitter' (‚Managerial Grid'). Dabei gehen sie von der Vorstellung aus, dass Führungskräfte zum einen zu erfüllende Aufgabe, zum anderen ihre Mitarbeiter stets im Auge behalten müssen. Anzustreben ist danach ein Führungsverhalten, in dem Aufgaben- und Mitarbeiterorientierung einerseits ausgewogen sind, andererseits eine möglichst hohe Ausprägung besitzen. Blake und Mouton benutzen zur Messung der Ausprägung eine 9er Skala. Deshalb wird der ideale Führungsstil mit den höchsten Ausprägungen auch als 9/9er-Stil bezeichnet. Auch in Deutschland werden heute noch Seminare durchgeführt, die auf den Grundlagen der Forschungen von Blake und Mouton beruhen: Sie werden zum Beispiel von der Firma Grid˚ International Deutschland angeboten.

‚Faule und fleißige Menschen'

Douglas M. McGregor rückt Mitte der 1960er Jahre von der eindimensionalen Betrachtung, den einzigen, erfolgversprechenden Führungsstil finden und empfehlen zu können, ab. Er unterscheidet zwei Menschenbilder, indem er das Gegensatzpaar der Theorie X (‚der faule Mensch') und der Theorie Y (‚der fleißige

Mensch') entwickelt. McGregor fordert, dass die Führungskraft sich zunächst ein Bild von dem zu Führenden zu machen habe und ihn entsprechend differenziert führen solle. Faulen Menschen sei etwa mit harter Hand zu begegnen, während fleißigen Menschen viel Freiraum zu gewähren sei.

Paul Hersey und Kenneth H. Blanchard[34] bauen das Modell McGregors noch weiter aus und unterscheiden vier Reifegrade der Mitarbeiter:

,Reifegrade'

1. geringe Reife: Motivation, Wissen und Fähigkeiten fehlen.
2. geringe bis mäßige Reife: Motivation ist vorhanden, Wissen und Fähigkeiten fehlen.
3. mäßige bis hohe Reife: Fähigkeiten sind vorhanden, aber die Motivation fehlt.
4. hohe Reife: Motivation, Wissen und Fähigkeiten sind vorhanden.

Für jeden dieser unterschiedlichen Reifegrade empfehlen Hersey und Blanchard einen eigenen, idealen Führungsstil:

1. Einer geringen Reife der Mitarbeiter begegnet man mit einem autoritären Führungsstil, der durch Unterweisung und Ein-Weg-Kommunikation geprägt ist.
2. Bei einer geringen bis mäßigen Reife der Mitarbeiter wird der integrierende Führungsstil angewendet, bei dem der Vorgesetzte über Zwei-Wege-Kommunikation versucht, die Mitarbeiter mit Hilfe rationaler Argumente zu bewegen.
3. Eine mäßige bis hohe Reife verlangt den partizipativen Führungsstil, bei dem Führer und Geführte gemeinsam entscheiden.
4. Der Delegationsstil wird bei besonders hoher Reife der Mitarbeiter angewendet. Dabei beschränkt sich der Vorgesetzte auf eine gelegentliche Kontrolle.

Fred Edward Fiedler ergänzt diese Führungstheorien 1967 um sein sogenanntes Kontingenzmodell, mit dem er darauf aufmerksam macht, dass die gleichen Menschen in unterschiedlichen Situationen unterschiedlich zu führen sind. Während die Führungskraft in Gefahrensituationen strikte Anweisungen erteilt, kann sie in weniger gefährlichen, entspannten Situationen durchaus auf

,Kontingenzmodell'

Kooperation und Mitbestimmung setzen. Fiedler kommt zu dem Ergebnis, dass autoritäres und kooperatives Führungsverhalten, angewendet in der richtigen Situation, gleichermaßen erfolgreich sein kann.

Thomas J. Peters und Robert H. Waterman sind die wesentlichen Wegbereiter der Erfolgsfaktorenforschung („In Search of Excellence", 1984). Ihr 7-S-Modell basiert auf der Erkenntnis, dass ein Unternehmen mehr ist als nur eine Struktur. Vielmehr wird ein Unternehmen durch sieben Elemente charakterisiert, die im Englischen alle mit dem Buchstaben S beginnen: Strategy, Structure und Systems als die drei harten S, Skills, Staff, Style und Shared Values als die vier weichen S. Die harten S sind i. d. R. greifbar und im Unternehmen konkret sichtbar. Sie sind erkennbar in Strategiepapieren, Plänen, Unternehmensdarstellungen, Dokumentationen zur Aufbau- und Ablauforganisation. Die vier weichen S sind dagegen kaum materiell greifbar und auch schwerer zu beschreiben. Fähigkeiten, Werte und Kulturen entwickeln sich in einem Unternehmen ständig fort. Sie können nur eingeschränkt geplant und beeinflusst werden, da sie stark von allen handelnden Personen geprägt sind. Effektiv arbeitende, gut geführte Organisationen weisen eine ausgeglichene Balance zwischen diesen sieben Elementen auf.

Neben diesen vergleichsweise umfassenden Management-Konzepten konnten sich auch verkürzte ‚Rezepte‘ als ‚Management-by-Techniken‘ durchsetzen. Diese Ratschläge betonen zumeist einen einzigen, besonderen Aspekt der Führung. Die bekanntesten Techniken sind:

Management by Objectives: Führen durch Zielvereinbarung. Die Betriebsleitung und die Mitarbeiter auf den nachgeordneten Führungsebenen erarbeiten gemeinsam bestimmte Ziele, die die jeweilige Führungskraft in ihrem Arbeitsbereich realisieren soll. Der Aufgabenbereich und die Verantwortung jedes Mitarbeiters wird nach dem Ergebnis festgelegt, das von ihm erwartet wird. Dabei spielt es keine Rolle, *wie* das Ziel erreicht wird, sondern allein, *dass* das Ziel erreicht wird.

Management by Exception: Führen nach dem Ausnahmeprinzip. Die Führung beschränkt ihre Entscheidungen auf außergewöhnliche Fälle. Sie greift nur ein, wenn Abweichungen von den angestrebten Zielen eintreten oder in besonderen Fällen wichtige Entscheidungen getroffen werden müssen. Es wird vorausgesetzt, dass alle Routineentscheidungen an Mitarbeiter delegiert werden.

Management by Delegation: Führung durch Aufgabendelegation. Klar abgegrenzte Aufgabenbereiche werden an nachgeordnete Mitarbeiter übertragen, wobei die delegierenden Instanzen eine ausgesprochene Allergie gegen die Rückdelegation entwickeln.

Es blieb nicht aus, dass diese Management-by-Techniken bisweilen karikiert wurden, zumal die Managementkurse der angeblichen Führungsgurus nicht selten ohne nachhaltigen Erfolg blieben: Management by Helicopter beschreibt zum Beispiel das Führungsmodell eines Vorgesetzten, der nur selten präsent ist. Vorgesetzte, die eine Politik des Heuerns und Feuerns (,hire and fire') betreiben, wird gern auch ein Management by Champignons (nicht: Champions!) nachgesagt: Köpfe, die zu weit herausschauen, werden abgeschlagen. Schließlich wird die Begriffswendung Management by Chaos gelegentlich als Synonym für Unternehmen benutzt, in denen Führung nicht oder kaum feststellbar ist.

Man gewinnt den Eindruck, dass die vorgestellten Führungstheorien mit Hilfe unterschiedlicher Ansätze dem Geheimnis erfolgreicher Führung auf die Spur kommen wollten. Einmal ist es der gesunde Menschenverstand (z.B. Parker Follett), einmal ist es eine humanistische[35] Grundhaltung (z.B. Höhn), einmal ist es logisches Denken (z.B. McGregor) und schließlich sind es empirische Befunde, die die versteckten Grundlagen des Führungserfolges aufdecken sollten. Dadurch wirken die Theorien verabsolutierend; sie erinnern an Kochrezepte, die nur noch ,nachgekocht' werden müssen.

Führungstheorien oder Kochrezepte?

Eine faire Mitarbeiterführung sollte von einem verabsolutierenden Denken Abstand nehmen und die Einzigartigkeit des Menschen, eben auch der Führungsperson in den Mittelpunkt stellen. Führung ist höchst individuell! Im Einzelnen sind mit Blick auf die vorgestellten Führungstheorien folgende Aspekte zu berücksich-

Führung ist individuell!

tigen, bevor Aussagen über eine alternative Mitarbeiterführung generiert werden:

> *Erstens:* Keine der beschriebenen Führungstheorien basiert auf einem belastbaren ethischen Fundament.

> *Zweitens:* Mit den beschriebenen Führungstheorien wird ein Idealbild erfolgreicher, also im Sinne einer am Geschäftsergebnis orientierten Führung vermittelt. Dabei entwickeln sich Menschen im Laufe ihres Lebens schrittweise. Sogar die Evolutionstheorie benötigt gerade kein Idealbild, sondern geht von einer Entwicklung in kleinen Veränderungsschritten aus.

> *Drittens:* Erfolgreiche Führung gründet auf (mehr oder weniger wissenschaftlich belegten) Erkenntnissen, der nur noch die Anwendung folgen muss. Der Aspekt des Lernens und Übens wird nicht ausreichend berücksichtigt, insbesondere dann nicht, wenn sich Führungskräftetrainings auf Seminare beschränken.

> *Viertens:* Die Konzepte zur erfolgreichen Führung kann jede Führungsperson anwenden. Dabei haben Hersey und Blanchard gezeigt, dass der Führungsstil der zu führenden Gruppe angepasst werden muss. Was liegt näher, als anzunehmen, dass ein Führungsstil auch zur Person der Führungskraft passen muss? ‚Aufgesetzten‘ Führungsstilen fehlt es an Authentizität; sie werden über kurz oder lang von den Geführten erkannt und zum eigenen Vorteil genutzt; dies führt nicht selten zum Verlust der Führungsautorität.

Ein Blick in die Biografien erfolgreicher Unternehmenslenker zeigt, dass sie niemals einen Führungsstil kopiert haben, sondern ihren eigenen Weg gegangen sind. Der Volksmund hat Recht: ‚Wer in die Fußstapfen eines anderen tritt, kann ihn nicht überholen.‘

Ein Plädoyer für den eigenen Weg

Insofern eignen sich Biografien auch nicht so sehr als Kopiervorlage; interessant ist aber, nachzuvollziehen, dass der eigene Weg fast immer dornenreich, bisweilen qualvoll ist. Der eigene, neue Weg stellt etablierte Vorgehensweisen in Frage und verändert diese. Widerstand regt sich. Aus diesem Zusammenhang ergeben sich zwei höchst interessante Fragen, auf die eine gute Biografie durchaus Antworten liefern kann:

> Erstens: An welcher Stelle lohnte es sich für die betreffende Person, etablierte Vorgehensweisen zu verlassen und Veränderungen vorzunehmen?

> Zweitens: Wie ist die betreffende Person mit den Widerständen, die ein neuer Weg zwangsläufig mit sich bringt, umgegangen?

In den Antworten zu diesen Fragen offenbart sich das eigentlich ‚gute Beispiel‘ einer Biografie. Im letzten Hauptkapitel dieser Arbeit werden deshalb solche Fallbeispiele, die dem Anspruch an ein faires Management zumindest ansatzweise genügen, vorgestellt.

3.2 – Einstellung des Managements als Voraussetzung für gute Führung

Konkretes Führungshandeln wird nach meiner Einschätzung maßgeblich von den persönlichen Einstellungen geprägt. Diese persönlichen Einstellungen werden geprägt durch Wertevermittlung in Erziehung, Schule und Ausbildung einerseits; andererseits erfolgt auch eine Prägung durch Werte des aktuellen Umfeldes im beruflichen und privaten Bereich.

Letztlich ist die persönliche Einstellung zwar durch das Umfeld beeinflusst, die Einstellung lässt sich jedoch durch gründliche Reflexion bewusst machen. Nur auf dieser Grundlage lassen sich Einstellungs- und im nächsten Schritt auch Verhaltensänderungen bewirken.

Erst wenn man sich selbst erkannt hat, kann das nachfolgend darzustellende Wertesystem eines humanen Managements als ein verbindliches System eigener Überzeugungen übernommen werden.

Der Managementlehrer Josef Schmidt[36] gibt seinen Teilnehmern gleich zu Beginn eines Seminars ausreichend Raum, eine persönliche Selbstreflexion durchzuführen. Er ist überzeugt davon, dass die eigene Standortbestimmung eine Voraussetzung für die Annahme und Übernahme der von ihm gelehrten Führungsinstrumente darstellt. Den gleichen Ansatz wählt der auch als Coach und Berater tätige Benediktinerpater Anselm Grün: „Nur wenn wir uns darüber klar werden, wer wir wirklich sind, kann von unserem Führen Segen ausgehen"[37].

Auch mein mittlerweile emeritierter Kollege Radu Mihalcea empfiehlt Menschen, die Führungspositionen anstreben oder innehaben, sich ständig intensiv mit sich selbst auseinander zu setzen, um die eigene Persönlichkeit auszubauen.[3]

Was ist der Sinn Ihres Lebens?

Dabei geht es nicht zuletzt darum, zunächst einmal dem Sinn des eigenen Lebens auf den Grund zu gehen. Wer bin ich, woher komme ich und wohin gehe ich? Eine ehrliche Beantwortung dieser im Christentum und weiteren Weltreligionen sowie in der Philosophie angelegten Fragestellungen führt dazu, die eigene Persönlichkeit zu relativieren und Grundüberzeugungen zu entwickeln, die die persönliche Einstellung als einen Akt des freien Willens begreifbar machen.

Dabei können Instrumente der Selbsterfahrung, zu der die Meditation oder das aus dem Taoismus bekannte ‚Handeln durch Nichthandeln' zählen, unterstützend wirken.

Vor diesem Hintergrund möchte ich Sie, lieber Leser, auffordern, die soeben genannten Grundfragen ausgiebig allein zu beantworten:

➢ Woher komme ich?
➢ Wer bin ich?
➢ Wohin werde ich gehen?

Wem diese Fragen zu allgemein erscheinen, sei mit den nachfolgenden Fragen eine Hilfestellung angeboten:[39]

Meine Herkunft
➢ Was war mein erstes Kindheitserlebnis, an das ich mich konkret erinnern kann?
➢ Wie betrachte ich mein Elternhaus und meine Erziehung?

➢ Welche Persönlichkeit(en) prägt (prägen) mich bis heute und warum?

➢ Was sind meine größten Erfolge und wer war daran beteiligt?

Meine Ziele

➢ Welcher Anteil der mir wichtigen, angefangenen Dinge wurden Realität? 50, 60, 70 oder mehr %? Wer oder was hat mich daran gehindert, etwas Angefangenes zu vollenden?

➢ Wenn ich drei realistische Wünsche frei hätte, würde ich mir folgendes wünschen:

➢ Welche Bedeutung will ich durch meinen Beruf
a) für mich persönlich,
b) für mein Unternehmen,
c) für die Mitarbeiter, die in diesem Unternehmen arbeiten,
d) für die Kunden meiner Leistungen
erreichen?

Meine Werte

➢ Welche Werte sind mir wichtig?

➢ Kenne ich Werte, die anderen sehr wichtig sind, mit denen ich aber überhaupt nichts oder nur wenig anfangen kann?

➢ Woher kommen meine Werte?

Meine führungsbezogene Einstellung

➢ Gibt es unterschiedliche Werte zwischen mir und meinen Mitarbeitern bzw. Kollegen?

➢ Beschreiben Sie Situationen, in denen Sie bei Ihren Mitarbeitern bzw. Kollegen
a) Angst
b) Wut
c) Traurigkeit oder
d) Deprimiertheit
erzeugen!

➢ In welchen Situationen des Arbeitsalltags spielen Emotionen zwischen Ihnen und Ihren Mitarbeitern bzw. Kollegen keine Rolle?

> Beschreiben Sie Situationen, in denen Sie bei Ihren Mitarbeitern bzw. Kollegen
> a)   Freude oder
> b)   Zuneigung
> erzeugen!

Selbstreflexion und Authentizität

Diese Selbstreflexion ist die wahre Quelle von Authentizität. Wer so sein will, wie er ist, also authentisch sein will, muss sich zunächst selbst erkennen und annehmen. Fredmund Malik hat Recht, wenn er behauptet, dass ‚aufgesetzte‘ Führungsstile, die nicht zur Führungskraft passen, für Mitarbeiter, Unternehmen und Manager eine Zumutung darstellen. Allerdings greift Malik mit seinem Vorschlag zu kurz, Authentizität könne durch Vertrauen erlangt werden.[40] Wie noch zu zeigen sein wird, stellt Vertrauen keine Leitlinie – Malik benutzt den Begriff ‚Grundsatz‘ – des Führungshandelns dar, sondern eine Einstellung bzw. Überzeugung. Da Malik diese Werteebene nicht explizit thematisiert, schleichen sich in seine ‚Grundsätze‘ gelegentlich Werturteile ein, ohne den Leser auf eine notwendige Selbstreflexion seiner Einstellungen hinzuweisen. Gleichwohl ist anzuerkennen, dass Malik deutlich von den weiter oben beschriebenen Führungstheorien abrückt: Die geäußerte Kritik trifft im Wesentlichen deshalb nicht auf ihn zu, weil er im Gegensatz zu den beschriebenen Theorien kein ‚Führungsrezept‘, sondern einen ‚Führungsbaukasten‘ anbietet, der dem Anwender die nötigen Freiheiten lässt. Allerdings fehlt diesem Baukasten ein ethisches Fundament.

Erst nach einer ehrlichen und vollständigen Beantwortung der Fragen zum eigenen Standpunkt lässt sich beurteilen, ob die ausgewählten positiven Einstellungen, die ich in meinem Fall als
> Wertschätzung,
> Nachhaltigkeit,
> Erfüllung und
> Vertrauen
formuliert habe, tatsächlich zur Grundlage des eigenen Führungshandelns und somit zur Grundlage eines fairen Managements werden können.

In vielen Führungsseminaren werden Übungen zur kooperativen Führung durchgeführt, um zu zeigen, dass dieser Ansatz dem autoritären Führungsstil überlegen ist. Die nachfolgend behandelten Wertekategorien legen zwar die Vermutung nahe, dass der kooperative Führungsstil als besonders wirksam herausgestellt werden kann. Diese Aussage lässt sich jedoch nicht generalisieren. Tatsächlich wird eine Führungskraft in unterschiedlichen Situationen entsprechende Führungsprinzipien anwenden. Wenn die Situation es ermöglicht, sollte im Sinne einer fairen Führung tatsächlich kooperativ geführt werden. Wenn es jedoch *not*wendig ist, es sich also um eine Notsituation handelt, darf bzw. muss autoritär geführt werden. Niemand verübelt dem Brandmeister, dass er seinen Feuerwehrleuten in der Gefahr präzise Anweisungen gibt. Der gleiche Brandmeister ist durchaus in der Lage, außerhalb von Gefahrensituationen, etwa wenn es um Investitionsentscheidungen oder um die Urlaubsplanung geht, einen kooperativen Umgang zu pflegen.

3.2.1 – Wertschätzung

Wie gesehen, erscheint die unreflektierte Gewinnmaximierung problembehaftet. Dabei ist natürlich nichts dagegen einzuwenden, dass Unternehmen Gewinne machen wollen. Unternehmen müssen Gewinne erwirtschaften, um überleben zu können. Gerät ein Unternehmen dauerhaft in ‚rote Zahlen' – zahlt es also mehr als es einnimmt –, muss es sich vom Markt verabschieden. Wie ebenfalls gesehen, ist Gewinnmaximierung nicht einmal praktikabel. Denn weder Messbarkeit noch Anwendung sind in der Praxis gegeben. Deshalb sollte man von der Gewinn*maximierung* Abschied nehmen. Stattdessen könnte die Gewinnerzielungsabsicht als Orientierung dienen. Zugegeben, eine schwache Orientierung. Denn genau genommen bedeutet Gewinnerzielungsabsicht, gerade einmal ‚schwarze Zahlen' schreiben zu wollen. Deshalb sei mit Helmut Koch vorgeschlagen, *Gewinnschwellen* anzustreben.[41] Im Zuge der Unternehmensplanung, die der Zukunftsabschätzung und der Unternehmenskoordination dient, sollten mindestens für das kommende Jahr, besser für die nächsten Jahre Gewinnschwellen festgelegt werden, die man mindestens erreichen möchte. Je nach Vorliebe und Motivationswirkung lassen sich diese Gewinnschwellen vorsichtig-konservativ oder ehrgeizig-ambitioniert festlegen. Möglich ist auch, beides in einem Korridor, der durch ein Worst-Case- und ein Best-Case-Szenario repräsentiert wird, zu vereinen.

Wertschöpfung statt Gewinn

Aus der Diskussion um den sogenannten ‚Shareholder Value‘ (aktueller Unternehmenswert) ist bekannt, dass die einseitige Ausrichtung auf eine Anspruchsgruppe wichtige Perspektiven vernachlässigt. Da der Gewinn nach weit verbreiteter Vorstellung allein den Anteilseignern des Unternehmens zusteht, sollte auch diesbezüglich eine Perspektivenerweiterung erfolgen. Als weitere Anspruchsgruppen (engl.: ‚Stakeholder‘) neben den Anteilseignern sind Arbeitnehmer, externe Kapitalgeber und der Staat zu nennen. Alle vier Gruppen zusammen sind an der Wertschöpfung des Unternehmens beteiligt, denn diese setzt sich zusammen aus dem Gewinn, aus Lohn und Gehalt, aus den Zinsen und aus den Steuern. Alle diese Mehrwerte müssen im Produktionsprozess erwirtschaftet werden. Insofern ist zu überlegen, ob neben der Festlegung von Gewinnschwellen auch Wertschöpfungsschwellen in die Unternehmensplanung einbezogen und vor allem kommuniziert werden. Das Anstreben von Wertschöpfung klingt nicht nur besser als das Anstreben von Gewinnen, es lässt auch Raum für ein ebenso wichtiges Thema: Wie soll die Wertschöpfung auf die Anspruchsgruppen verteilt werden? Denn genau diese substanzielle, integrierende Frage wird in der Unternehmenspraxis gern ausgeklammert bzw. tabuisiert.

Wertschöpfung durch Wertschätzung?

Mit der Konzentration auf Wertschöpfung wird darüber hinaus zum Ausdruck gebracht, dass sich die Anspruchsgruppen gegenseitig Wertschätzung entgegenbringen. Arbeitnehmer, externe Kapitalgeber und den Staat allein als Kostenverursacher zu betrachten, verstellt den Blick für deren Beitrag. Am Beispiel der Einstellung zum Arbeitnehmer sei verdeutlicht, was grundlegend mit Wertschätzung gemeint ist.

3.2.1.1 – Wertschätzung und Ethik

Daniel F. Pinnow vertritt in seinem Buch „Elite ohne Ethik" die Ansicht, dass sich die Eliten reformieren müssen bzw. reformiert werden müssen, damit sie den zukünftigen Anforderungen gerecht werden. Führungskräfte müssen seiner Meinung nach zwangsläufig ethische Werte wie Menschlichkeit einbeziehen, um den Herausforderungen der Zukunft überhaupt begegnen zu können: „Die neue Elite schlägt einen Weg ein, der Know-how, Leistung und Menschlichkeit wieder zusammenführt."[42] „Und die neue Elite, die nächste Führungsgeneration, wird die Entscheidung treffen pro Ethik und Verantwortung für sich und die Gesellschaft."[43]

Zu allen Zeiten sind Menschen gerade auch unter Missachtung ethischer Werte wirtschaftlich erfolgreich gewesen. In ihrem Song „Schwein sein" überzeichnen „Die Prinzen" eine wohl weit verbreitete Meinung treffend:

„Du musst ein Schwein sein in dieser Welt, Schwein sein!

Du musst gemein sein in dieser Welt, gemein sein!

Denn willst du ehrlich durchs Leben geh'n, ehrlich?

Kriegst ‚n Arschtritt als Dankeschön! Gefährlich!"[44]

Insofern ist es eher unwahrscheinlich, dass Pinnow Recht behalten wird. Die nächste Führungsgeneration wird genauso wenig wie frühere Führungsgenerationen Ethik entdecken, weil man *nur so* wirtschaftlich erfolgreich sein kann. So bleibt die bessere Welt Utopie!

Ethik ist kein Mechanismus, mit dem etwas erreicht werden kann. Ethik fängt auch nicht bei den anderen, bei den Führungskräften an, sondern Ethik manifestiert sich in persönlichen Einstellungen und Überzeugungen. Wertschätzung ist eine solche Überzeugung, die jeder nur für sich allein entdecken kann.

> **Wertschätzung bedeutet im unternehmerischen Kontext, sich über das, was Mitarbeiter für den Vorgesetzten und den Kollegen, für den Kunden und für den Lieferanten tun, zu freuen und diese Freude zu zeigen.**

Aber auch Lieferanten, Kunden und Ressourcen stellen Werte dar, die es zu schätzen gilt. Wertschätzung stellt also eine überaus positive Einstellung gegenüber der Umwelt dar. Der Benediktinerpater Anselm Grün erweitert diese Einschätzung um einen wunderbaren Gedanken: „Wenn ich an den guten Kern im anderen glaube, dann helfe ich ihm, auch an das Gute in sich zu glauben und sich nicht zu entwerten. Ich locke also das Gute in ihm hervor.“[45]

3.2.1.2 – Das Wesen der mitarbeiterbezogenen Wertschätzung

Vielen Führungskräften fällt es schwer, die guten Leistungen ihrer Mitarbeiter zu erkennen, geschweige denn sie zu erwähnen oder gar zu würdigen. Wenn dies aber bereits für solche Leistungen gilt, die als gut befunden werden, wie schwer muss es dann erst sein, schlechte Leistungen wertzuschätzen? Nach dem Motto: ‚Wer weiß, wozu es gut ist?‘ könnte man sich bemühen, das Positive in der Schlechtleistung zu erkennen. Aber was ist, wenn das nicht hilft, wenn eine Schlechtleistung bei aller Anstrengung, eine positive Einstellung zu behalten, eine Schlechtleistung bleib?

Wertschätzen ist nicht loben

Nehmen wir ein extremes Beispiel, das gleichwohl in der Realität allzu oft vorkommt: Ein Mitarbeiter verursacht einen betrieblichen Unfall mit einem tragischen Ausgang. Kaum jemand kommt auf die Idee, diesen Mitarbeiter dafür zu loben. In diesem Beispiel zeigt sich ein Kardinalfehler, der oft begangen wird: Einer Einstellung (hier: Wertschätzung) wird vorschnell eine einzig mögliche, zwangsläufige Handlung (hier: Lob) zugeschrieben. Je nach Situation sind die Folgen von Wertschätzung höchst unterschiedlich.

Wertschätzung ist eben nicht sichtbar, sie ist, wie gesagt, eine Einstellung. Lob ist nur eine, in diesem Fall sogar äußerst unpassende Möglichkeit, Wertschätzung auszudrücken. Wertschätzung ist eine Einstellung, der die passende Handlung folgt. Wer seinen

Mitarbeiter, dem ein derart schlimmes Missgeschick passiert ist, wirklich wertschätzt, kommt überhaupt nicht auf die Idee, ihn für seine Tat zu loben. Als Wertschätzer kommt man aber auch nicht auf die Idee, den Mitarbeiter zu beschimpfen, was möglicherweise die am weitesten verbreitete Reaktion wäre.

Wer seinen Mitarbeiter auch in einer solchen Extremsituation wertschätzt, nimmt zunächst einmal Anteil. Anteil nehmen heißt, Teil des Geschehens zu werden und aus diesem ‚Eingebundensein' eine angemessene Handlung abzuleiten: Die wertschätzende Führungskraft wird ihren Mitarbeiter beispielsweise beruhigen, trösten und aufbauen. Sie wird aber auch alles Erdenkliche in die Wege leiten, damit sich ein solcher Unfall nicht wiederholen kann.

Wertschätzen heißt Anteil nehmen

Wer diese Extremsituation als Wertschätzer meistert, dem wird es gelingen, auch mit den weniger drastischen, aber durchaus kritischen Situationen des Unternehmensalltags umzugehen:

> Ein Mitarbeiter macht ständig Fehler – zwar immer nur Kleinigkeiten, aber es läppert sich.
> Ein Mitarbeiter weigert sich, Vorschriften und Richtlinien zu akzeptieren.
> Ein Mitarbeiter schikaniert bzw. mobbt seine Kollegen oder die ihm unterstellten Mitarbeiter.
> Ein Mitarbeiter überwirft sich mit einem wichtigen Kunden.

In allen Fällen geht es dem Wertschätzer darum, die Hintergründe zu beleuchten und insbesondere die Motive des Mitarbeiters zu erkennen: Fehler lassen sich möglicherweise auf eine unzureichende betriebliche Aus- und Weiterbildung zurückführen; Vorschriften sind eventuell nicht zeitgemäß formuliert; Mobbing lässt sich vielleicht auf betrieblichen Stress infolge von Platzmangel zurückführen; unter Umständen ist dem Mitarbeiter überhaupt nicht klar, wie wichtig der Kunde ist.

Mit einer wertschätzenden Einstellung wird gleichzeitig die eigene Idealvorstellung hinterfragt: Sind die Fehler tatsächlich so gravierend oder gibt es bereits Anzeichen einer Besserung? Sind die Vorschriften eigentlich noch zeitgemäß? Handelt es sich wirklich um Mobbing, wenn früher verpönte Worte in die Alltagssprache übernommen und benutzt werden? Ist der Kunde, dem immer wieder aufwändige Zugeständnisse eingeräumt werden, wirklich so wichtig? Übersteigt der kundenbezogene Aufwand vielleicht sogar den entsprechenden Ertrag?

Die mitarbeiterbezogene Wertschätzung äußert sich in einer Kommunikation auf Augenhöhe, bei der der Vorgesetzte in Vorleistung tritt. Es ist davon auszugehen, dass diese Kommunikation zu besseren Lösungen führt, als dies eine Ein-Weg-Kommunikation nach dem Muster ‚Befehl und Gehorsam‘ zu leisten vermag. Gleichwohl muss einschränkend darauf hingewiesen werden, dass in bestimmten Situationen, etwa in Notsituationen, die Ein-Weg-Kommunikation vorzuziehen ist.

Wertschätzung lohnt sich, manchmal auch finanziell!

Selbstverständlich darf der wertschätzende Vorgesetzte erwarten, dass auch der Mitarbeiter vielleicht nicht sofort, aber nach und nach eine positive Einstellung zu seinem Vorgesetzten entwickelt. In den allermeisten Fällen gelingt dies von selbst, ohne dass es besonderer Maßnahmen und Techniken bedarf. Roswita Königswieser und Alexander Exner beschreiben in ihrem Buch „Systemische Intervention" die Wirkungsweise dieses Zusammenhangs mit vielen Beispielen. Noch deutlicher wird Detlef Lohmann, der mit Blick auf seine unternehmerische Tätigkeit feststellt: „Fairness [als ein für mich elementarer Teil von Wertschätzung] lohnt sich letztendlich auch finanziell. Denn wer fair zu den Mitarbeitern ist, und zwar auf allen Ebenen, der bekommt auch den größtmöglichen Einsatz. Wer also seine Leute ernst nimmt und nicht zuletzt angemessen bezahlt, der schafft es, dass sie sich richtig strecken."[46] Beeindruckend und überzeugend finde ich, dass Lohmann entgegen einer weitverbreiteten Praxis seinen Leiharbeitern einen höheren Lohn als seinen festangestellten Mitarbeitern zahlt. Seine Begründung: „Die Leiharbeiter engagieren sich nicht, weil sie mehr bezahlt bekommen. Sondern weil sie fühlen, dass sie ernst genommen und als wertvoll angesehen werden. Weil sie sich nicht nur als Kostenfaktor fühlen, sondern spüren, dass ihre Arbeit, ihr Risiko und ihre Flexibilität anerkannt werden. Sie leisten jetzt automatisch mehr."[47]

Sollte sich jedoch eine synchrone Haltung nicht von allein herausbilden, kann mit Hilfe der genannten systemischen Intervention versucht werden, die Gründe aufzuarbeiten. Dabei ist es besonders wichtig, nicht an der Personenebene, sondern an der Handlungsebene anzusetzen, das Gute im Schlechten und das Schlechte im Guten herauszuarbeiten und nicht nur in Richtung Veränderung zu intervenieren, sondern auch auf Bewahrenswertes zu achten.[48] Gegebenenfalls ist es erforderlich, einen erfahrenen und ausgebildeten Coach in diesen Prozess einzubinden.

Wenn sich allerdings herausstellt, dass der Mitarbeiter trotz tiefer Bemühungen auf seiner asynchronen Einstellung beharrt, sollte das letzte Mittel nicht tabuisiert werden: Manchmal passen Menschen (noch) nicht zusammen, so dass eine Trennung unumgänglich wird.

3.2.1.3 – Ken Blanchard: Whale done!

Der Altmeister der Führungstheorie Kenneth H. Blanchard, der zusammen mit Paul Hersey wichtige Bausteine der situativen Führung in Form der Reifegradtheorie entwickelte, erzählt seit einiger Zeit im wahrsten Sinne ‚fabelhafte‘ Geschichten, um auszudrücken, wie er sich gutes Management vorstellt. Auch wenn sich der Bestsellerautor Martin Wehrle insbesondere über die weite Verbreitung solcher simplifizierenden Geschichten in der Unternehmenspraxis zu Recht amüsiert,[49] bildet Ken Blanchard aus meiner Sicht eine Ausnahme. In seinem Buch „Whale done!" beschreibt er, wie Wale trainiert werden und welche Konsequenzen sich daraus für das Management ableiten lassen.[50]

Die Geschichte beginnt mit einem unaufgeräumten Manager, der zur Entspannung eine Vorstellung besucht, in der die Riesensäuger allerlei Kunststücke vollbringen: Sie springen über Hindernisse und durch Reifen, winken mit den Flossen und scheinen sich sogar mit ihren Trainern zu unterhalten. Begeistert von der Vorstellung bleibt der Manager auf seinem Platz sitzen, bis der letzte Gast die Tribüne verlassen hat. Langsam begibt er sich hinunter zum Becken und spricht einen Trainer an. Auf die Frage, wie man diesen Tieren überhaupt solche Kunststücke beibringen könne, gibt der Trainer interessante Antworten: Wale lassen sich weder durch eine Peitsche noch durch laute Kommandos beeindrucken. Derlei Druck führe vielmehr zu Aggressivität, schlimmstenfalls müsse man solch ein Verhalten als Trainer mit Verletzungen oder gar mit seinem Leben bezahlen. Die Kraft eines Wales sei unzweifelhaft unermesslich größer als die eines Menschen.

Die allerwichtigste Voraussetzung für ein erfolgreiches Training ist sehr simpel, so der Trainer: ‚Sie müssen Wale lieben! Ihren Körper, ihre Art zu schwimmen und sich zu verständigen. Wenn Sie diese Voraussetzung mitbringen, mit Empathie und Wertschätzung ans Werk gehen, können Sie fast nichts mehr falsch machen.‘

Es ist nicht schwer zu erraten, dass der Manager diese Erkenntnisse auf sich und seine Mitarbeiter überträgt und fortan erfolgreich ist. Well done!

3.2.2 – Nachhaltigkeit

Wie gezeigt, wird Wachstum von vielen Politikern und Managern fälschlicherweise als überragendes Ziel propagiert. Tatsächlich degeneriert Wachstum zur Worthülse, an der sich die Menschen gleichwohl wie Lemminge zu orientieren glauben.

Die Grenzen des (quantitativen) Wachstums sind noch nicht erreicht; wahrscheinlich und hoffentlich hat der Club of Rome Unrecht, dass diese Grenzen in absehbarer Zeit erreicht sein werden. Dennoch sind diese Grenzen unbestritten. Die Nichtvermehrbarkeit und damit die Endlichkeit unseres Planeten sind Fakt. Die Überschreitung dieser Grenzen muss zwangsläufig ins Chaos führen. Die Finanzwirtschaft hat dies mit ihren Währungskrisen und Währungsreformen immer wieder bewiesen, die Realwirtschaft, deren Krisen regelmäßig im Krieg enden, ebenso.

Nachhaltigkeit hingegen kennt keine Grenzen. Nachhaltigkeit beschreibt zunächst einmal ein sich selbst erneuernden Systems insofern, als dieses System in seinen wesentlichen Teilen und Eigenschaften erhalten bleibt. Unter Einbezug der Erkenntnisse aus der Evolutionstheorie lässt sich schließen, dass sich das System schrittweise auf eine höhere Evolutionsstufe zubewegen sollte und damit schrittweise für passendere, geeignetere Lebensbedingungen ihrer Bewohner sorgt. Vor diesem Hintergrund beinhaltet die Forderung nach Nachhaltigkeit auch die Forderung nach Fortschritt.

Nachhaltigkeit in Bezug auf unsere Umwelt bedeutet, so zu handeln, dass die Lebensräume und Möglichkeiten künftig nachfolgender Generationen nicht verbaut werden. Das Gebot der Nachhaltigkeit kennt keine Grenzen ('Man kann gar nicht nachhaltig genug handeln!'), es setzt jedoch Grenzen, Grenzen der Vernunft. Wachstum als Leitmotiv versucht hingegen, die Vernunft außer Kraft zu setzen.

Nachhaltigkeit ist Zukunftssicherung

Auf die Unternehmensebene übertragen bedeutet Nachhaltigkeit, Zukunftssicherung zu betreiben. Eignet sich dieser allgemeine Gedanke auch als Richtschnur für das Management? Und wie lässt sich Zukunftssicherung konkret umsetzen? Dazu einige Antworten:

3.2.2.1 – Keine Gewinne zu Lasten der Zukunft

Es versteht sich fast von selbst, dass es wenig Sinn macht, zu Lasten der Zukunft kurzfristig hohe Gewinne zu erzielen. Es ist schlicht unvernünftig, den Ast abzusägen, auf dem man sitzt. Und dennoch lässt sich dies in der Wirtschaftspraxis immer wieder beobachten, weil etwa die Profiteure und die Betroffenen nicht dieselben Personen sind.

Einmal handelt es sich um den erfolgreichen Jungmanager, der die Zahlen eines kleinen Unternehmens so aufpäppelt, dass Headhunter ihm die Türen einlaufen.

Ein anderes Mal ist es der Unternehmensgründer oder sein Erbe, der seinen Laden kurz vor dem Verkauf noch einmal so richtig aufhübscht, damit der Preis des Unternehmens und eben nicht der Wert desselben steigt.

Und schließlich gibt es die 'quartalsgetriebenen', nicht nur, aber vor allem börsennotierten Kapitalgesellschaften, wie der bereits zitierte Unternehmer Detlef Lohmann treffend feststellt: „Was ist das Wichtigste für den Konzernchef? Genau: der Quartalsabschluss! Die Zahlen! Der nackte Betrag in Euro und Cent. Daran misst der CEO seinen Erfolg und den seiner Mannschaft. Also gehen auch alle seine Bemühungen dahin, diese Zahl immer wieder aufs

Neue zu übertreffen. Die dazu nötigen Werkzeuge: Sparkurs und Profitmaximierung. Ein guter, gleichbleibender Gewinn ist aus Sicht der Börse nämlich uninteressant. Deshalb muss jeder gute Gewinn besser werden, jeder bessere Gewinn noch einen Tick besser…"[51] Mir liegt es fern, dem Leser eine Anleitung für derartige Praktiken zu liefern. Andererseits muss der Leser durchaus wissen, wie man Gewinne zu Lasten der Zukunft erzeugen kann, um derartige Praktiken zu entlarven. Deshalb seien einige (legale!) Möglichkeiten genannt:

> Verlängerung der Wartungszyklen bei Maschinen
> Reduzierung von Forschungs- und Entwicklungsaktivitäten
> Reduzierung der Aus- und Weiterbildung
> Reduzierung von Werbeetats
> Verkauf von Maschinen, um sie anschließend zu leasen oder zu mieten (‚Sale and lease back')
> Veränderung der Bewertungsverfahren im externen Rechnungswesen, zum Beispiel:
  ♦ Aktivierung geringwertiger Wirtschaftsgüter
  ♦ Verzicht auf Pauschalwertberichtigungen auf Forderungen
  ♦ Verzicht auf steuerliche Sonderabschreibungen auf das Anlagevermögen
  ♦ Festsetzung längerer Nutzungsdauern für Maschinen, um die Abschreibungen zu reduzieren
  ♦ Aktivierung aller aktivierungsfähigen Aufwendungen bei der Ermittlung der Herstellungskosten selbsterstellter Anlagen
  ♦ Vermeidung von Abschreibungen auf Wertpapiere des Umlaufvermögens durch Umbuchung ins Anlagevermögen
  ♦ Auflösung bzw. Verzicht auf die Bildung von Rückstellungen
> Übermäßige Arbeitsverdichtung
> Reduktion und/oder Verteuerung des Kunden-Service

Detlef Lohmann stellt klar, was kurzfristige Profitmaximierung für ihn bedeutet: „Die ausschließliche Fokussierung auf den Gewinn ist alles andere als wirtschaftlich. Sie ist unnatürlich und vor allem nicht nachhaltig. Ich gehe sogar so weit zu sagen: Profitmaximierung geht nach hinten los. Und zwar früher, als finanzorientierte Manager glauben.

Wer sich nämlich durch steigende Quartalszahlen bestätigt fühlt, der arbeitet eigentlich an der Realität vorbei. Der Quartalsabschluss ist lediglich eine künstliche Grenze, die gezogen wird, um Zahlen zu betrachten. Da wird die Zeit in kleine Abschnitte aufgeteilt, denen eine Performance eingehaucht wird. Innerhalb eines Quartals ändert sich der Kontext aber faktisch zu wenig, um signifikant zu sein oder um ein echtes Bild von Erfolg oder Misserfolg eines Unternehmens abzugeben. (…)

Dabei findet das Leben nicht in Dreimonatszyklen statt und eine nachhaltige Wirtschaft erst recht nicht. Nachhaltig sind nur Unternehmen, die auf Kontinuität setzen. Die sich dessen bewusst sind, dass ihre Handlungen von heute ihre Wirkung erst morgen – oder eben in einigen Jahren – entfalten werden. Dazu braucht es Vorstellungskraft und Geduld. Vor allem aber auch den Antrieb, Stabilität zu schaffen, denn das ist das, was Menschen und Unternehmen wirklich brauchen: Sicherheit. Verlässlichkeit. Beständigkeit."[52]

3.2.2.2 – Stillstand ist Rückgang

Das haben unsere Urgroßeltern schon gewusst: ‚Wer rastet, der rostet.' Alles um uns herum ist im Fluss, alles verändert sich: Kunden, Lieferanten, Mitarbeiter, Produkte und Dienstleistungen. Ständig. Und die Geschwindigkeit, mit der sich Veränderung einstellt, scheint sich sogar rasant zu beschleunigen.

Vor diesem Hintergrund ist es wichtig, auch im Unternehmen für Veränderung zu sorgen, es immer wieder mit neuen Ideen zu konfrontieren. Unzählige Beispiele aus der Wirtschaftspraxis zeugen davon, dass ein stures Festhalten an bewährten Technologien und Methoden ins Verderben führt: In den 1970er Jahren haben renommierte Hersteller von Schreibmaschinen die damals aufkommenden Heimcomputer geradezu belächelt und deshalb die sich rasch entwickelnde computergestützte Textverarbeitung

Beispiele für verschlafene Entwicklungen

verschlafen. Den gleichen Fehler begingen seinerzeit auch die Hersteller von Großrechnern, die diese kleinen Rechner als Spielzeug verspotteten und das sich daraus entwickelnde Personal-Computer-Geschäft, aus dem viele der heutigen Hardware- und Software-Giganten entstanden, sträflich vernachlässigten. In den 1990er Jahren setzten die Versandhäuser auf konventionelle Papierkataloge und überließen das deutlich schnellere und kostengünstigere Internetgeschäft Newcomern, die den traditionellen Versandhandel in den Schatten stellten bzw. sogar in den Ruin trieben, während die Internet-Performer die Zeichen der Globalisierung erkannten und mittlerweile auf den unterschiedlichsten Plattformen weltweit unterwegs sind. Scheinbar werden auch aktuell neue Themen wie ‚Social Networking' von vielen etablierten Anbietern nicht wirklich ernst genommen, sondern als vorübergehende Modeerscheinung abgetan. Es kann nicht deutlich genug gesagt werden: Allein die Offenheit für neue, alternative Möglichkeiten erscheint als unbedingte Voraussetzung für zukunftsweisende, erfolgversprechende Wege. Es versteht sich, dass Veränderung nicht aus einem bloßen, orientierungslosen Aufmischen bestehen sollte.

> **Veränderung mit System wirkt Ängsten und Unsicherheiten der betroffenen Menschen entgegen und sorgt dafür, dass die Veränderungsbereitschaft bei den Mitarbeitern steigt und möglichst viele Veränderungsvorhaben von Erfolg gekrönt werden.**

3.2.2.3 – Raum für Zukunft

Die operative Hektik des Alltags und die Betonung des Hier und Jetzt verstellen den Blick für die Zukunft. Das gilt nicht nur für die unteren Ebenen des Unternehmens, längst ist auch das Top-Management infiziert. Mit immer ausgeklügelteren Controlling-Methoden werden Leistungen gemessen, mit Akribie werden Prozesse modelliert und standardisiert. Dabei ist es tatsächlich ein richtiger Schritt, Leistung möglichst marktorientiert zu messen, statt sie allein an Inputgrößen festzumachen. Ebenso vernünftig erscheint es, wiederholt auftretende Prozesse zu standardisieren, um die Produktivität zu erhöhen und Fehler zu vermeiden. Aber all diese Aktivitäten beschäftigen sich mit der Vergangenheit, bestenfalls mit der Gegenwart. Was nützt ein extrem elegant designter Prozess, wenn er zu Produkten und Dienstleistungen führt, die der Kunde gestern gebraucht hat? Leistungsmessung an sich ist nichts Schlechtes und gut durchdachte Prozesse ebenso wenig. Aber beides fördert nicht gerade die Leidenschaft, die Lust auf Arbeit. Leidenschaft und Lust auf Arbeit entstehen, wenn der Mensch an und in der Zukunft arbeiten darf und sich in seiner Arbeit ein Stück weit selbst verwirklichen darf. Unternehmen, die sich mit Regeln und Verfahrensanweisungen überhäufen und ein übertrieben rückwärtsgewandtes Controlling betreiben, verstellen sich den Blick für die Zukunft und gefährden damit Nachhaltigkeit und Fortschritt.

Standardisierte Prozesse und Leistungsmessung

Deshalb muss aus zwei Gründen mehr Zukunft in die ganze Unternehmung, von der Spitze bis zur Basis, eingebaut werden: Erstens kommt die Zukunft in den meisten Unternehmen derzeit ohnehin viel zu kurz. Die auf Erich Gutenberg zurückzuführende Unterscheidung des Produktionsfaktors Arbeit in einen elementaren und einen dispositiven Teil[53] zementierte lange Zeit die Auffassung, Führungskräfte seien ‚etwas Besseres‘ als der ‚einfache Arbeiter‘, weil sie sich nicht mit einfachen Aufgaben abzugeben hätten, sondern den Einsatz der elementaren Produktionsfaktoren zu bestimmen und zu überwachen haben. In jüngerer Zeit hört man immer öfter, die Gutenbergsche Differenzierung der Arbeit sei überwunden; entsprechend wird empfohlen, auch den Mitarbeiter der untersten Hierarchiestufe in Entscheidungen einzubeziehen oder gar selbst entscheiden zu lassen, während Führungskräften neue Rollen als Coach oder Trainer, aber auch als operativ teilnehmender ‚Anpacker‘ zugedacht werden. Trotz aller Fortschritte im Miteinander zwischen Führungskräften und ihren Mitarbeitern scheint gerade die Zuständigkeit für die Zukunft die Belegschaft nach wie vor zu spalten: Tatsächlich sind es in den meisten Unternehmen allein die Führungskräfte, die über die Zukunft nachdenken (dürfen). Der einfache Mitarbeiter bleibt in Sachen Zukunft fast immer außen vor. Welch eine Verschwendung von Ideen und Optionen! Zweitens ist die Einbeziehung aller Mitarbeiter in die

Beziehen Sie Ihre Mitarbeiter in die Zukunftsarbeit ein!

Zukunftsarbeit ein guter Weg, Leidenschaft zu entfachen. Wie gesagt: Leidenschaft und Lust an der Arbeit entstehen, wenn der Mensch die Zukunft mitgestalten darf.

3.2.3 – Erfüllung

Wer der Beste sein will, schaut nicht auf seine Wettbewerber, sondern auf sein Ziel! Das gilt für den Individualsportler genauso wie für ein Unternehmen. Dieses Quäntchen „besser zu sein" findet man gerade nicht beim Wettbewerb, um dieses Quäntchen muss man sich selbst bemühen, indem man die Bedürfnisse der Kunden in den Mittelpunkt seiner Arbeit stellt. Allein der Kunde bildet die Richtschnur unternehmerischen Handelns, niemand sonst.

Der Kunde im Mittelpunkt

Deshalb ist die Preis-Leistungs-Kombination ständig daraufhin zu überprüfen, ob sie den aktuellen und zukünftigen Kundenbedürfnissen gerecht wird. ,Der Kunde im Mittelpunkt' bedeutet auch, ihm eine bezahlbare Leistung anzubieten. Damit stellt sich die Frage, wie diese Leistung oder besser: Spitzenleistung zu Stande kommt.

Voraussetzung für Spitzenleistungen sind Mitarbeiter, die für ihre Arbeit brennen – nicht ausbrennen! Diese Menschen arbeiten leidenschaftlich gern für ihre Sache und für ihren Kunden, sie suchen Erfüllung in der ihnen übertragenen Aufgabe, kurz:

> **Mitarbeiter wollen im positiven Sinne gebraucht werden.**

3.2.3.1 – Leistung und Motivation

Bei Ken Blanchard haben wir gesehen, dass Druck im Falle des Wal-Trainings nicht weiterhilft. Das ist die Perspektive des Trainers und mithin die Perspektive der Führung. Aus der Perspektive des Tieres und mithin des Geführten ist zu fragen: Unter welchen Bedingungen entsteht die Bereitschaft, Leistungen zu erbringen?

Extrinsische Motivation

Es kann sein, dass das Tier Lob erwartet, Belohnungen in Form freundlicher Worte oder kleiner Leckereien. Lob ist sicher eine gute Methode der Motivation, sie hat aber den Nachteil, dass sie ständig erneuert und mit der Zeit auch verstärkt werden muss. Außerdem erzeugt sie eine gewisse Abhängigkeit. Diese von außen kommende Motivation wird in der Fachwelt auch gern als ‚extrinsische' Motivation bezeichnet. Reinhard K. Sprenger hat diese und weitere Zusammenhänge in seinem Buch „Mythos Motivation" anschaulich und tiefgehend beschrieben.[54] Zurück zu Ken Blanchards Wal: Es kann aber auch sein, dass das Tier Lust verspürt, solche Spitzenleistungen zu erbringen. Tatsächlich erscheinen die Tiere in Blanchards Geschichte ‚intrinsisch' motiviert.

Intrinsische Motivation

Diese Überlegungen führen zu einer neuen Wertekategorie, der besonders durch ein faires Management in hervorragender Weise entsprochen werden kann: Es geht darum, Bedingungen zu schaffen, die es dem Mitarbeiter ermöglichen, leidenschaftlich zu arbeiten, Lust und Erfüllung zu verspüren. Dabei geht es nicht (nur) darum, etwa *neben* der Arbeit firmeneigene Sporthallen und Entspannungsräume einzurichten, Laufgruppen und Tanzsportkurse anzubieten und Betriebsfeste und -ausflüge durchzuführen, um einen Ausgleich für die als ‚hart' empfundene Arbeit zu schaffen. Es geht vielmehr darum, nicht nur zuzulassen, sondern sogar anzustreben, dass die Mitarbeiter *in ihrer Arbeit* Lust und Leidenschaft verspüren.

‚Erst die Arbeit, dann das Vergnügen' hat ausgedient! Ziel ist es, die Arbeit so zu gestalten, dass sie motiviert.

Dabei geht es nicht unbedingt darum, Bedingungen zu schaffen, mit denen bloßer Spaß oder bloße Freude während der Arbeit erreicht wird. Jacqueline Rieger zeigt in ihrem Buch „Der Spaßfaktor – Warum Arbeit und Spaß zusammengehören" zwar interessante Möglichkeiten auf, auch den langweiligsten Job aufzupeppen.[55] Aber es gibt zu viele notwendige Aufgaben, bei denen einfach kein Spaß aufkommen will und soll, wozu beispielsweise unappetitliche Reinigungsarbeiten, Räumungsaufgaben nach Katastrophen und auch einige medizinische Eingriffe gehören. Aus diesem Grunde habe ich, lieber Leser, nach einem Begriff gesucht, der diese Intention besser umschreibt, als man es mit ‚Spaß', ‚Lust' oder ‚Freude' ausdrücken kann. Meine Wahl ist bekanntermaßen auf den Begriff ‚Erfüllung' gefallen.

> **Im Kern geht es also darum, dass die übernommenen Aufgaben den Aufgabenträgern Erfüllung bereiten, also ein Gefühl geben, etwas Gutes und Notwendiges zu tun.**

3.2.3.2 – Lust an Leistung

Wie weit die Wirtschaftspraxis von der „Lust an Leistung" entfernt ist, zeigt der Verhaltensbiologe Felix von Cube in seinem gleichnamigen Werk. Er weist auf zwei Kardinalfehler hin, die bislang diese Lust verhindert haben. Zum einen können sich viele Menschen nicht vorstellen, auch in der Anstrengung Lust zu verspüren. Arbeit strengt an, Anstrengung tut weh und deshalb kann Arbeit keinen Spaß machen. Zum anderen hat der Mensch es sich angewöhnt, zwischen Arbeit und Freizeit zu unterscheiden; dabei verbindet er mit der Arbeit das Übel, während er die Freizeit als Ort der Lust empfindet oder zumindest empfinden möchte. Die von Felix von Cube erwähnten Kardinalfehler scheinen sich in jüngster Zeit zu entschärfen: Der Fitnessboom zeigt, dass Menschen mehr und mehr die Lust an der Anstrengung entdecken. Und die weite und rasche Verbreitung mobiler Kommunikation hat entscheidend dazu beigetragen, dass die Grenzen zwischen Arbeit und Freizeit zunehmend verwischen: Der Telejobber, der sich auch am Sonntag bei schlechtem Wetter an seinen Schreibtisch begibt, um unter der Woche bei gutem Wetter das Freibad aufzusuchen, wird als Erfolg der neuen Möglichkeiten gefeiert; hingegen stellt der Mitarbeiter, der dank seines mobilen Büros in Form eines Smartphones 7 Tage die Woche 24 Stunden pro Tag auf allen Kanälen erreichbar ist, eher ein Negativbeispiel dar, das nicht selten krankheitsbedingte Ausfälle bis hin zum Burnout nach sich zieht.

Nichtsdestotrotz findet man derzeit erste Anzeichen in der Wirtschaftspraxis, die darauf hindeuten, dass ‚Spitzenleistung aus Leidenschaft' als Wert an Bedeutung gewinnen wird. Der ähnlich lautende Werbeslogan der Deutschen Bank („Leistung aus Leidenschaft") und die jüngste Kampagne der Deutschen Telekom

Lust auf Anstrengung

(„Werde Chef Deines Lebens!") sind angesichts widersprüchlichen Führungshandelns in diesen Häusern zwar noch als reine Werbepropaganda einzustufen, deuten aber bereits immerhin in die richtige Richtung.

Felix von Cube stellt fest: „Lust an Leistung stellt sich ein, wenn Flow erlebt wird, Anerkennung und Bindung, und sie ist am höchsten, wenn alle drei Motive zusammenkommen."[56] Entscheidend ist, dass alle drei Motive mit Anstrengung verbunden sind.

Flow, Anerkennung und Bindung

Das Flow-Erlebnis, das gute Gefühl, dass alles ‚im Fluss' zu sein scheint, dem sich insbesondere auch Mihaly Csikszentmihalyi verschrieben hat,[57] basiert von Cube zufolge auf dem Neugiertrieb: „Der auslösende Reiz ist das Neue, das Unbekannte. (…) Wir sind neugierig auf das Neue, wir strengen uns an, Neues zu finden. (…) Wir erleben Anstrengung dann mit Lust, wenn wir Herausforderungen bestehen, Probleme lösen, Risiken bewältigen, Unsicherheit in Sicherheit verwandeln."[58]

Wahre Anerkennung, so von Cube, basiert ebenfalls auf Anstrengung: „Gewiss hat der Mensch auch (…) viele Methoden erfunden, die Lust des Sieges [und damit Anerkennung] ohne Anstrengung zu erreichen: faule Tricks, Drohungen, falsche Versprechungen, Imponiermittel jeder Art. Doch auch hier gilt, dass die höchste Lust, die soziale Anerkennung, nur durch Anstrengungen zu erreichen ist: durch Leistung. (…)

Das Prinzip, dass hohe Lust nur durch hohe Anstrengung zu erreichen ist, gilt ebenso für die Bindung. Echte und tiefe Bindungen – Freundschaft, Liebe, Sympathie – bestehen nur dann auf Dauer, wenn man sich um den anderen bemüht, wenn man nicht nur nimmt, sondern auch gibt, wenn man Anstrengung nicht scheut."[59]

3.2.3.3 – Gebraucht werden und Sinn stiften

Menschen, die davon überzeugt sind, etwas Sinnvolles zu tun, Menschen, die ihrem Handeln einen Sinn geben, leisten gern und finden Erfüllung in ihrer Tätigkeit. Die von den Kunden erwartete Leistung stellt sich dann wie von selbst ein.

Gute Leistungen entstehen aus sinnvoller Arbeit

Tatsächlich gibt es Jobs, bei denen den meisten Menschen zunächst die Lust auf Arbeit vergeht. Mitarbeiter der Reinigungsbranche und der Gesundheitsbranche können sicherlich ein Lied davon singen: Wer putzt schon leidenschaftlich gern Toiletten oder amputiert mit großem Vergnügen Extremitäten? Ähnlich dürfte es Sozialarbeitern und Entwicklungshelfern ergehen: Täglich mit der Not und dem Elend von Mitmenschen konfrontiert zu sein, kann auch den unempfindlichsten Profi ziemlich herunterziehen. Selbst die tägliche Arbeit im Haushalt ist von vielfältigen Tätigkeiten geprägt, auf die die meisten Menschen eher keine Lust haben.

Und trotzdem finden sich nicht nur Leute für solche Jobs, sondern sogar Mitarbeiter, die in ihren auf den ersten Blick schwierigen bis unangenehmen Jobs Erfüllung finden. Denn die schäbigen Jobs oder die schäbigen Teile der Jobs werden als notwendig und sinnvoll erachtet. Diese Menschen haben das Gefühl, dass es ohne sie nicht geht, dass auf sie nicht verzichtet werden kann, dass die Welt ohne das, was sie ausmachen und was sie für diese Welt tun, weniger farbig wäre.

Obwohl tendenziell unangenehme Erinnerungen eher verdrängt, während angenehme Erinnerungen positiv verstärkt werden, offenbart eine Unterhaltung mit alten Menschen fast immer, dass das Leben von harter Arbeit und zermürbenden Tätigkeiten geprägt war. Die besonders Zufriedenen unter ihnen betonen aber auch, dass ihre Arbeit sinnvoll war, weil ihnen nie das Gefühl abhanden gekommen ist, gebraucht worden zu sein.

Zufrieden ist, wer gebraucht wird

3.2.4 – Vertrauen

Im Zuge der Behandlung der gefährlichen zerstörerischen Werte, die die Betriebswirtschaftslehre explizit und implizit vermittelt, wurde ‚Misstrauen' (noch) nicht erwähnt. Ich lehne es ab, der Wissenschaft die Schuld für diese bei Managern durchaus verbreitete Einstellung in die Schuhe zu schieben. Sprüche wie „Vertrauen ist gut, Kontrolle ist besser!", der gern Wladimir Iljitsch Lenin zugeschrieben wird, stammen eher aus der Politik und der Praxis, als dass sie den Wirtschaftswissenschaften anzulasten wären. Nur am Rande bemerkt: In diesem Spruch wird die Werte- bzw.

Einstellungsebene in unzulässiger Weise mit der Handlungsebene gleichgesetzt. Denn Kontrolle ist durchaus notwendig, auch wenn Vertrauen herrscht. Ebenso wenig hat Misstrauen zur Folge, dass alles unter Kontrolle bleibt. Anna Gamma betont zu Recht: „Ergänzen sich Vertrauen und Kontrolle gegenseitig, entsteht ein wichtiges Führungsinstrument."[60]

Insbesondere Knut Bleicher bemüht sich seit Jahrzehnten, Führungskräfte zu ermuntern, den Mitarbeitern Vertrauen entgegenzubringen. So zieht Bleicher zum Schluss seines Standardwerkes „Organisation" ein beachtliches Fazit: Es „scheint (..) eher die kulturell geprägte Einstellung einer ‚Vertrauensorganisation' zukunftsführend zu sein. Sie wird getragen vom Menschenbild eines ‚complex man', das sich nur über eine vieldimensionale Betrachtung erschließen lässt. Kulturelemente, wie Ehrlichkeit, Offenheit, Toleranz, Partnerschaft, Würde und Sicherheit werden zu tragenden Säulen des persönlichen Umgangs. Rahmenbedingungen, die dies über Forderungen, Anreize und Belohnungen und die persönliche und fachliche Entwicklung von Mitarbeitern ermöglichen, rücken an die Stelle detaillierter Regelungen und lenkender Eingriffe in das Verhalten. An die Stelle einer ‚sinnbremsenden' hochgradigen Arbeitsteilung und Spezialisierung einer fremdgestalteten Organisation tritt die auf ganzheitliche Arbeitsgebiete abstellende Selbstorganisation im Rahmen lateral zu gestaltender Kommunikations- und Kooperationsprozesse zur Freisetzung persönlicher Kreativität sachlicher Innovation in Organisationsstrukturen im Rahmen eines ‚management of change'. Eine Vertrauensorganisation, die sich im Sozialen aufs Engste mit einer Vertrauenskultur verzahnt, prägt die Entwicklung einer Unternehmung zu einem lernfähigen System, das neue strategische Vorhaben konzipiert, implementiert und verfolgt, ohne dabei die Schwierigkeiten der Misstrauensorganisation zu kennen, die diese jedem Wandel und der damit notwendig werdenden Innovation entgegenbringt."[61] Trotz oder gerade wegen dieser schönen Worte sei vor ‚blindem Vertrauen' gewarnt. Nicht alle Menschen wollen unser Bestes. Und bestimmte Menschen wollen nicht in allen Situationen unser Bestes. Wer diesen Menschen oder in diesen Situationen Vertrauen schenkt, geht ein großes Risiko ein. Niklas

Plädoyer für die ‚Vertrauensorganisation'

Vor ‚blindem' Vertrauen muss allerdings gewarnt werden

Luhmann schreibt in seinem kleinen Büchlein „Vertrauen: Ein Mechanismus der Reduktion sozialer Komplexität“: „Vertrauen bezieht sich (..) stets auf eine kritische Alternative, in der der Schaden beim Vertrauensbruch größer sein kann als der Vorteil, der aus dem Vertrauenserweis gezogen wird.“[62] Vor diesem Hintergrund sei eine sorgfältige ‚Freund-/Feind-Analyse' empfohlen, die auch situative Besonderheiten mit einbezieht, bevor Vertrauen entgegengebracht wird.

Ebenso erscheint der Vorschlag Fredmund Maliks, Vertrauen als generellen Führungsgrundsatz und damit als empfehlenswertes Orientierungsmuster einzustufen, die mit dem Vertrauenserweis verbundene Gefahr geradezu auszublenden. Selbstverständlich ist Malik zuzustimmen, dass eine auf gegenseitigem Vertrauen aufgebaute Führungssituation an Robustheit kaum zu überbieten ist.[63] Gleichwohl erscheint, wie Luhmann feststellt, Vorsicht geboten. Vertrauen ist ein Konstrukt, das weder die Handlungsebene noch die Grundsatz- und damit die Orientierungsebene prägen sollte. Vielmehr ist Vertrauen ein Begriff, der der Werteebene entstammt und hilft, die Einstellung eines fairen Managements zu prägen. Vertrauen ist also Teil des ethischen Kerns einer Führungskraft – oder eben nicht.

Vertrauen fürht zu einer stabilen und belastbaren Führungssituation

Führungskräfte wie Mitarbeiter haben die Wahl, einander zu vertrauen oder zu misstrauen. Herrscht Misstrauen vor, kommt die Führungskraft nicht umhin, die Tätigkeiten seiner Mitarbeiter bis ins kleinste Detail zu kontrollieren. Der Mitarbeiter benötigt exakte Anweisungen. Im Falle unklarer Anweisungen sichert er sich beispielsweise durch schriftliche Dokumente ab. Exakte Anweisungen und haarkleine Kontrollen stoßen rasch an ihre natürlichen Grenzen, wenn die Komplexität zunimmt. Außerdem sind Anweisung und Kontrolle selbst noch nicht Teil der eigentlichen Arbeit, sondern sie stellen genau genommen eine zusätzliche Belastung dar.

Dies soll nicht bedeuten, dass Anweisungen und Kontrollen gänzlich zu vermeiden sind. Auch wenn Vertrauen herrscht, werden diese Instrumente eingesetzt – aber in einem sehr deutlich reduzierten Maße. Vertrauen ist, wie Fredmund Malik ausführt, die ursächliche Grundlage für ein gutes Betriebsklima. „Es ist das Vertrauen, das zählt, und nicht all die anderen, so oft beschriebenen und geforderten Dinge wie Motivation, Führungsstil und Unternehmenskultur."[64] Durch Vertrauen entsteht eine robuste, also eine stabile und belastbare Führungssituation. Wird das Vertrauen missbraucht, lässt es sich innerhalb eines Unternehmens oder Unternehmensteils nur durch drastische Maßnahmen, wie zum Beispiel die Trennung von der vertrauensbrechenden Person, wiederherstellen. Der Aufbau eines Vertrauensverhältnisses setzt konsequentes Verhalten für den Fall, dass jemand dieses Vertrauensverhältnis ausnutzen möchte, voraus.

Ein Vertrauensbruch muss konsequentes Verhalten nach sich ziehen

Voraussetzung für Vertrauen ist die bewusste Entscheidung für diesen Grundsatz. Denn nur auf dieser bewussten Grundlage kann mit Hilfe einer ehrlichen Reflexion, die auf regelmäßigen Gesprächen zwischen den Beteiligten basiert, festgestellt werden, ob bei Fehlern oder Fehlverhalten nur ein Missgeschick oder ein Vertrauensmissbrauch vorliegt. Durch sogenannte ‚vertrauensbildende Maßnahmen' kann der Aufbau von Vertrauen intensiviert werden. Dazu gehört vor allem, ‚echt' zu sein, also sich nicht hinter einer Fassade zu verstecken bzw. ein Verhalten anzustreben oder zu imitieren, das zur eigenen Person nicht passt. Darüber hinaus ist es wichtig, aktiv zuzuhören. Im Gespräch gehört dem Mitarbeiter die ganze Aufmerksamkeit, eine parallele Beschäftigung mit anderen Dingen zeigt, dass man den Mitarbeiter und seinen Beitrag nicht sonderlich schätzt.

Schließlich gibt es ein nicht selten zu beobachtendes, also relativ typisches Managerverhalten, das dem Aufbau von Vertrauen deutlich im Wege steht: So mancher Manager ist einfach nicht in der Lage, Fehler zuzugeben. Der ehemaliger Benediktinermönch und heutige Unternehmensberater Anselm Bilgri berichtet von einem seiner früheren ‚Lehrmeister', der ihm diesen erbärmlichen Satz mit auf den Lebensweg gegeben hat: „Wenn Sie Führungskraft sind, dürfen Sie sich nie entschuldigen!" Bilgri dazu weiter: „Genau umgekehrt: Ich muss ja gerade zugeben können, dass ich einmal Fehler gemacht habe und bereit bin, daraus zu lernen."[65] Ausgerechnet Führungskräfte verfügen auf Grund der ihnen verliehenen

Macht, ihrer Erfahrung und oft auch auf Grund ihrer Bildung über die notwendigen Mittel, eigene Fehler herunterzuspielen, zu vertuschen oder gar ihren Mitarbeitern in die Schuhe zu schieben. Auch wenn der Mitarbeiter dieses vertrauenszerstörende Verhalten nicht sofort bemerkt, auf die Dauer wird es ihm nicht entgehen. Deshalb ist es wichtig, dieses hinderliche Verhalten systematisch abzubauen bzw. zu vermeiden.

Die Einstellung ‚Vertrauen‘ lässt sich auf der Grundsatzebene zum Beispiel durch die Leitlinien ‚zuverlässig sein‘ und, was auch Malik anführt, ‚authentisch sein‘ wirkungsvoll unterstützen. Auf der Handlungsebene kommt mit Malik dem Werkzeug ‚aktives Zuhören‘ eine besondere Bedeutung zu.

Reinhard K. Sprenger stellt in seinem Buch „Vertrauen führt" fest, dass es mit der Vertrauenskultur in vielen Unternehmen nicht weit her ist. Zwar wird dieses Thema immer wieder angesprochen: „Ich kenne keinen Vortragsredner, der Vertrauen nicht als den Schlüssel zu einer wertorientierten Unternehmenskultur predigt. Ich kenne kein ernst zu nehmendes Managementbuch, das durch Vertrauen nicht alle möglichen positiven ökonomischen Effekte erklärt."[66] Sogar in den Unternehmensleitlinien vieler Unternehmen spiele Vertrauen eine zentrale Rolle. Und dennoch sieht es in der Praxis düster aus: Vertrauensdefizite an allen Ecken und Enden.

Und genau das hat mit der Einstellung des Managements zu tun, betont Sprenger: „Wenn Sie grundsätzlich davon überzeugt sind, dass Sie einem Menschen nicht trauen können, dann wird Sie auch ein noch so dauerhaftes Vertrauensverhalten des anderen nicht vom Gegenteil überzeugen. Verdacht ist Ihr ständiger Begleiter. Die Bereitschaft und Fähigkeit, Vertrauen zu geben und zu nehmen, gründet also letztlich in individuellem *Selbst*-Vertrauen. Ohne Selbstvertrauen kann man keinem andern trauen. (…) Selbstvertrauen (…) – das ist die innere Gewissheit: ‚Ich bin verlässlich‘, ‚Auf mich kann man zählen‘, ‚Wenn ich *Ja* sage, meine ich *Ja*‘."[67]

Zusammenfassend lassen sich die Werte eines fairen Managements nunmehr wie folgt darstellen:

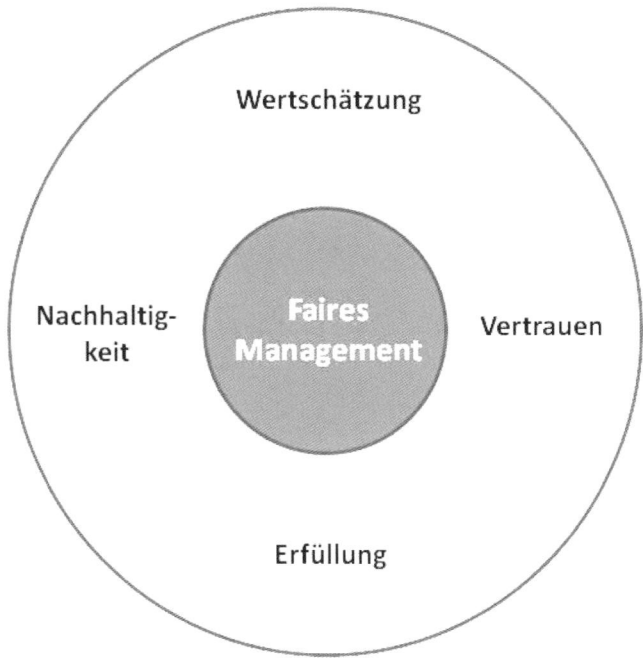

Abb. 3: Werte eines fairen Managements

3.2.5 – Die Probe aufs Exempel: Dark Management

Es ist und bleibt eine persönliche Entscheidung, ob ein Mensch den vorgeschlagenen oder einen ähnlichen Wertekanon akzeptiert und zur eigenen Einstellung heranreifen lässt. Kritiker werden den Vorwurf formulieren, dass die Aufforderung zur Übernahme eines Wertekanons, dem ein positives Menschbild zu Grunde liegt, von der falschen Vorstellung ausgeht, dass sich ein Gutmenschentum in dieser ‚ach so schlechten‘ Welt durchsetzen kann.

Dabei ist es allein der Mensch, der die beklagenswerten Zustände wie Klimaprobleme, Wirtschaftskrise etc. verursacht hat. Allein er ist, wenn überhaupt, auch in der Lage, diese Zustände zu ändern. Eine ‚Nach-mir-die-Sintflut‘-Haltung ist gänzlich unakzeptabel: Auf den ersten Blick erscheint sie als Ausdruck der Hilflosigkeit, tatsächlich ist diese Haltung meiner Meinung nach blanker Zynismus.

Welche Alternativen gibt es denn zum vorgeschlagenen Wertekanon? Ein Gegenentwurf, der mit den fragwürdigen Werten der BWL korrespondiert, lässt sich unmittelbar aus den negativen Werten der Betriebswirtschaftslehre (zur Erinnerung: Sparsamkeit, Gewinnmaximierung, Wachstum und Wettbewerbsorientierung) ableiten:

➢ Geringschätzung
   Wettbewerbsorientierung und *Gewinnmaximierung* tragen dazu bei, die Leistungen anderer, etwa der Konkurrenten, Lieferanten und Mitarbeiter, *geringzuschätzen*.

➢ Misstrauen
   Ein *sparsamer* Mensch ist in aller Regel sehr *misstrauisch*.

➢ Arbeit als Last
   Immer mehr haben zu wollen, wozu die Werte *Wachstum* und *Gewinnmaximierung* auffordern, führt dazu, dass *Arbeit* als anstrengend und *als Last* angesehen wird.

➢ Schneller Erfolg
   Gewinnmaximierung und der damit entstehende Druck verleitet dazu, den *schnellen Erfolg* sofort und damit zu Lasten der Zukunft zu suchen.

Entsprechend bildet dieser Orientierungsrahmen eine offensichtlich wesentliche Voraussetzung für ein in der Praxis weit verbreitetes ‚dunkles Management‘:

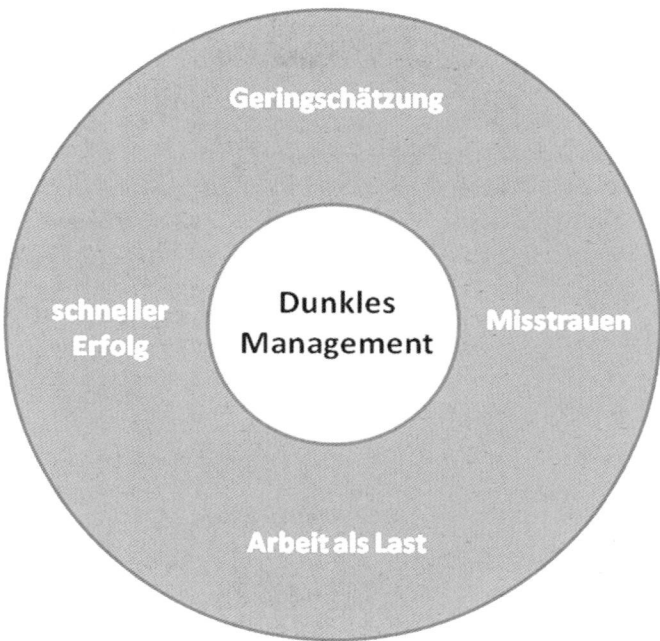

Abb. 4: Orientierungsrahmen eines dunklen Managements

Und tatsächlich kommt vielen Menschen dieser Orientierungsrahmen bekannt vor:

➢ *Erstens:* Die Suche nach kurzfristigem Erfolg, nach ‚easy
money', scheint so manchen Manager und Unternehmer zu
prägen: Als Paradebeispiel gelten mittlerweile Investment-
banker; aber auch in anderen Branchen, allen voran Klingel-
tonanbieter und Abmahnanwälte, gibt es unzählige Beispiele.
Immerhin besteht ein Unternehmen im Durchschnitt aktuell
nur etwa 12,5 Jahre am Markt, bevor es liquidiert oder
verkauft wird.

➢ *Zweitens:* Man muss nicht einmal nach Bangladesch oder
nach Westafrika schauen, um die extreme Geringschätzung
des Produktionsfaktors Arbeit in Form von Kinderarbeit zu

erkennen. Auch in Deutschland gibt es in Branchen wie dem Transport-, Zustellungs- und Reinigungsgewerbe leider nur noch wenige Ausnahmeunternehmen, die ihre Mitarbeiter anständig behandeln. Die Geringschätzung von Ressourcen lässt sich auch am Zahlungsverhalten der meisten Unternehmen festmachen: Es gilt als wirtschaftlich, jegliche Zahlung so weit wie möglich herauszuzögern. Kommunen, Länder und der Bund gehen sogar als Auftraggeber im Verein mit den Steuerbehörden mit ‚gutem Beispiel‘ voran und zwingen nicht selten kleine Handwerksunternehmen in die Zahlungsunfähigkeit. Für Respekt oder gar Wertschätzung einer Lieferantenleistung scheint in der heutigen Zeit kein Platz zu sein.

➢ *Drittens:* ‚Dienst ist Dienst und Schnaps ist Schnaps!‘ Dieser Spruch verdeutlicht, dass es für viele Menschen ganz normal ist, dass Arbeit eine Last ist, dass Arbeit weh tut, dass sie weder Quelle der Freude noch der Erfüllung sein darf.

➢ *Viertens:* Misstrauensbeweise gibt es in unserer Welt, erst recht in der Wirtschaftswelt an jeder Ecke. Kontrolle und Vertrauen schließen sich, wie bereits gezeigt, nicht wirklich aus. Aber übertriebene oder gar verbotene Kontrollen lassen auf die Gesinnung einer Vielzahl von Managern und Unternehmern schließen. Verwanzte Aufenthaltsräume, Überwachungskameras (sogar auf den Toiletten!) und Bespitzelung der Privatsphäre sind nur einige Beispiele, die als Beleg dienen.

Studierende, denen der Wertekanon eines dunklen Managements vorgelegt wird, reagieren keineswegs entsetzt, sondern halten es zunächst überwiegend für völlig normal, dass Manager ‚so ticken‘. Und auch viele Manager akzeptieren diese Sichtweise bekanntermaßen: ‚Wo gehobelt wird, da fallen Späne.‘

Und trotzdem können die meisten Studierenden den Wertekanon des dunklen Managements nach einer ausführlichen Diskussion nicht akzeptieren. Ihr Arbeits- und Lebensziel entspricht dann doch eher einem fairen Management. Ein ähnlich erfreuliches Ergebnis zeigt sich in Gesprächen mit Managern und

Die meisten Menschen wollen ein Management, das sich einem positiven Menschenbild verpflichtet fühlt

Unternehmern. In solchen Gesprächen reift die Erkenntnis, dass insbesondere die implizit vermittelten, fragwürdigen Werte der Betriebswirtschaftslehre dazu beitragen, eine ‚dunkle‘ Einstellung zu entwickeln. Die vorgeschlagenen alternativen Werte werden dann durchaus als neue Möglichkeit erkannt; jedenfalls habe ich noch keinen Manager getroffen, der sich nach Auseinandersetzung mit diesem Thema in einem intensiven Gespräch voller Überzeugung zum dunklen Management bekannt hätte. Allerdings müsse man manchmal ‚mit den Wölfen heulen‘, wird gern als Ausrede für gelegentliche, aber immerhin eingesehene Fehler angeführt. Oder es wird auf ‚die anderen‘ verwiesen, die sich erst ändern müssten, damit man sich selbst ändert. Doch steter Tropfen höhlt den Stein: Die Möglichkeiten eines fairen Managements lassen sich durch eine intensivere Aufklärung, die mit dem Lesen dieses Buches ja erst beginnt, und durch ausführlichere Gespräche durchaus ans Tageslicht bringen. Denn, um es noch einmal mit der Musikgruppe „Die Prinzen“ zu halten: Schwein sein macht einfach keinen Spaß!

3.2.6 – Weiterer Aufbau des Führungsmodells

Mit seinem Buch „Führen, Leisten, Leben“ legt Fredmund Malik im Gegensatz zu den weiter oben beschriebenen Führungstheorien einen Ansatz vor, der der vorgetragenen Kritik in weiten Teilen standhält. Malik stellt in seinem Werk einen äußerst hilfreichen Führungsbaukasten vor, der drei Ebenen enthält: Grundsätze, Aufgaben und Werkzeuge.

Mit meinen vorliegenden Darstellungen zur „Einstellung des Managements als Voraussetzung für gute Führung“ wird eine zusätzliche Ebene eingeführt, die bei Malik noch fehlt, wenn man einmal von seinen wenigen und nur vage formulierten Äußerungen zum Thema ‚Vertrauen‘ und vor allem zum Thema ‚Verantwortung‘[68] absieht. Malik entkräftet mit seinen Aussagen zum Thema ‚Verantwortung‘ Reinhard Sprengers kritische bis sarkastische Einschätzung leider nicht: „Grundsätzlich besteht über das, was Verantwortung im Unternehmen heißt, weithin Unklarheit. Entsprechend kreist und pendelt die Verantwortung:

Mal hat sie der Mitarbeiter, mal der Chef, mal die da oben, mal die anderen, mal haben sie alle."[69]

Verantwortung = Wertschätzung, Nachhaltigkeit, Erfüllung, Vertrauen

Trotzdem bleibt nachzutragen, warum ‚Verantwortung' als Bestandteil des fairen Managements keine Erwähnung findet: Wie Hans Jonas in seinem Buch „Das Prinzip Verantwortung" darlegt, ist Verantwortung sogar geeignet, eine „Ethik für die technologische Zivilisation" zu begründen.[70] Insofern erscheint der Begriff Verantwortung genauso wie der Begriff Fairness als Oberbegriff für die von mir vorgeschlagenen, konkreteren Kategorien Wertschätzung, Nachhaltigkeit, Erfüllung und Vertrauen.

Die explizite Auseinandersetzung mit ethischen Fragestellungen, die Selbstreflexion und die darauf aufbauende, bewusste Übernahme der Einstellungen Wertschätzung, Nachhaltigkeit, Erfüllung und Vertrauen oder die Entwicklung eines selbstformulierten ethischen Kerns verleiht dem nun folgenden, zum Teil eng an Malik angelegten Baukasten ein tragfähiges Fundament. Insofern soll der Struktur und weitgehend auch den Inhalten Maliks gefolgt werden, allerdings immer mit festem Blick auf ein angestrebtes faires bzw. – um den Gedanken von Hans Jonas aufzugreifen – verantwortungsvolles Management.

Dabei spielt es keine Rolle, ob Sie, lieber Leser, mit der Formulierung Ihres ethischen Kerns exakt mit mir übereinstimmen. Wie gesehen, habe ich bei der Vorstellung des Wertekanons auch diejenigen Begriffe benutzt, die ich zuvor ausgeschlossen hatte. Uns trennen also allenfalls unterschiedliche, subjektive Begriffsauffassungen. Ich bin sicher, dass der Zusammenhang zwischen dem nachfolgend darzustellenden Führungsbaukasten und Ihrem ethischen Kern mehr als deutlich zu Tage treten wird.

Zur Strukturierung des Baukastens wird der Begriff ‚Aufgabe' aus Maliks Begriffsrepertoire übernommen, während der Begriff ‚Grundsatz' durch ‚Leitlinie' und ‚Werkzeug' durch ‚Instrument' ersetzt wird. ‚Grundsatz' klingt wertneutral, während ich mit dem Begriff ‚Leitlinie' hervorheben möchte, dass es eine höhere Ebene – in diesem Fall die Ebene der persönlichen Einstellung – gibt, die durch Befolgung der Leitlinien wirksamer erreicht werden kann. Die Begründung für die Ersetzung des Wortes ‚Werkzeug' durch ‚Instrument' folgt später.

3.3 – Leitlinien guter Führung

„Maschinen kann man einschalten, Menschen müssen geführt werden. Beherrschen wir diese Fähigkeit zur Unterscheidung noch?"

Josef Schmidt[71]

Auch wenn die Suche nach dem idealen Führungsstil wenig hilfreich ist, wünscht sich der Leser in einer Abhandlung zum Thema Führung zu Recht eine gewisse Systematisierung nach dem Muster: An was muss eine Führungskraft eigentlich alles denken, wenn sie eine ordentliche Führung beansprucht? Höhn, Blake/Mouton und Hersey/Blanchard haben mit ihren Konzepten bereits einige wichtige Komponenten der Führung, allerdings zu eng mit Blick auf erfolgreiche Führung, zusammengetragen. Fredmund Malik befreit sich in seinem Werk „Führen, Leisten, Leben" von dieser eingrenzenden Fragestellung und systematisiert, welche Aspekte der Führung professionelle Führungskräfte insgesamt reflektieren und beachten sollten. Dieser Ansatz lässt sich mit der soeben gestellten Frage, an was die Führungskraft eigentlich alles denken sollte, zu einer Minimaldefinition von Führung erweitern: Gesucht werden damit die Aspekte der Führung, die eine Führungskraft mindestens beachten sollte. Die nüchterne Bewusstmachung von Führungsleitlinien, Führungsaufgaben und das Erlernen und fortwährende Üben von Führungsinstrumenten stellt deshalb einen wesentlichen Beitrag der fairen Mitarbeiterführung dar. Um diese Ebenen nicht im ‚luftleeren Raum' kreisen zu lassen, wurde im vorigen Abschnitt ein Wertesystem entwickelt, auf das sich diese drei Ebenen beziehen.

Die Einbeziehung dieses ethischen Kerns erscheint mir als überzeugende Antwort auf Maliks nur rudimentär beantwortete, aber völlig zu Recht gestellte Frage: „Wie ist es zu erklären, dass es

Führungskräfte gibt, die (…) alles falsch machen, und trotzdem in ihren Abteilungen ein gutes, oft ausgezeichnetes Betriebsklima haben? Und wie ist es andererseits zu erklären, dass es Führungskräfte gibt, die (…) alles richtig machen, alle Führungstheorien kennen und ihr Führungsverhalten auch danach ausrichten, und trotzdem ein schlechtes, oft miserables Betriebsklima in ihren Bereichen haben?"[72] Die Erklärung liegt nunmehr auf der Hand:

a) Bereits eine Ausrichtung am ethischen Kern im Sinne eines positiven Menschenbildes wird dazu führen, dass Sie ein gutes Betriebsklima haben werden. In der Sprache des Eiskunstlaufs ist das die Pflicht; die perfekte Anwendung von Führungsinstrumenten ist nur die Kür.

b) Allein ein ethischer Kern erfüllt Ihr Führungshandeln mit Leben. Sie können so viele Seminare besuchen und Bücher lesen, wie Sie wollen. Ohne einen ethischen Kern wird die Anwendung von Führungsinstrumenten ins Leere laufen.

Die nachfolgende Abbildung gibt einen Überblick über die weitere Vorgehensweise. Das nunmehr vorliegende 4-Ebenen-Modell besteht aus einem ethischen Kern, der die Einstellung eines fairen Managements beschreibt. Diese Kern bestimmt die nachfolgenden Ebenen der Leitlinien, Aufgaben und Instrumente der Führung. Die Leitlinien helfen dabei, das Streben nach einer positiven Einstellung abzusichern. Ethischer Kern und Leitlinien bestimmen, was Führung als Aufgabe eigentlich ausmacht. Und mit den Instrumenten der Führung werden Möglichkeiten und Mittel angeboten, Führungshandeln im Sinne eines positiven Menschenbildes umzusetzen.

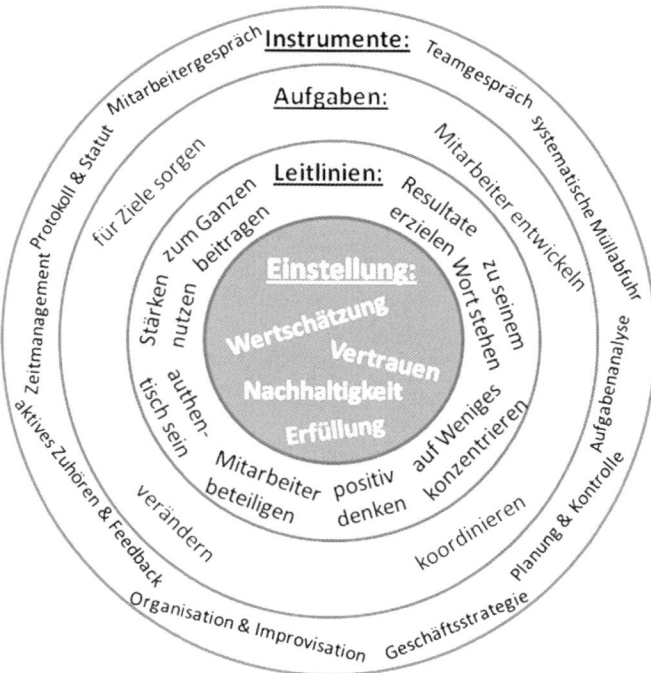

Abb. 5: Dimensionen der guten Mitarbeiterführung

Die Werte
➤ Nachhaltigkeit,
➤ Wertschätzung,
➤ Erfüllung sowie
➤ Vertrauen
oder ein alternativ formulierter ethischer Kern zeigen die Dimensionen auf, auf die es beim Streben nach einer positiven Einstellung ankommt.

Auf der nächsten Ebene werden die ‚Leitlinien‘ dargestellt, die der Absicherung einer fairen, an einem positiven Menschbild orientierten Führung dienen.

Fünf Leitlinien werden in verkürzter Form von Fredmund Malik übernommen, wobei ergänzend ein deutlicher Bezug zum Wertekanon hergestellt wird:

➤ Resultatorientierung,
➤ Beitrag zum Ganzen,
➤ Konzentration auf Weniges,
➤ Stärken nutzen und
➤ positiv denken.[73]

Darüber hinaus werden drei weitere Leitlinien vorgeschlagen:

➤ zu seinem Wort stehen,
➤ Mitarbeiter beteiligen und
➤ Authentizität.

Die Orientierung an diesen Grundsätzen erscheint mir besonders dann anzuraten, wenn

➤ sich das Unternehmen in einem turbulenten, sich rasch ändernden Umfeld bewegt,
➤ das Unternehmen auf ständige Innovationen angewiesen ist und somit die Ideen aller Mitarbeiter genutzt werden sollten und wenn
➤ Arbeitslust und Arbeitsfreude bessere Ergebnisse versprechen.

Die Volkswirtschaft zeigt seit langem auf, dass im Zuge der Entwicklung von der Agrarwirtschaft über die Industriewirtschaft hin zu einer Dienstleistungswirtschaft der Anteil dieser ‚modernen‘ Unternehmen ständig wächst.

3.3.1 – Resultatorientierung

„Management ist der Beruf des
Resultate-Erzielens und des Resultate-Erwirkens."

Fredmund Malik[74]

‚Allein das Ergebnis zählt, wie es erreicht wird, ist zweitrangig.' Diese ruppige Einstellung wird einer idealen Führungskraft kaum zugeschrieben. Und dennoch gehört die Leitlinie, Resultate erzielen zu wollen, zum Pflichtprogramm einer Führungskraft. ‚Zweitrangig' sind nicht-ökonomische Ziele, wie zum Beispiel soziale Standards einzuhalten oder die Umwelt zu schonen, aber nicht wirklich: Sie sollen ja, während Gewinn erzielt wird, gleichzeitig eingehalten werden.

Die Resultatorientierung der Führungskraft ist insbesondere vor dem Hintergrund einer nachhaltigen Gewinnerzielungsabsicht eine logische Konsequenz. Es ist hilfreich, sich diese Leitlinie immer wieder in Erinnerung zu rufen, weil sie dazu zwingt, vernünftig mit den einzusetzenden Ressourcen umzugehen. (Allerdings muss der für Manager quasi selbstverständliche Grundsatz der Resultatorientierung nicht unbedingt auch ein Lebensprinzip sein.[75])

Resultatorientierung = vernünftiger Umgang mit Ressourcen

Der Unternehmer Detlef Lohmann betont, wie wichtig es ist, auch die Mitarbeiter für Resultate zu sensibilisieren. Er berichtet von einem Schlüsselerlebnis: Seine Sekretärin hatte eine gefüllte Gießkanne auf seinem Schreibtisch stehen gelassen. Zur Rede gestellt, antwortete sie ohne jedes Schuldbewusstsein, dass die Betriebsklingel just in dem Moment das Ende des Arbeitstages anzeigte, als sie die Blumen gießen wollte. Ähnliches hatte Lohmann in seiner Versandabteilung erlebt, in der die Mitarbeiter um Punkt 17 Uhr ‚den Griffel' bzw. das Werkzeug fallen ließen. Lohmann: „Um meine Hypothese zu überprüfen, dass durch den kollektiven, von der Uhr automatisch gesteuerten Abbruch der Arbeit Aufgaben liegen bleiben, die vergleichsweise schnell erledigt werden könnten, und deshalb gewisse Vorgänge unverhältnismäßig spät abgeschlossen werden könnten, musste ich die Ergebnisse der Arbeit quantifizieren. (…) Wir haben also erfasst, was jeden Tag hätte fakturiert werden können und nicht fakturiert worden ist. Das Ergebnis nach zwei Monaten: Zwischen 98,5 und 99,5 Prozent der liegen gebliebenen Aufträge hätten mit sehr geringem Aufwand am Vorabend noch abgearbeitet werden können!"[76] Lohmann schloss aus diesem Befund, dass es ihm gelingen müsse, die Mitarbeiter von der Denke, ‚Stunden abarbeiten' zu müssen, wegzubekommen. Tatsächlich hat er es nach einiger Zeit geschafft, die Mitarbeiter dazu zu bewegen, in Ergebnissen zu denken. Das lässt sich daran erkennen, dass es zum Beispiel keine Stechuhren mehr gibt. Lohmann verweist darauf, dass die Mitarbeiter nunmehr viele Entscheidungen selber treffen und dass sie sich weitgehend selbst organisieren: „Diese konsequente ergebnisorientierte Einstellung meiner Mitarbeiter macht mich schon ein wenig stolz. Sie ist (..) das Ergebnis zweier Grundprinzipien, die ich angewendet hatte: Transparenz und Vertrauen."[77] Vertrauen ist, wie wir gesehen haben, Teil des ethischen Kerns. Das Prinzip ‚Transparenz', welches auch ich für sehr wichtig halte, wird im Kapitel „Gute Führung: Auch eine Frage des Anstands" ausführlich behandelt.

Die Leitlinie ‚Resultatorientierung' unterstützt unter anderem die Ausrichtung an langfristigen Zielen und stellt damit die Überlebensfähigkeit des Unternehmens sicher. Insofern bietet diese Leitlinie Raum, den Wert *Nachhaltigkeit* zu leben. In ihrer Studie „Die Jahrhundert-Champions" kommen Christian Stadler und Philip Wältermann zu dem Ergebnis, dass Firmen langfristig erfolgreich sind, wenn sie „bewährte Traditionen nicht leichtfertig über Bord werfen und dennoch neuen Ideen offen (..) begegnen, kurzum ‚intelligent konservativ' agieren."[78]

Resultatorientierung nimmt auch den Aspekt *Wertschätzung* als Teil des Wertekanons auf, wie in dem schönen Begriff ‚Wertschöpfung' als Synonym für die Leistung eines Unternehmens anklingt. Im wahrsten Sinne des Wortes werden ökonomische Werte für den Unternehmer in Form von Gewinnen, Werte für die Mitarbeiter in Form von Entgelten, Werte für den Fremdkapitalgeber in Form von Zinsen und Werte für den Staat in Form von Steuern erarbeitet. ‚Wertschätzung' wird darüber hinaus ausgedrückt, wenn neben den ökonomischen Zielen auch ökologische und insbesondere soziale Ziele angestrebt werden.

Etwas zu schaffen, ein Resultat tatsächlich auch zu erzielen, ist für die meisten Menschen äußerst *erfüllend*, womit auch der dritte Bereich des Wertekanons wirksam wird. Sogar wenn sich ein angestrebtes Ziel nicht erreichen lässt, behält das Ziel seine Orientierungs- und Motivationsfunktion. Selbst wenn das Resultat zunächst aus einer Enttäuschung besteht, folgen fast immer neue Perspektiven.

Die Wertebene ‚*Vertrauen*‘ wird in zweifacher Hinsicht durch die Leitlinie ‚Resultatorientierung‘ berührt: Einerseits sollten nur solche Resultate angestrebt werden, die machbar sind, die man sich zutraut. Voraussetzung dafür ist ein gesundes Selbstvertrauen. Andererseits kommt es, wie bei Lohmann gesehen, nicht nur auf die eigenen Resultate an, sondern gerade auch auf die Resultate der unterstellten Mitarbeiter. Vertrauen der Führungskraft bedeutet in diesem Zusammenhang, den Mitarbeitern nicht zu viel zuzutrauen und sie zu überfordern, gleichzeitig aber durchaus anspruchsvolle Resultate zu erwarten.

Wie wichtig Resultatorientierung für die Lebensgestaltung und mithin auch für Führungskräfte ist, lässt sich einer Fülle von Quellen entnehmen. So findet sich im Koran dieser denkwürdige Satz: „Wenn man das Ziel nicht kennt, ist kein Weg der richtige."[79] Konfuzius (551–479 v. Chr.) wird folgendes Zitat zugeschrieben: „Wer das Ziel kennt, kann entscheiden; wer entscheidet, findet Ruhe; wer Ruhe findet, ist sicher; wer sicher ist, kann überlegen; wer überlegt, kann verbessern."[80] Schließlich sei Erich Fromm erwähnt, der formulierte: „Wenn das Leben keine Vision hat, nach der man strebt, nach der man sich sehnt, die man verwirklichen möchte, dann gibt es auch kein Motiv, sich anzustrengen."[81]

·

3.3.2 – Beitrag zum Ganzen

„Führung ist kein Privileg, Führung ist eine Dienstleistung!"

Josef Schmidt[82]

Eine beitragsorientierte Einstellung ist im Grunde keine ethisch fundierte Forderung, sondern sie geht auf die Forderung der Beachtung von Ganzheitlichkeit und damit auf systemtheoretische Überlegungen zurück. Die Systemtheorie fordert dazu auf, die bewusstere Innensicht um eine Außensicht zu ergänzen. Wer sich an der Innensicht orientiert, versucht, den Ursachen eines Problems oder einer positiven Entwicklung ‚auf den Grund' zu gehen. Die Außensicht bezieht auch Rahmenbedingungen als Ursache mit ein, die nicht oder nur wenig beeinflussbar sind.

Dies bedeutet für die Führungskraft, sich stets zu vergegenwärtigen, dass man nur einen Beitrag zum Ganzen leistet. Fredmund Malik veranschaulicht dies mit einer kleinen Geschichte: „Ein Mann kommt an eine Baustelle, auf der drei Maurer sehr fleißig arbeiten. Äußerlich ist zwischen ihnen kein Unterschied zu erkennen. Er geht zum ersten und fragt: Was tun Sie da? Dieser schaut ihn verdutzt an und sagt: Ich verdiene mir hier meinen Lebensunterhalt. Er geht zum zweiten, fragt ihn dasselbe. Dieser schaut ihn mit glänzenden Augen sichtbar stolz an und sagt: Ich bin der beste Maurer im ganzen Land. Dann geht er zum dritten und stellt ihm dieselbe Frage. Dieser denkt einen kurzen Moment nach und sagt dann: Ich helfe hier mit, eine Kathedrale zu bauen."[83] Auch wenn ein Maurer nicht unbedingt eine Führungskraft ist, wird mit dieser Geschichte deutlich, dass die beitragsorientierte Einstellung, die der letzte Maurer an den Tag legt, einen wichtigen Führungsgrundsatz dastellt.

Positionen und Titel rücken in den Hintergrund

Die beitragsorientierte Einstellung hat Konsequenzen: Die Position einer Führungskraft und eventuelle Titel rücken in den Hintergrund. Auch für Führungskräfte gilt: Nicht das, was du bist, sondern das, was du tust, ist wichtig. Insofern stellen Positionen und Titel nur Mittel dar, die die Führungskraft befähigen, einen besseren Beitrag zu leisten, als wenn sie über diese Mittel nicht verfügen würde. Position und Titel sind für das Ganze einzusetzen und kein Selbstzweck.

Die meisten Organisationen sind so aufgebaut, dass die Menschen ihren Fähigkeiten und Kenntnissen entsprechend, also für ein Teil- bzw. Spezialgebiet, eingesetzt werden. Das Leistungsprogramm eines Unternehmens stellt das Gesamtergebnis dieser spezifischen Tätigkeiten bzw. Leistungen dar. Die Aufgabe der Führungskraft besteht nach diesem Organisationsmodell darin, für Koordination zu sorgen. Die Erfüllung dieser Führungsaufgabe kann durch eine ganzheitliche Einstellung wirksam unterstützt werden. Durch beitragsorientiertes Denken wird Führungshandeln begründbar und damit für die Mitarbeiter nachvollziehbar.

Von den vier Werteebenen erscheint insbesondere ‚*Wertschätzung*‘ als eine Haltung, die durch die Orientierung an der Leitlinie ‚Beitrag zum Ganzen‘ unterstützt wird. Einen ‚Beitrag zum Ganzen‘ zu leisten bedeutet für die Führungskraft, die Leistung aller Mitarbeiter anzuerkennen. Damit gesteht der Manager ein, dass das Gesamtergebnis nicht auf ihn allein zurückzuführen ist, sondern dass es dazu besonders auf die Fähigkeiten und Fertigkeiten seiner Mitarbeiter ankommt. Implizit fördert diese Leitlinie einen partnerschaftlichen Umgang und eine Kommunikation auf Augenhöhe, wodurch das ‚*Vertrauen*‘ gestärkt wird.

Die Leitlinie ‚Beitrag zum Ganzen‘ versachlicht das Managerhandeln und betont insbesondere die Führungsaufgabe Koordination. Vielleicht ist dieser Blick besonders gut geeignet, sich als Führungskraft eben nicht als ‚Macher‘ und ‚Urheber des Erfolgs‘ und allein darin ‚*Erfüllung*‘ zu sehen, sondern darauf zu achten, dass auch die Mitarbeiter ‚*Erfüllung*‘ in ihrer Arbeit finden.

Schließlich betont diese Leitlinie in dynamischer Betrachtung die Vergänglichkeit des Augenblicks: Was an diesem Tag, in dieser Woche, in diesem Jahr erreicht wurde, hat Bezug zur Zukunft, ist ein Beitrag zum dynamischen Ganzen, zur ‚*Nachhaltigkeit*‘.

3.3.3 – Konzentration auf das Wesentliche

„Erst die Beschränkung aufs Wesentliche
ermöglicht herausragende Ergebnisse."[84]

Fredmund Malik

In einer schnelllebigen, reizüberfluteten Welt ist es nicht nur für Führungskräfte wichtig, sich auf das Wesentliche zu konzentrieren. Im Vergleich zu ihren Mitarbeitern, die sich organisationsbedingt auf Teilgebiete konzentrieren, ist es gerade für Führungskräfte wichtig, trotz aller Vernetzung und Interaktivität die übergeordneten Dinge im Blickfeld zu behalten. Denn Führungskräfte sind wegen der Komplexität ihrer Aufgaben besonders anfällig dafür, sich zu verzetteln.

Dabei wird gerade die hohe Dynamik im Sinne von Geschäftigkeit und Betriebsamkeit gern mit gutem Management verwechselt. Fredmund Malik hält diesem Verhalten eine oft beobachtbare Situation entgegen: „Es gibt Chefs, die ihre Mitarbeiter – zuvörderst Sekretärinnen – alle zehn Minuten wegen einer anderen Sache kontaktieren, anrufen, ins Büro bitten – jedenfalls ihre Arbeit unterbrechen. Unter solchen Chefs wird zwar hart gearbeitet, aber meistens wenig erreicht."[85] In hierarchischen Gebilden, wozu die meisten Unternehmen zählen, werden Aufgaben, die nicht durch die unterstellten Mitarbeiter erledigt werden, wie von selbst nach oben gespült. Schlimmstenfalls degeneriert die Führungskraft schließlich zum ‚Mädchen für alles'. Um dies zu vermeiden, sind Fachaufgaben, die man als Führungskraft nicht erledigen kann oder nicht erledigen möchte, möglichst vollständig zu delegieren. Die Möglichkeit der Rückdelegation sollte dabei ausgeschlossen werden. Neben den eigentlichen Führungsaufgaben verbleiben der Führungskraft also nur die Aufgaben, für deren Erledigung man sich bewusst entschieden hat. Gleichzeitig ist darauf zu achten, sich keine als Führungsaufgaben getarnte Fachaufgaben aufzuhalsen. Denn auch die Führungsaufgaben bestehen getreu der Leitlinie ‚Konzentration auf Weniges' aus nur sehr wenigen Aufgaben. Entsprechend werden im nachfolgenden Kapitel „Aufgaben der Führung" nur wenige Aufgaben als echte Führungsaufgaben akzeptiert, obwohl die Führungsliteratur mit zum Teil abenteuerlich langen Listen an Führungsfunktionen aufwartet.

Die in dieser Arbeit präferierte Minimaldefinition umfasst daher nur die folgenden Führungsaufgaben:

> für Ziele sorgen,
> verändern,
> koordinieren und
> Mitarbeiter entwickeln.

Diese Aufgaben sind echte Führungsaufgaben!

Die Konzentration auf das Wesentliche erfordert insbesondere die Entwicklung von Selbstdisziplin. Hilfreich ist es darüber hinaus,

> bewusst und professionell mit dem knappen Gut ‚Zeit' umzugehen,
> mit Hilfe einer formulierten Zielhierarchie sich und seine Mitarbeiter zu führen sowie
> das eigene Tun in Wertschöpfungskategorien zu messen.

Konzentration auf Wesentliches fördert die Belastbarkeit und die Ausdauer, was letztlich der Einstellung ‚*Nachhaltigkeit*' entgegenkommt.

Die vollständige Delegation von Aufgaben ist gleichermaßen ein Zeichen von ‚*Vertrauen*' und ‚*Wertschätzung*' sowie eine Voraussetzung für eine ‚*erfüllte*' Tätigkeit bei den Mitarbeitern. Die Vermeidung von Verzettelung trägt auch dazu bei, Führungskräften selbst ‚*Erfüllung*' in der Arbeit zu schenken.

3.3.4 – Nutzung vorhandener Stärken

„Die Stärken stärken und nicht an den Schwächen herumdoktern."

Rainer Megerle[86] (*1949)deutscher Unternehmer

Der Grundsatz, vorhandene Stärken zu betonen, macht das eigentliche Potenzial eines Unternehmens erst ver*wert*bar. Leider beschäftigen sich Führungskräfte und Personalfachleute in den Unternehmen viel zu häufig mit dem Gegenteil: Leidenschaftlich wird versucht, Schwächen zu behandeln.

Fredmund Malik betont, dass eine konsequente Orientierung an den Stärken einen erheblichen Teil des „üblicherweise eingesetzten und als unverzichtbar angesehenen Instrumentariums des Personalwesens"[87] überflüssig macht.

Es ist viel leichter, Stärken auszubauen als Schwächen zu beheben

Menschen neigen im Allgemeinen dazu, für Negatives empfänglicher zu sein als für Positives. Eine schlechte Erfahrung wird deutlich häufiger weitergegeben als eine gute, wie aus Marketinguntersuchungen bekannt ist. Das Gehirn scheint darauf fixiert zu sein, was *nicht* den Erwartungen entspricht oder was *nicht* funktioniert. Die Behebung oder Behandlung von oder das Umgehen mit dem Negativen, mit den Schwächen ist bisweilen durchaus angezeigt, aber immer mit großer Mühe verbunden. In den seltensten Fällen gelingt es, eine Schwäche zu einer Stärke umzuformen. Dabei verfügen Organisationen und ihre Mitarbeiter immer über erhebliche Stärken, denn sonst würde diese Organisation nicht existieren. Dabei ist es ungleich leichter, die eigenen, vorhandenen Stärken auszubauen.

Die Organisation anpassen, statt die Mitarbeiter

Führungskräfte, die die vorhandenen Stärken nutzen, zeichnen sich dadurch aus, dass sie die Fähigkeiten und Kenntnisse ihrer Mitarbeiter kennen und ihre Mitarbeiter entsprechend einsetzen. Nicht die Mitarbeiter müssen verändert werden, sondern die Aufgaben und mithin die Organisation müssen so verändert und angepasst werden, dass die Mitarbeiter so gut wie möglich fähigkeitsorientiert und kenntnisorientiert eingesetzt werden. Da sich Mitarbeiter aus sich heraus in einer mehr oder weniger turbulenten Umwelt ohnehin von selbst entwickeln, muss das Anpassen der Aufgaben sogar ständig geschehen.

Bei näherem Hinsehen fällt auf, dass diese Aussagen einen engen Bezug zu einigen Führungsinstrumenten, die später behandelt werden, aufweisen. Insbesondere klingt eine bestimmte Auffassung von Organisation an: Nicht der in den meisten Unternehmen praktizierten Organisation ,ad rem', nach der ähnliche Aufgaben zusammengefasst und einem geeigneten Mitarbeiter zugeordnet werden, wird hier das Wort geredet, sondern die Organisation ,ad personam' steht im Mittelpunkt. Dabei helfen folgende Fragen: Welche von den vielfältigen Aufgaben des Unternehmens könnten von wem am besten übernommen werden? Welche Fähigkeiten und Fertigkeiten schlummern ungenutzt in den Mitarbeitern?

Stefan Peukert, Gründer des Startup-Unternehmens „Mein-Praktium.de", erläutert in einem Vortrag, dass er sogar die gängige Praxis der Stellenbesetzung für fragwürdig, zumindest nicht für zukunftsorientiert hält. Statt einen geeigneten Kandidaten für ein definiertes Aufgabenbündel zu suchen, sucht er lieber nach interessanten Köpfen, die das Potenzial haben, das Unternehmen positiv zu verändern. Dabei lässt er sich von besonderen, für sein Unternehmen völlig neuen Stärken eines Kandidaten leiten.[88] Ich halte diesen Ansatz für derart interessant und außergewöhnlich, dass ich ihn im Rahmen des Kapitels „Fallbeispiele guter Führung" noch einmal aufgreifen werde.

An den Stärken der Mitarbeiter orientieren

Es versteht sich von selbst, dass der Ausbau von Stärken zukunfts-orientiert und damit ‚*nachhaltig*' ist.

Ein Vorgesetzter, der auf die Stärken seiner Mitarbeiter eingeht, bringt ihnen unmittelbar ‚*Wertschätzung*' entgegen, während die weit verbreitete Praxis, die Schwächen bekämpfen zu wollen, den Mitarbeiter herabwürdigt. Außerdem gibt es ein gutes Gefühl, mithin ‚*Erfüllung*', wenn die eigenen Stärken und die Stärken der Mitarbeiter betont werden. Schließlich wachsen auch Selbstvertrauen und das ‚*Vertrauen*' zwischen Menschen, die überhaupt und wechselseitig auf ihre starken Seiten Bezug nehmen.

3.3.5 – Positiv denken

„Betrachte immer die helle Seite der Dinge! Und wenn sie keine haben?
Dann reibe die dunkle, bis sie glänzt."

Skandinavisches Sprichwort[89]

Eine Orientierung am Grundsatz des positiven Denkens ist nicht nur Führungskräften, sondern allen Mitarbeitern anzuraten. Das Tückische ist, dass positives Denken deutlich schwerer fällt, wenn die Mitmenschen diese Einstellung nicht teilen und griesgrämig das Haar in der Suppe suchen. Am schwersten fällt positives

Denken, wenn der Vorgesetzte diese Einstellung nicht teilt. Das negative Denken eines Vorgesetzten löst bei den Mitarbeitern einen Abwehrmechanismus aus, der in aller Regel auch negativ besetzt ist. Nur ganz wenige Menschen, etwa die wirklich gute Sekretärin, sind in der Lage, durch eigenes positives Denken aus einem grantigen einen gut gelaunten Chef zu machen. Führungskräfte sind besonders stimmungs- und klimaprägend. Deshalb ist der Grundsatz des positiven Denkens gerade für Führungskräfte wichtig.

Wie motivierend eine positive Einstellung sein kann, ist in dem ungewöhnlichen Motivationsbuch „FiSH!" von Stephen C. Lundin, Harry Paul und John Christensen treffend beschrieben: „Man hat immer die Wahl, wie man seine Arbeit machen will, auch dann, wenn man sich die Arbeit selbst nicht aussuchen kann."[90] Dieses Buch beschreibt, wie der Fischmarkt in Seattle, der für seinen spielerischen Umgang miteinander und mit den Kunden berühmt ist, als Vorlage für die Veränderung einer Abteilung oder eines Unternehmens dienen kann. Im Mittelpunkt des Buches steht die Abteilungsleiterin Mary, deren Abteilung firmenintern nur als Wüste und Giftmülldeponie bezeichnet wird. Ihre Leute erledigen unmotiviert ihren völlig langweiligen Job. Während eines Besuches des Pike-Place-Fischmarktes erfährt Mary durch die mitreißende Atmosphäre, wie sie ihren Mitarbeitern und sich selbst Arbeitsfreude und Energie zurückgeben kann. Bald merkt die ganze Abteilung, „zu welchen Leistungen ein Team fähig ist, das dynamisch, motiviert und lustvoll an seine Aufgaben herangeht."[91]

Positiv denken hilft bei der Lösung vieler Probleme

Fredmund Malik stellt fest, dass einer Führungskraft sehr häufig die Rolle des Problemlösers zugeschrieben wird. Noch wichtiger als Probleme zu lösen scheint ihm allerdings „das Erkennen und Nutzen von Chancen zu sein." Dabei hat „der Grundsatz, positiv zu denken, die Funktion, die Aufmerksamkeit von Führungskräften auf die Chancen zu richten."[92] Dies gilt gerade auch in problematischen Situationen. Die Wahrscheinlichkeit, dass Führungskräfte in schwierigen Situationen eine gute Lösung finden, indem sie auch in der Krise noch eine Chance erblicken, wächst deutlich durch positives Denken.

Die positive Haltung zeichnet, wie Malik weiter ausführt, reife Menschen aus. „Jemanden, der Probleme überhaupt nicht sieht, der sie beschönigt und Zweckoptimismus betreibt oder die Probleme zwar sieht, aber dann an ihnen verzweifelt oder in Untätigkeit erstarrt, kann man nicht als reif und als Persönlichkeit ansehen. Als reife Persönlichkeit werden Menschen wahrgenommen, die mit vollem Realismus und oft früher als andere und mit größerem Scharfsinn Probleme erkennen, aber es dabei nicht bewenden lassen, sondern sich dann fragen: Was kann ich jetzt tun, damit es sich ändert?"[93]

,*Nachhaltigkeit*' ist eine Einstellung, die durch positives Denken entscheidend gestützt wird. Leider assoziieren viele Menschen negative Bilder mit dem Begriff Nachhaltigkeit: Plötzlich ist verboten, was früher erlaubt war; plötzlich sind zusätzliche Anstrengungen notwendig, auf die früher verzichtet werden konnte. Durch positives Denken lässt sich gerade auch der Begriff ,Nachhaltigkeit' mit positiven Bildern verknüpfen.

,*Wertschätzung*' ist eine positive Grundhaltung gegenüber eingesetzten Ressourcen und mithin positives Denken per se.

Positives Denken trägt auch dazu bei, ,*Erfüllung*' zu finden. Dies erscheint besonders wichtig bei Aufgaben, die keinen Spaß machen und keine Freude bereiten. Die über positives Denken gestützte Einsicht, dass diese Aufgaben dennoch notwendig sind und einen Sinn haben, hilft maßgeblich, auch in einem schwierigen oder vermeintlich undankbaren Job ,Erfüllung' zu finden.

Kaum eine Leitlinie ist so gut geeignet, ,*Vertrauen*' zu stiften und zu zeigen, wie positives Denken. Insbesondere in schwierigen Situationen des zwischenmenschlichen Bereichs wirkt eine positive Grundeinstellung Wunder. Ein Vorgesetzter, der dem Mitarbeiter ein ,Das schaffen Sie nie!' mit auf den Weg gibt, hätte sich das Gespräch auch sparen können. Eine aufmunterndes ,Das wird schon: Sie haben meine volle Unterstützung!' setzt hingegen beim Mitarbeiter ungeahnte Kräfte frei.

3.3.6 – Zu seinem Wort stehen

„Die Menschen, denen wir eine Stütze sind, geben uns den Halt im Leben."

Marie von Ebner-Eschenbach[94] (1830–1916), österreichische Schriftstellerin

Die Wiederentdeckung des ‚ehrbaren Kaufmanns', mit dem lange Zeit das Idealbild von Unternehmern und Führungskräften der Wirtschaft gezeichnet wurde, unterstützt insbesondere den Wert des nachhaltigen Wirtschaftens genauso wie den Willen zum Werte Schaffen, also dem Willen zur Wertschöpfung. Das Institut für Management der Humboldt-Universität zu Berlin stellt fest, dass die Betriebswirtschaftslehre die Forschung im Bereich der ehrbaren Unternehmensführung bisher gänzlich vernachlässigt hat und beschäftigt sich nunmehr intensiv mit dem Jahrhunderte alten – doch stets aktuellen – Leitbild.

Der ehrbare Kaufmann

In seiner preisgekrönten Diplomarbeit beschreibt Daniel Klink das Wesen des ehrbaren Kaufmanns: „Die Grundlage bildet die humanistische Grundbildung. Darauf aufbauend benötigt jeder ehrbare Kaufmann ein umfassendes wirtschaftliches Fachwissen. Es schließt alle notwendigen betrieblichen Zusammenhänge ein und beschreibt die rationale Seite seines Charakters. Die heutige Betriebswirtschaftslehre vermittelt in einem umfassenden mehrjährigen Studiengang das theoretische Fachwissen. Im Unternehmen kommt dann das praktische Wissen hinzu. [Dieses Fundament wird] (…) umschlossen von einem gefestigten Charakter, der sich an Tugenden orientiert, die die Wirtschaftlichkeit fördern. Redlichkeit, Sparsamkeit [im positiven Sinne der Verschwendungsvermeidung], Weitblick, Ehrlichkeit, Mäßigkeit, Schweigen, Ordnung, Entschlossenheit, Genügsamkeit, Fleiß, Aufrichtigkeit, Gerechtigkeit, Mäßigung, Reinlichkeit, Gemütsruhe, Keuschheit und Demut muss der Kaufmann in einem Lern- und Erziehungsprozess erwerben, um ein ehrbarer Kaufmann zu werden."[95]

Die meisten der genannten Tugenden sind in dem erarbeiteten ethischen Kern vorhanden. Als Leitlinie erscheint die Forderung, zu seinem Wort zu stehen, gut geeignet. Einerseits fordert diese Leitlinie dazu auf, keine unbedachten Äußerungen zu tätigen;

andererseits verpflichtet diese Leitlinie dazu, einmal geschlossene Vereinbarungen einzuhalten.

Klink stellt in seiner Arbeit auch Beziehungen zu den Wertekategorien ‚*Erfüllung*‘ und ‚*Vertrauen*‘ her (Herv. d. Verf.): „Die Tugenden dienen nicht primär dazu gute Taten zu vollbringen. Sie dienen der eigenen körperlichen und seelischen Gesundheit für ein ‚*erfülltes Leben*‘ mit langfristig ausgerichteter Geschäftstätigkeit. Weiterhin stärken sie die eigene Glaubwürdigkeit, die ‚*Vertrauen*‘ schafft, das für gute Geschäftsbeziehungen unerlässlich ist. Der feste Charakter schützt den Kaufmann auch vor unüberlegten Handlungen, um sich kurzfristig auf Kosten anderer Vorteile zu verschaffen. Im ehrbaren Kaufmann sind Wirtschaft und Ethik nicht voneinander zu trennen, sie sind zu einer Einheit verschmolzen, mit dem Ziel erfolgreich zu wirtschaften (Wert zu schaffen).“[96] Ein Vorgesetzter, der zu seinem Wort steht, baut nicht nur sich selbst, sondern auch seine Mitarbeiter auf. Insofern unterstützt die Leitlinie ‚zu seinem Wort stehen‘ auch die Mitarbeiter, in ihren Aufgaben Erfüllung zu finden. Ebenso lässt sich durch diese Leitlinie das Vertrauen in Bezug auf die Mitarbeiter ausbauen.

‚Zu seinem Wort stehen‘ bedeutet für den Manager, dass sich der Mitarbeiter auf ihn verlassen kann. Das ist sogar weit mehr, als Vereinbarungen und Zusagen einzuhalten. Im weitesten Sinne bedeutet diese Leitlinie Standfestigkeit. Standfest ist ein Vorgesetzter, der seinen Mitarbeiter auch in schwierigen Situationen den Rücken stärkt, ihn nicht ‚im Regen‘ stehen lässt. Ein standfester Vorgesetzter behält die Verantwortung, auch wenn seinem Mitarbeiter ein Fehler anzulasten ist. Diese Leitlinie erscheint vor diesem Hintergrund besonders gut geeignet, ‚*Wertschätzung*‘ zu zeigen.

3.3.7 – Mitarbeiter beteiligen

„Jede Veränderung erzeugt Widerstand,
selbst eine Veränderung zum Besseren."

Josef Schmidt[97]

Der Widerstand gegen Veränderungen und Neuerungen, seien sie auch noch so positiv für die Mitarbeiter, ist in fast allen Unternehmen enorm stark ausgeprägt. Auch das hat etwas mit einer weit verbreiteten negativen Einstellung zu tun. Da aber die Umwelt sich ändert, in der durch Technik stets weitere Fortschritte erzielt werden, die Menschen sich ändern usw. muss sich auch ein Unternehmen ständig verändern.

Wie beim positiven Denken sollte die Fähigkeit, notwendige Veränderungen zu erkennen, gerade bei Führungskräften ausgeprägt sein. Ist sie es nicht, ist kaum zu erwarten, dass die Mitarbeiter von sich aus diese Aufgabe übernehmen. Ganz im Gegenteil: Veränderungsbereite, agile Mitarbeiter reiben sich an einem lethargischen Management auf die Dauer auf.

Ist die Notwendigkeit zur ständigen Veränderung erkannt, ist zu überlegen, wie auch die Mitarbeiter hiervon überzeugt werden können, damit sie die Änderungen mittragen. Eine Möglichkeit ist, die Mitarbeiter zu überzeugen. Insofern kommt auch der Information bis hin zur Schulung eine hohe Bedeutung zu. Aber im Zusammenhang mit Veränderungen ist nichts motivierender, als dass die Veränderungen ihre Wurzel im eigenen Tun habe.

Betroffene zu Beteiligten machen

Insofern ist es eine hervorragende Ausgangsbasis, wenn die Mitarbeiter selbst auf den Veränderungsbedarf hinweisen und an der Veränderung aktiv mitwirken. Hierzu können die Instrumente des Ideenmanagements (Vorschlagswesen, Wissensmanagement) und mitarbeiterorientierte Qualitätsmanagementkonzepte (Kaizen, Kontinuierlicher Verbesserungsprozess, DIN ISO 9000:2000) eingesetzt werden. Aber selbst wenn die Anstöße zur Veränderung nicht von den Mitarbeitern ausgehen, sondern das Management auf Grund unbefriedigender Ergebnisse Effektivitäts- und/oder Effizienzsteigerungsprogramme startet, sollten die Mitarbeiter beteiligt werden. Die Leitlinie ‚Mitarbeiter beteiligen', also Betroffene zu Beteiligten zu machen, erwirkt wie keine anderere die Zustimmung der Mitarbeiter zu Veränderungsprozessen.

Auch wenn Fredmund Malik der Motivationswirkung einer Beteiligung „keine überzeugende Evidenz"[98] zuschreibt, sondern sie lediglich als ‚plausibel' bezeichnet, liefert er einen weiteren wichtigen Grund für die Partizipation der Mitarbeiter an Entscheidungsprozessen: „Sie ist der einzige Weg, möglichst viel Wissen, das in einer Organisation vorhanden ist, in eine Entscheidung einfließen zu lassen."[99] Schon vor über 1400 Jahren formulierte Benedikt von Nursia die Beteiligung der ganzen Gemeinschaft als Ordensregel: „Sooft etwas Wichtiges im Kloster zu behandeln ist, soll der Abt die ganze Gemeinschaft zusammenrufen."[100] Damit ist gemeint, dass selbst die jüngsten und unbedeutendsten Ordensmitglieder an wichtigen Entscheidungen teilhaben, denn „wenn weniger wichtige Angelegenheiten des Klosters zu behandeln sind, soll er nur die Älteren um Rat fragen."[101]

Weder für Malik noch für Benedikt bedeutet Partizipation, dass Mitarbeiter bzw. Ordensbrüder die eigentliche Entscheidung treffen. Diese Aufgabe verbleibt auch nach meinem Verständnis in der Hierarchie, also beim zuständigen Vorgesetzten. Malik warnt zu Recht ausdrücklich davor, dass „Verantwortlichkeiten in einer Organisation durch fragwürdige Motivationsüberlegungen und noch weniger durch sozialromantische Demokratie-Missverständnisse"[102], die auf einer falsch verstandenen Partizipation gründen, verwässert werden.

Bei großen Veränderungsprojekten gelingt es trotz der nachvollziehbaren Benedikt-Regel leider nicht immer, alle betroffenen Mitarbeiter in die Vorbereitung einzubeziehen. Hier empfiehlt sich, Mitarbeiter aus den betroffenen Bereichen repräsentativ auszuwählen und ihnen den Auftrag zu erteilen, ihre Kollegen über den Stand der Vorbereitungen auf dem Laufenden halten.

Die Leitlinie ‚Mitarbeiter beteiligen' stößt naturgemäß immer dann an ihre Grenzen, wenn eine Entscheidung bereits getroffen wurde. Trotzdem sind in der Praxis immer wieder Versuche zu beobachten. Eine nachträgliche Einbeziehung der Mitarbeiter, also eine Pseudobeteiligung, wird mit großer Wahrscheinlichkeit aggressive Reaktionen hervorrufen. Das gilt für kleinere Entscheidungen genauso wie für große Entscheidungen. Insbesondere ist die Pseudobeteiligung bei großen Entscheidungen, wie sie etwa eine Betriebsverlegung darstellt, zu vermeiden. Wenn die Entscheidung steht und sogar Entlassungen zur Folge hat, kann man die Betroffenen nicht mehr beteiligen. Man kann ihnen allenfalls dabei helfen, durch Abfindungen und Qualifizierung (Outplacement) die persönlichen Zukunftsaussichten zu verbessern. Versuchte Manipulation löst, wenn sie erkannt wird, Abwehrmechanismen aus.

Dass die Leitlinie ‚Mitarbeiter beteiligen‘ mit dem humanistisch geprägten Wertekanon komplett in Einklang steht, erscheint evident und bedarf keiner weiteren Begründung: *‚Nachhaltigkeit‘*, *‚Wertschätzung‘*, *‚Erfüllung‘* und *‚Vertrauen‘* werden gleichermaßen erreicht bzw. aufgebaut.

3.3.8 – Authentizität

> „Das Große ist nicht dies oder das zu sein, sondern man selbst zu sein."
>
> *Sören Kierkegaard*[103] (1813–1855), dänischer Schriftsteller

Wer bin ich wirklich?   Authentisch sein bedeutet,

- ➢ sich nicht zu verstellen,
- ➢ kein Theater zu spielen und
- ➢ so zu sein, wie man tatsächlich ist, also ‚echt‘ – kein Plagiat und keine Kopie – zu sein.

Aber wie ist man tatsächlich? Voraussetzung zur Beantwortung dieser Frage ist die bereits weiter oben empfohlene, gründliche Selbstanalyse. Da Menschen sich ständig ändern, ist eine solche Analyse in Abständen zu wiederholen.

Authentisch sein bedeutet entgegen einer weit verbreiteten Meinung nicht, in unterschiedlichen Kontexten und Situationen gleichbleibend zu sein. Ganz im Gegenteil: Jeder Mensch hat gleichzeitig höchst unterschiedliche Rollen: Als Partner, als

Elternteil oder als Mitarbeiter eines Unternehmens verhält sich der Mensch höchst unterschiedlich. Und ob sich ein Vorgesetzter im Tagesgeschäft oder in einer Notsituation befindet, prägt sein oftmals differenziertes Verhalten. Authentisch ist, wer in unterschiedlichen Kontexten und Situationen eine Rolle innehat (nicht: spielt!), die zu ihm passt. Deshalb ist zu beachten, dass es nicht darum geht, eine Rolle zu spielen, sondern sie zu leben und sich in ihr zu entwickeln.

Der erfolgreiche dm-Gründer Götz Werner weist in einer Veranstaltung für Studierende darauf hin, dass es ihm immer wichtig war, authentische Mitarbeiter zu haben. Er ist davon überzeugt, dass durch Authentizität die Kundenbindung erhöht wird: „Es freut mich übrigens immer, wenn ich in den verschiedenen Evaluationen unseres Unternehmens lese, dass die Kunden immer wieder hervorheben: Die Mitarbeiter bei dm-drogerie markt gehen anders mit dem Kunden und auch anders miteinander um – zugewandt, freundlich interessiert und kompetent. (...) Authentisch wirkt, wer wirklich danach strebt, in gelassener Selbstführung und aus eigener Kraft und Einsicht zu arbeiten und zu leben."[104] Authentische Mitarbeiter erhält man Werner zufolge aber nur dann, wenn auch die jeweiligen Vorgesetzten authentisch sind.

> Authentizität wird auch vom Kunden wahrgenommen

Die Leitlinie ‚Authentizität‘ ist eng mit der Einstellung ‚*Nachhaltigkeit*‘ verknüpft. Es ist schwer, über eine lange Zeit jemanden anders vorzugeben, also nicht authentisch zu sein. Auf Dauer geht die Glaubwürdigkeit verloren, wenn man nicht authentisch ist.

Die Beschreibung von Authentizität durch Götz Werner zeigt, dass in einer dadurch hervorgerufenen Atmosphäre ‚*Wertschätzung*‘ für Kunden, Mitarbeiter und Vorgesetzte erlebbar wird.

Und was ist ‚*erfüllender*‘, als authentischen Menschen begegnen zu dürfen und dabei selbst authentisch zu sein?

Schließlich – und darauf wird auch in der Literatur umfänglich hingewiesen – stärkt Authentizität das ‚*Vertrauen*‘ auf allen und zwischen Ebenen.[105]

3.4 – Aufgaben guter Führung

Die Wahrnehmung der Führungsaufgaben orientiert sich an den Leitlinien der Führung. Dabei stellt die Zusammenstellung der Aufgaben selbst wieder eine Leitlinie dar: Mit den hier behandelten vier Führungsaufgaben sollte sich ein Vorgesetzter *mindestens* beschäftigen; diese Aufgaben darf er nicht vernachlässigen, wenn er als Führungskraft wirksam sein will. Daneben gibt es selbstverständlich eine Reihe anderer Aufgaben, mit denen sich eine Führungskraft auch beschäftigen muss: Korrespondenz erledigen, das Unternehmen oder die Abteilung repräsentieren, Verhandlungen führen, an Geschäftsessen teilnehmen, die Zeitung lesen und vieles mehr.

Führungsaufgaben und Fachaufgaben

Darüber hinaus behalten sich die meisten Führungskräfte auch ein fachliches (Spezial-)Gebiet vor, welches sie gleichsam neben ihrer Führungstätigkeit ausüben. Zum Beispiel wird der Chefarzt neben seiner Führungstätigkeit auch Patienten behandeln, so wie der Vertriebsdirektor auch Kunden besuchen wird.

Der Leitlinie ‚Konzentration aufs Wesentliche‘ folgend sind die wesentlichen Aufgaben der Führung zu bestimmen. Dieter Ahlert beschränkt sich bei der Bestimmung wesentlicher Führungsaufgaben auf nur zwei ‚Basis-Komponenten‘: „Koordination und Motivation"[106]. Da die idealerweise anzustrebende intrinsische Motivation nur mittelbar und indirekt, etwa durch die Gestaltung der Arbeits- und Umweltbedingungen erreicht werden kann, ist diese Führungsaufgabe zu konkretisieren. Fredmund Malik, dem hier gefolgt werden soll, schlägt vor, dass es in diesem Zusammenhang besonders darauf ankommt, Mitarbeiter zu entwickeln und zu fördern. Darüber hinaus erscheint es Malik vor dem Hintergrund der Leitlinie ‚Resultatorientierung‘ als überaus wichtig, dass die Führungskraft dafür sorgt, dass Ziele überhaupt existieren. Auch weil dieser Aspekt einen großen Einfluss auf die Motivationsstruktur der Mitarbeiter hat, soll diesem Vorschlag gefolgt werden. Und schließlich neigen Unternehmen und andere Organisationen unter einer gewissen Trägheit, einmal gefundene Lösungen beizubehalten. Um dem entgegenzuwirken, schlägt Malik mit ‚Organisieren‘, ‚Entscheiden‘ und ‚Kontrollieren‘ ein ganzes Arsenal von Führungsaufgaben vor. Nach meiner Auffassung gehören ‚Organisieren‘ und

,Kontrollieren' nicht zu den Führungsaufgaben, sie sind vielmehr den Führungsinstrumenten zuzuordnen. Und ,Entscheiden' wird im Wesentlichen durch die Führungsaufgabe ,Für Ziele sorgen' konkretisiert. Allerdings kann ,Entscheiden' auch ,Verändern' bedeuten. Deshalb wird dieser Begriff zusätzlich eingeführt, um die Tragweite dieser überaus wichtigen Führungsaufgabe deutlicher zu machen.

Im Folgenden werden entsprechend einer ,Minimaldefinition' diese vier Führungsaufgaben behandelt:

➤ für Ziele sorgen,
➤ verändern,
➤ koordinieren und
➤ Mitarbeiter entwickeln und fördern.

3.4.1 – Für Ziele sorgen

Kooperatives Führungshandeln ist zwingend darauf angewiesen, für Ziele zu sorgen. Die Zielsetzung gibt dem Handeln der Mitarbeiter eine Orientierung; sie sorgt dafür, dass die Mitarbeiter miteinander und nicht gegeneinander arbeiten. Selbst autoritäres Führungshandeln lässt sich durch Ziele wirksam unterstützen: Der Mitarbeiter versteht die einzelnen Arbeitsanweisungen besser, er kann sie in einen Zusammenhang bringen und wird so geneigter sein, ihnen Folge zu leisten.

Ideal ist es, wenn die Ziele mit dem Mitarbeiter vereinbart werden. In manchen Führungssituationen ist es aber durchaus auch notwendig, Ziele vorzugeben. Es erscheint mir jedenfalls besser, Ziele vorzugeben, als auf Ziele zu verzichten.

Zu unterscheiden sind quantitative und qualitative Ziele. Während quantitative Ziele unterschiedliche Ausprägungen annehmen können, die auf einer Skala gemessen werden, haben qualitative Ziele formal nur zwei Ausprägungen: Entweder sind sie erfüllt oder eben nicht. Oft werden qualitative Ziele dennoch künstlich quantifiziert, indem Erfüllungsgrade definiert werden.

Bei der Formulierung eines Zieles kommt es darauf an, Inhalt, Ausmaß und Zeitbezug präzise zu bestimmen. Anders ausgedrückt:

SMART-Prinzip

Mit Hilfe eines Ziels wird bestimmt, was mit welchem Ergebnis bis wann erledigt werden soll. Im englischen Sprachraum hat sich die Forderung durchgesetzt, dass Ziele dem SMART-Prinzip folgen sollten. Diese Forderung erweitert die Bestimmung von Inhalt, Ausmaß und Zeitbezug um die Motivationskomponente. Nach dem SMART-Prinzip ist ein Ziel

➢ spezifisch im Hinblick auf die Erwartung zu formulieren (**s**pecific) und es hat
➢ messbar (**m**easurable),
➢ erreichbar (**a**chieveable) und
➢ realistisch (**r**ealistic) zu sein sowie
➢ einen Zeitbezug aufzuweisen (**t**imely).

Insbesondere die Forderungen nach Erreichbarkeit und Realitätsbezug betonen die Motivationskomponente. Denn die Formulierung unerreichbarer und unrealistischer Ziele lässt die Motivation der Mitarbeiter gegen null sinken.

Normative, strategische und operative Zielebene

Dem St. Galler Management-Konzept zufolge wird gefordert, dass Ziele auf den drei Ebenen des normativen, strategischen und operativen Managements zu bilden sind.[107] Die normative Ebene umfasst die Unternehmensverfassung und die Unternehmenskultur, wobei letztere zwar die normativen Ziele deutlich beeinflussen kann, jedoch im Gegensatz zur Unternehmensverfassung keinen manifestierbaren Zielbezug aufweist. „Unter Unternehmensverfassung kann die Gesamtheit der konstitutiven und langfristig angelegten Regelungen für Unternehmen verstanden werden"[108], lässt sich im Gabler-Wirtschaftslexikon nachlesen. Darunter fallen die Konkretisierung gesetzlicher Vorgaben etwa zum Verbraucherschutz, zur Mitbestimmung sowie zum allgemeinen Gesellschaftsrecht einschließlich Handelsrecht. Diese Regelungen können um unternehmensspezifische Regelungen, etwa zur Gewinnrücklage oder Gewinnbeteiligung, zum über die gesetzlichen Vorgaben hinausgehenden Umgang mit Behinderten und Minderheiten etc. ergänzt werden.

Strategische Ziele sind auf „den Aufbau, die Pflege und die (..) [Nutzung] von Erfolgspotenzialen gerichtet, für die Ressourcen gewidmet werden müssen. (…) Im Mittelpunkt strategischer Überlegungen steht neben (…) Programmen die grundsätzliche Auslegung von Strukturen und Systemen des Managements (…)."[109] Das strategische Zielsystem umfasst unter anderem Aussagen zu den zukünftigen Produkten und Produktgruppen, zu den zukünftigen Kunden und Kundengruppen, zu den angestrebten Organisationsstrukturen und Managementsystemen.

Im Zentrum der operativen Zielsetzung steht, Kundenaufträge so zu erfüllen, dass die Kunden mindestens zufrieden, idealerweise begeistert sind. Den Rahmen dafür liefern die normative und die strategische Zielsetzung. Dispositionssysteme und klar definierte, zuweilen aber auch bewusst offen gehaltene organisatorische Prozesse tragen dazu bei, dieses operative Kernziel zu erreichen.

Neben ökonomischen Zielen, zu denen die Gewinnerzielung und aus Unternehmersicht besonders auch die Renditeerzielung gehören, werden wohl in jedem Unternehmen auch soziale und ökologische Ziele verfolgt. Soziale Ziele, die die ökonomischen Ziele unterstützen, werden auch sozialökonomische Ziele genannt. Eine gerechte Entlohnung und Arbeitsplatzsicherheit verhindern zum Beispiel unnötige Unruhe und unterstützen so die Konzentration auf die eigentliche Arbeit.

Ökonomische Ziele bieten untereinander kein Konfliktpotenzial, wenn sie sich wie in der nachfolgenden Abbildung in einen hierarchischen Zusammenhang bringen lassen:

Ökonomische und sozialökonomische Ziele

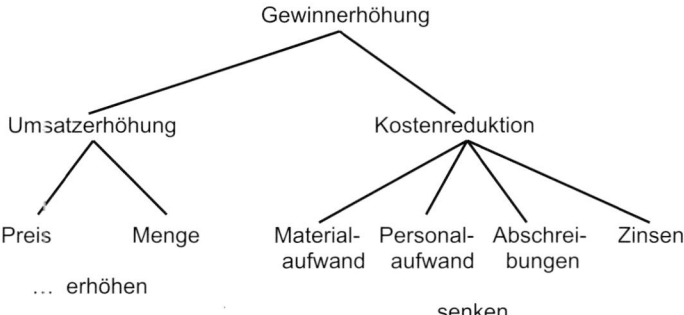

Abb. 6: Hierarchischer Zusammenhang zwischen ökonomischen Zielen

Ökologische und sozia e Ziele

Ökologische Ziele sind zwar häufig der Erfüllung gesetzlicher Auflagen geschuldet; wie bei den sozialen Zielen stellen einige Unternehmen gleichwohl zwischen der Ökologie und der Ökonomie gern einen Zusammenhang her: Durch die Übererfüllung von gesetzlichen Umweltauflagen, durch freiwillige Leistungen oder durch die glaubhafte Übernahme einer ökologischen Vorreiterrolle sol. in aller Regel auch das Image des Unternehmens und mithin der Unternehmensgewinn gesteigert werden.

Wie weiter oben gesehen, können ökonomische Ziele durchaus in ihrer Fristigkeit miteinander konkurrieren, wenn etwa zu Lasten der Zukunft der Gewinn kurzfristig erhöht wird. Zielkonkurrenz zw.schen den ökonomischen Zielen auf der einen Seite und den sozialen oder ökologischen Zielen auf der anderen Seite sind sogar vergleichsweise häufig anzutreffen. Die Erfüllung sozialer oder ökologischer Standards sind in aller Regel mit Aufwendungen verbunden, die den Gewinn schmälern. Deshalb müssen in solchen Fällen Entscheidungen darüber gefällt werden, welche Ziele wichtiger und welche Ziele weniger wichtig sind. Die systematische Priorisierung konkurrierender Ziele führt zu einem in sich stimmigen Zielsystem.

Schon in den 1920er Jahren wurde beim amerikanischen Chemiegiganten DuPont ein in sich stimmiges, hierarchisches Zielsystem zur Führung der unterschiedlichen Geschäftsbereiche benutzt. Dieses System bestand allein aus finanziellen Kenngrößen. David P. Norton und Robert S. Kaplan wiesen erst 70 Jahre später darauf hin, dass Unternehmen nicht allein mit finanziellen Kenngrößen geführt werden sollten.[110] Die von ihnen entwickelte Balanced Scorecard beinhaltet in ihrer ursprünglichen Form auch Kenngrößen über die Kundenzufriedenheit, die Prozessqualität und die Mitarbeiterzufriedenheit. Durch Erweiterung der Balanced Scorecard lassen sich neben den bereits in der Ursprungsform berücksichtigten sozialen Zielen auch ökologische Ziele berücksichtigen. Die Logik dieser Zielhierarchie lässt sich wie folgt zusammenfassen:

➢ Einen *finanziellen Erfolg* bescheren
➢ *begeisterte Kunden*,
➢ denen hervorragende Produkte und/oder Dienstleistungen *dank exzellent beherrschter Prozesse* angeboten werden,
➢ die von *begeisterten Mitarbeitern* entwickelt und getragen werden.

Vor diesem Hintergrund empfehlen Kaplan und Norton, neben den finanziellen Kennzahlen (Umsatz, Aufwand, Gewinn, Rendite) auch kundenbezogene Kennzahlen durch Kundenbefragungen, prozessbezogene Kennzahlen wie Geschwindigkeit, Verbesserungsvorschläge und Ausschuss sowie mitarbeiterbezogene Kennzahlen durch Mitarbeiterbefragungen zu erheben und miteinander in einen Ursache-Wirkungs-Zusammenhang zu bringen.

Ziele können sich auf unterschiedliche Bereiche und Fristen beziehen. Das Führen mit Zielen sollte konkret auf den einzelnen Mitarbeiter Bezug nehmen. Die Fristen entsprechen dem Zeitraum, der bis zum nächsten Gespräch (bis zur nächsten Revision) vergeht. Bei diesen Gesprächen ist es für den Mitarbeiter wichtig, dass die Führungskraft nicht nur die Ziele mit dem Mitarbeiter abstimmt, sondern auch darlegt, wie sich die Ziele in ein team-, abteilungs- oder unternehmensbezogenes Gesamtzielsystem einfügen. *Ziele und Fristen*

Fredmund Malik schlägt vor, für das Führen mit Zielen die folgenden Grundregeln zu beachten:

➢ wenige, nicht viele Ziele bestimmen,

- ➢ wenige, aber dafür große Ziele auswählen,
- ➢ unwichtige und unwichtig gewordene Ziele streichen,
- ➢ Ziele möglichst messbar machen,
- ➢ Widersprüche zwischen Zielen auflösen,
- ➢ Ressourcen, die zur Erreichung der Ziele notwendig sind, festlegen,
- ➢ Ziele auf eine Person, nicht auf eine Gruppe beziehen,
- ➢ schwierige Ziele portionieren und
- ➢ Ziele schriftlich fixieren.[111]

Niels Pfläging empfiehlt, die Führung mit Zielen nicht zu übertreiben: „Im Unternehmen fehlt es selten an Zielen. Es gibt eher zu viele davon! Und sie sind viel zu detailliert gefasst. Manche Organisationen sind so stark von der Kultur der Zielvereinbarung durchdrungen, dass einzelne Bereiche oft mit 30 untereinander gewichteten Zielvereinbarungen verregelt sind. Dieser Praxis liegt Misstrauen zugrunde, das heißt Sicherheitsbedürfnisse auf der einen und Kontrollbedürfnisse auf der anderen Seite. Die Energie solcher Systeme aber konzentriert sich nach innen: Auf alle möglichen Manipulationsstrategien, die dem Zweck dienen (…), Leistung intern nachzuweisen, statt kundenrelevante Leistungen zu erbringen.“[112]

Vor diesem Hintergrund schlägt Niels Pfläging vor,
- ➢ relative statt absolute Ziele und
- ➢ eigene statt fremde Ziele
in den Mittelpunkt zu stellen.

Absolute Ziele, wie sie in der gängigen Unternehmensplanung zum Tragen kommen, berücksichtigen zum Beispiel die technologische und marktliche Entwicklung nur unzureichend. Eine Umsatzsteigerung wird in ‚absoluten‘ Dimensionen immer als Erfolg angesehen; eine Umsatzsteigerung, die deutlich hinter der Marktentwicklung zurückbleibt, lässt sich nur mit ‚relativen‘ Maßstäben zutreffend einordnen.

Eigene Ziele sind in der Tat motivierender, als dem Mitarbeiter fremde Ziele vorzugeben. Der Leitlinie ‚Mitarbeiter beteiligen‘ wird auf diese Weise wirksam entsprochen.

3.4.2 – Verändern

Bereits Erich Gutenberg unterschied in seiner „Einführung in die Betriebswirtschaftslehre" im Jahre 1958 zwischen Tätigkeiten von Vorgesetzten und Mitarbeitern: Manager handeln dispositiv, während sich die Mitarbeiter mit elementaren, also ausführenden Tätigkeiten beschäftigen.[113] Diese Unterscheidung ist zwar nicht mehr ganz zeitgemäß, gibt aber interessante Hinweise für die Suche nach Führungsaufgaben.

Zum einen handeln auch Mitarbeiter, selbst wenn sie sich auf der untersten Hierarchiestufe befinden, durchaus dispositiv. Gerade das zuvor besprochene Führen mit Hilfe von Zielen unterstützt diesen Ansatz. Zum anderen geht das eigentliche Führungshandeln über die Disposition, also über die Bestimmung des Einsatzes von Produktionsfaktoren weit hinaus. Diese eher statische Sicht ist vielmehr um dynamische Aspekte zu erweitern: Die einzelnen Produktionsfaktoren Material, Investitionsgüter und Arbeit unterliegen einem ständigen Wandel, die Einsatzverhältnisse dieser Produktionsfaktoren sind alles andere als fest und auch die Bedingungen auf dem Beschaffungs- und Absatzmarkt ändern sich immerzu. Hinzu kommen äußere Einflussfaktoren aus Politik, Umwelt und Gesellschaft, die zu berücksichtigen ind.

Das einzig Beständige ist der Wandel!

‚Das einzig Beständige ist der Wandel', heißt es treffend im Volksmund. Dies gilt für alle Lebensbereiche, auch für das Management. Insofern liegt es nahe, Führungskräften die Aufgabe zuzuschreiben, für Veränderung zu sorgen. Diese Aufgabe fordert keineswegs zur Willkür auf nach dem Motto: Hauptsache, es verändert sich etwas. Vielmehr soll die Veränderung dem Unternehmen und seinen Mitarbeitern Vorteile bringen; mit Hilfe des japanischen Kaizen-Konzepts lässt sich diese Managementaufgabe konkretisieren: Es geht bei der Veränderung um die Umsetzung des ‚Kontinuierlichen Verbesserungs-Prozesses (KVP)', der bei Kaizen (was wortwörtlich übersetzt „in kleinen Schritten besser werden" bedeutet) im Mittelpunkt steht.

Nur am Rande sei bemerkt, dass ausdrücklich nicht von Optimierung gesprochen wird, obgleich dieser Begriff weitverbreitet ist und zahlreiche betriebswirtschaftliche Publikationen diesen

Prozesse lassen sich nicht optimieren!

Begriff sogar im Titel führen. Eine Optimierung von Prozessen ist schlicht unmöglich, würde es doch bedeuten, dass eine Entwicklung jemals beendet wäre. In einem evolutionären Kontext lässt sich nichts optimieren, sondern allenfalls verbessern.[114]

Nicht selten ergeben sich Veränderungen gewissermaßen von allein und somit aus Sicht des Managements unbewusst. In diesem Fall ist eine besondere Sensibilität des Managements gefordert, diese Veränderungen überhaupt zu bemerken. Unterstützen solche ‚eigenständigen' Veränderungen die Unternehmensentwicklung, kann eine wohlwollende Kenntnisnahme zukünftige Veränderungsschritte beflügeln. Veränderungen, die die Entwicklung des Unternehmens gefährden, ist allerdings mit geeigneten Maßnahmen zu begegnen.

Entscheidung und Veränderung

Die Voraussetzung für eine bewusste Veränderung durch das Management ist eine *Entscheidung*. Es versteht sich von selbst, dass das Management im Falle des Vorliegens mehrerer Alternativen diejenige Alternative wählen sollte, die den Wunsch nach Nachhaltigkeit, Wertschätzung, Erfüllung und Vertrauen am besten unterstützt. Fredmund Malik spricht in diesem Zusammenhang davon, dass Entscheiden „die für Führung typischste Aufgabe" darstellt. „In der Entscheidung läuft alles zusammen, wird alles gewissermaßen auf den Punkt gebracht."[115] Um zu guten Entscheidungen zu kommen sind in enger Anlehnung an Malik die nachfolgenden Schritte einzuhalten:

➤ die präzise Bestimmung des Entscheidungsgegenstandes,
➤ die Festlegung dessen, was mit der Entscheidung mindestens erreicht werden soll,
➤ das Entwickeln von Alternativen,
➤ das Durchdenken von Folgen und Risiken für jede Alternative,
➤ der Entschluss selbst,
➤ der Einbau der Realisierung in die Entscheidung durch Festlegung entsprechender Maßnahmen und Zuständigkeiten inklusive Zeitbezug,
➤ die Etablierung von Feedback.[116]

Darüber hinaus ist festzuhalten, dass bewusste Entscheidungen sowohl den Abschluss eines (Entscheidungs-)Prozesses darstellen als auch einen Beginn, einen Neuanfang. Das Management erwartet insbesondere bei ‚richtungsweisenden‘ Entscheidungen zu Recht, dass die Mitarbeiter die getroffenen Entscheidungen nicht nur akzeptieren, sondern auch mittragen.

Um die durch das Management bewusst eingeleiteten Veränderungen bestimmen und die ‚eigenständigen‘, von selbst eingetretenen Veränderungen bewerten zu können, erscheint die Entwicklung eines Zukunftsbildes in Form einer Geschäftsstrategie hilfreich. Zwar könnte man sich in einem kleineren Unternehmen damit begnügen, Veränderungen hinsichtlich der Kompatibilität zum angestrebten Wertekanon zu beleuchten, indem jeweils konsequent gefragt wird:

> Unterstützt diese Veränderung Nachhaltigkeit?
> Zeigen wir durch diese Veränderung Wertschätzung?
> Dient diese Veränderung dem Wunsch nach Erfüllung?
> Schaffen wir durch diese Veränderung Vertrauen?

In größeren Unternehmen stößt diese Vorgehensweise jedoch sehr schnell an ihre Grenzen, weil sowohl funktional als auch divisional organisierte Unternehmensteile aufeinander abgestimmt werden müssen. Aus diesem Grund, aber auch der rein praktischen Erwägung heraus, dem Unternehmen eine Ausrichtung zu geben, erscheint es hilfreich, ein Zukunftsbild in Form einer Geschäftsstrategie zu entwerfen. Die Möglichkeiten und Grenzen von Geschäftsstrategien werden im nächsten Kapitel im Rahmen der Führungsinstrumente dargestellt.

Die Führungsinstrumente ‚Planung‘ und ‚Organisation‘, mit denen Erich Gutenberg die dispositiven Tätigkeiten konkretisierte, sorgen dafür, dass Veränderung gewissermaßen in geordneten Bahnen verläuft. Ergänzt werden müssen diese Tätigkeiten noch um das Führungsinstrument ‚Kontrolle‘.

Schließlich sei darauf hingewiesen, dass mit der Führungsaufgabe ‚Verändern‘ zwangsläufig einhergeht, Risiken einzugehen. Denn es   Nicht ohne Risiken!

ist immer ein Risiko, Veränderungen anzustoßen: Ein nicht gelungenes Vorhaben ist immer auch eine Niederlage. Niederlagen bedrücken, nagen am Selbstwertgefühl, rufen Neider auf den Plan und schaden ein Stück weit dem eigenen Ruf. Gelegentlich haben sie auch darüber hinausgehende Konsequenzen bis hin zu dem Fall, dass man den Job verliert. Die von Gifford Pinchot in seinem Buch „Intrapreneuring" geforderte Einstellung, täglich seinen Job anzutreten mit der Bereitschaft, sich feuern zu lassen, hilft wohl nur wenigen Menschen tatsächlich weiter.[117] Hilfreicher ist da schon die Überlegung der Abteilungsleiterin Mary aus dem bereits zitierten Buch „FiSH!", als diese sich der Gefahr gegenübersieht, ihren Job beim Scheitern ihres Veränderungsvorhabens zu verlieren: „Dann überlegte sie, was für ein Risiko es bedeutete, nichts zu verändern. Verändern wir nichts, könnten wir alle unsere Jobs verlieren."[118] Damit wird angedeutet, dass man ein Risiko nicht einfach so, sondern wohlbegründet eingehen sollte. Das plausible Verhalten der Figur Mary lässt sich sogar zu einer Regel ausbauen: Ist die Alternative zum Verändern, nämlich nichts zu tun, mit noch höheren Risiken verbunden, sollte die Veränderung vollzogen werden.

Risiken der Veränderungen

Bei der Vorstellung der Leitlinie ‚Mitarbeiter beteiligen' wurde bereits deutlich, dass Veränderungen fast immer auf Widerstand treffen. Das ist insbesondere dann im Hinblick auf die Führung von Mitarbeitern von Belang, wenn keine objektiven Nachteile mit der Veränderung verbunden sind. Auf der einen Seite können die Widerstände in der Person des Mitarbeiters verankert sein: Der sogenannte ‚innere Schweinehund' ist bei den Mitarbeitern mal stärker, mal schwächer ausgeprägt. Dahinter steckt oft die mehr oder weniger bewusste Ablehnung des Neuen, weil es die eingefahrenen Methoden und Verhaltensweisen entwertet. Auf der anderen Seite sind Widerstände auch in der Gruppe, in der Abteilung oder im ganzen Unternehmen verankert. Je stärker die Kultur in einem Unternehmen oder Unternehmensteil ausgeprägt ist, desto schwieriger ist es tendenziell, Veränderungen zu etablieren.[119]

Für Führungskräfte ist es enorm wichtig, die Hintergründe für Widerstände zu kennen und Widerstände als Selbstverständlichkeit anzunehmen. So wird der eigenen Frustration wirksam vorgebeugt. Denn die Widerstände könnten sogar dazu führen, dass die Führungskraft eine notwendige Veränderung substanziell in Frage stellt und völlig unnötige Korrekturen an der eigentlichen Maßnahme anbringt, statt sich direkt und unmittelbar mit dem ,natürlichen' Widerstand auseinanderzusetzen.

Nicht zuletzt ist dem Management anzuraten, einem veränderungsfreundlichen Klima den Weg zu bereiten. Idealerweise sehen Mitarbeiter Veränderung nämlich nicht als Sonderfall an, der ,alle paar Jahre' ansteht und bewältigt werden muss. Es ist daran zu arbeiten, dass die Mitarbeiter Veränderung einerseits als Selbstverständlichkeit erleben. Andererseits ist es wichtig, den Fokus nicht nur auf ,den großen Wurf' zu richten, sondern dafür zu sorgen, dass auch der Beitrag kleiner Veränderungen sichtbar wird. Dazu ist es erforderlich, selbst kleinste Verbesserungen zu feiern und die summarische, teilweise sogar multiplikative Vernetzung von Veränderungen aufzuzeigen.

Schaffen Sie ein Klima für Veränderung!

In diesem Zusammenhang erscheint es besonders hilfreich, wenn die Mitarbeiter Veränderung selbst beeinflussen und anstoßen können und darauf vertrauen dürfen, von den Neuerungen zu profitieren. Mit modernen Managementkonzepten wie dem Ideen- und dem Innovationsmanagement lässt sich dieser Ansatz systematisch unterstützen. Dieser Aspekt wird Kapitel 5 „Moderne Managementkonzepte vor dem Hintergrund einer guten Führung" vertieft.

3.4.3 – Koordinieren

Der Koordinationsaspekt wurde bereits im Zusammenhang mit der Führungsaufgabe ,Für Ziele sorgen' angesprochen. Dort lautete die Forderung, dass unterschiedliche Ziele der unterschiedlichen Organisationsteilnehmer aufeinander abzustimmen sind.

Prof. Dr. Helmut Koch hat in seinen Vorlesungen und Vorträgen zur Unternehmensplanung und zur betriebswirtschaftlichen Theorie mit eindrucksvoll blumigen Worten dieses Bild geprägt: Es ist in einem Unternehmen dafür zu sorgen, dass die stets wirkenden Zentrifugalkräfte nicht überhandnehmen. Ein Unternehmen unterliegt ständig der Bedrohung, von den unterschiedlichen Interessen zerrieben zu werden. Helmut Koch vergleicht ein Unternehmen gar mit einem Kettenkarussell, welches bei zu schneller Geschwindigkeit letztlich sämtliche Mitfahrer auf dramatische Weise verliert.[120]

Koordination hilft bei unterschiedlichen Interessen

Helmut Koch plädiert dafür, dass die Unternehmensleitung dafür sorgen müsse, dass die Teile des Unternehmens zusammenhalten, indem sie systematisch aufeinander abgestimmt werden. Vor diesem Hintergrund erscheint die Koordination als eine besonders wichtige Führungsaufgabe.

Selbst wenn sich die Koordination in einem Unternehmen gelegentlich oder auch des Öfteren wie von selbst ergibt, was in der Literatur mit Autokoordination oder Selbstkoordination bezeichnet wird,[121] bleibt es Aufgabe des Managements, Koordinationsmängel zu erkennen und zu beseitigen. Erst recht muss sich die Unternehmensleitung dieser Aufgabe annehmen, wenn die Interessen in einem Unternehmen tatsächlich von starken Unterschieden geprägt sind. Wenn der Einkaufsleiter möglichst geringe Einstandspreise im Auge hat, während dem Produktmanager eine möglichst hohe Qualität der eingesetzten Produktionsfaktoren am Herzen liegt, bedarf es einer Abstimmung. Und wenn der Werksdirektor eine hohe Auslastung und damit möglichst niedrige Stückkosten anstrebt, ist es für den Vertriebsdirektor unter Umständen schwierig, die damit verbundene Massenproduktion am Markt zu platzieren. Auch diesem Problem lässt sich mit Koordination in Form einer antizipativen Entscheidung begegnen: Die unterschiedlichen Vorstellungen der Funktionalbereiche Produktion und Vertrieb sind aufeinander abzustimmen. Dazu kann die Geschäftsleitung die Beteiligten mit Fristsetzung auffordern (bottom-up) oder selbst eine Entscheidung treffen (top-down), wenn die Einigung nicht gelingt oder wenn eine Einigung durch die Beteiligten nicht vorgesehen ist.

Ganz gleich, ob die Unternehmensleitung autokratisch, also ,top-down‘, für Einigung sorgt oder die Selbstkoordination ,bottom-up‘ etwa moderierend unterstützt: Für die Leitung geht es ständig darum, dafür zu sorgen, dass die Mitarbeiter des Unternehmens ,an einem Strang ziehen'.

Koordination fördert in besonderer Weise das Miteinander in einem Unternehmen und wirkt einem Gegeneinander entgegen. Dadurch lassen sich Fehlallokationen in Form von Überproduktionen oder Out-of-stock-Situationen vermeiden, während Effizienz und Effektivität gesteigert werden.

Die Koordination kann mit unterschiedlichen Werkzeugen unterstützt werden: Dabei sind Planung und Kontrolle, Organisation und Improvisation und in bestimmten Konstellationen auch ein geordnetes Multiprojektmanagement sowie ein stimmiges Verrechnungspreissystem zu nennen.

Werkzeuge der Koordination: Planung, Kontrolle und Improvisation

In der Organisationsliteratur findet sich die Auffassung, dass Organisation aus Arbeitsteilung und Koordination besteht, Koordination also einen Teil der Organisation darstellt.[122] Weil die Organisationslehre mit Bezug auf den schottischen Vordenker Adam Smith (1723–1790) ganz besonders auf Arbeitsteilung und Spezialisierung setzt, erscheint die besondere Herausstellung der Koordination als Führungsaufgabe geboten. Insofern erscheint Koordination gegenüber der Arbeitsteilung und Spezialisierung und mithin der Organisation als übergeordnete Aufgabe. Organisation ist aber auch deshalb ,nur' der Stellenwert eines Führungsinstrumentes zuzumessen, weil sie neben anderen Instrumenten, wie insbesondere der Planung, nur eine Möglichkeit darstellt, die Führungsaufgabe Koordination zu erfüllen. Selbst das glatte Gegenteil der Organisation, die Improvisation, ist gelegentlich notwendig und dennoch auch hervorragend geeignet, für Koordination zu sorgen.

Koordination drückt wie keine andere Führungsaufgabe aus, dass die Führungskraft der Leitlinie ,zum Ganzen beitragen' entspricht. Während die Leitlinie ,Stärken nutzen' zunächst einmal auch Arbeitsteilung und damit Trennung bedeutet, wirkt die Führungsaufgabe ,Koordination' diesen Separationstendenzen entgegen.

3.4.4 – Mitarbeiter entwickeln

Einzig der Produktionsfaktor Arbeit ist geeignet, im Laufe der Zeit an Wert zu gewinnen. Während die Produktionsfaktoren Material und Investitionsgüter entweder im Produktionsprozess untergehen oder mindestens durch Abnutzung an Wert verlieren, trifft dies auf den Produktionsfaktor Arbeit nicht zu. Abgesehen von einigen Ausnahmen, in denen zum Beispiel harte körperliche Arbeit erforderlich ist, lassen Erfahrungen, Ausbildungs- und Lerneffekte den Mitarbeiter für die Unternehmung ständig wertvoller werden.

Um die Qualifikation der Mitarbeiter zu verbessern und den sich laufend ändernden Marktverhältnissen anzupassen, betreiben Unternehmen *Personalentwicklung*. Die Personalentwicklung ist darauf gerichtet, noch nicht genutztes Leistungspotenzial zu entdecken und so zu entwickeln, dass es betrieblich nutzbar wird. In vielen Unternehmen ist die Personalentwicklung institutionalisiert. Ein Personalentwicklungsteam sorgt beispielsweise dafür, dass es in jedem Jahr ein aktuelles Aus- und Weiterbildungsprogramm gibt. Der Vorteil der Institutionalisierung besteht darin, dass ein Unternehmen sich systematisch mit der Personalentwicklung beschäftigt sowie dass prinzipiell jeder Mitarbeiter in den Genuss von Personalentwicklungsmaßnahmen kommen kann. Nachteilig ist jedoch, wenn die Aus- und Weiterbildungsprogramme nicht aus der betrieblichen Praxis heraus konzipiert werden, sondern allein den Spezialisten aus den Personalabteilungen überlassen werden. Darüber hinaus – und darauf kommt es im Zusammenhang mit Führungsaufgaben an – ist die Gefahr groß, dass sich Führungskräfte bei Vorhandensein einer institutionalisierten Personalentwicklung dieser wichtigen Führungsaufgabe entziehen. Gern wird dann nämlich behauptet: Für die Qualifizierung der Mitarbeiter gibt es eine ausgewiesene Abteilung; damit hat eine Führungskraft nichts zu tun.

Personalentwicklung ist eine der wichtigsten Führungsaufgaben

Ganz klar: Eine der vornehmsten Führungsaufgaben besteht darin, mitzuhelfen, dass die Mitarbeiter die zur Erfüllung ihrer Aufgaben erforderliche Qualifikation erhalten und erweitern. In diesem Zusammenhang ist die Erkenntnis wichtig, dass der Mitarbeiter sich auch ohne das Zutun seines Vorgesetzten entwickelt. Die Frage

ist nur, ob er sich in die gewünschte und für die Unternehmung
geeignete Richtung entwickelt. Zur Beurteilung dieser Frage erscheint einmal mehr eine Orientierung am Wertekanon hilfreich:

- ▷ Entwickelt sich der Mitarbeiter so, dass er zu einer Säule für
  Nachhaltigkeit wird?
- ▷ Entwickelt sich der Mitarbeiter so, dass sich die Wertschätzung ihm gegenüber bestätigt?
- ▷ Gelingt es, durch Entwicklung des Mitarbeiters zu erreichen,
  dass er noch mehr in seinem Job aufgeht und Erfüllung
  findet?
- ▷ Stabilisiert die Entwicklung des Mitarbeiters das Vertrauen
  in ihn?

Im Zusammenhang mit der Mitarbeiterentwicklung erscheint es
sinnvoll, den Arbeitsplatz und das Unternehmen als wesentliches
Lernumfeld zu begreifen. Personalentwicklung findet nur zu einem
geringen Teil in Seminaren und Fortbildungen statt, sondern in
erster Linie im betrieblichen Alltag. Dabei steht die Aufgabe des
Mitarbeiters im Mittelpunkt: „Menschen entwickeln sich mit und
an ihren Aufgaben"[123], bringt es Fredmund Malik auf den Punkt.
Folgt man der Überlegung, dass viele Menschen häufig mehr
leisten können als sie selbst für möglich halten, wird annähernd
deutlich, was Führungskräfte bewegen können, wenn sie sich der
Aufgabe, Mitarbeiter zu entwickeln und zu fördern, verschreiben.

Die Leitlinie ‚Nutzung vorhandener Stärken' ist dabei besonders zu beachten. Insbesondere im Zusammenhang mit der Mitarbeiterentwicklung erscheint es mehr als schwierig, aus wirklichen
Schwächen eine Stärke zu formen. Vielmehr erscheint es leichter
und daher ratsam, Stärken zu erkennen, den Mitarbeiter an dieser
Stelle zu fördern, seine Fähigkeiten auszubauen und seine Einzigartigkeit auf diese Weise zur Geltung zu bringen.

Ebenso wichtig ist es, sich an der Leitlinie ‚Mitarbeiter beteiligen' zu orientieren. Denn Aus- und Weiterbildungsprogramme
gegen den Willen des Mitarbeiters durchzusetzen, ist höchst
kontraproduktiv. Die regelmäßige Kommunikation zwischen
dem Vorgesetzten und seinen Mitarbeitern erscheint vor diesem

Hintergrund als unbedingte Voraussetzung für die Entwicklung des Mitarbeiters.

3.5 – Instrumente guter Führung

In diesem Kapitel geht es um die Frage, wie Führungskräfte ihre Aufgaben unter Beachtung der Führungsleitlinien wirksam erledigen können. Dabei wird vorausgesetzt, dass Führungskräfte sich mit solchen Mitarbeitern umgeben, von denen sie erwarten, dass mit ihnen die gesteckten Ziele am besten erreicht werden können. Einstellung und Entlassung werden deshalb nicht als eigenständige Führungsinstrumente angesehen.

Der Unterschied zwischen einem Instrument und einem Werkzeug

Der Begriff ‚Führungsinstrument' erscheint besser geeignet als der Begriff ‚Führungswerkzeug': Der Handwerker wählt aus einem Werkzeugkasten diejenigen Werkzeuge aus, die ihm für die durchzuführende Tätigkeit die höchste Effektivität und die höchste Effizienz versprechen. Die hier vorzustellenden Führungsinstrumente sind deshalb keine Werkzeuge, weil sie eben nicht beliebig wähl-, abwählbar oder gar austauschbar sind. Vielmehr kommt es darauf an, ein ausgewogenes Führungsverhalten an den Tag zu legen, welches aus einem stimmigen Mix sämtlicher vorgestellter Führungsinstrumente besteht. Der Vergleich mit einem Orchester, in dem die Musiker mit ihren verschiedensten Instrumenten ein Klangbild entwickeln, drängt sich auf: Fehlt ein Instrument oder gar eine Instrumentengruppe, klingt das präsentierte Musikstück fade und unvollständig.

Die hier vorgestellten Instrumente sind besonders auf eine faire Führung zugeschnitten, lassen sich jedoch größtenteils auch von Vorgesetzten einsetzen, die von einem negativen Menschenbild geprägt sind und ein eher dunkles Management anstreben. Mit einem Schälmesser kann man Kartoffeln schneiden, aber auch zustechen. Leider ist es diesem Managertypus sogar möglich, durch Anwendung der Instrumente die eigentlich dunkle Einstellung zu kaschieren. Über kurz oder lang fällt aber auf, wenn Führungsinstrumente und die persönliche Einstellung des Managers nicht zusammenpassen.

Jedenfalls ist es für einen ‚dunklen Manager' wenig hilfreich, die nachfolgenden Ausführungen zu den Führungsinstrumenten zu nutzen, weil die inhaltlichen Bezüge zu einem humanen Management mehr als deutlich überwiegen.

Zunächst werden Führungsinstrumente vorgestellt, die auch in der klassischen Betriebswirtschaftslehre eine große Rolle spielen: Strategisches Management, Planungs-, Kontroll- und Organisationssysteme stellen Kernfächer der BWL dar und werden deshalb an dieser Stelle nur sehr knapp behandelt. Dabei ist allerdings besonders zu beachten, dass ein ‚Zuviel' dieser Instrumente kontraproduktiv ist:

➢ Der zu starre strategische Fahrplan und eine übertriebene Unternehmensplanung lassen plötzlich auftretende Chancen ungenutzt;

➢ übertriebene Kontrolle demotiviert und engt ein;

➢ Organisation ist um die ebenso wichtige Managementfähigkeit zur Improvisation zu ergänzen.

Die im Anschluss vorzustellenden Führungsinstrumente Protokoll, Aufgabenanalyse, Teamgespräch und Mitarbeitergespräch prägen den Umgang von Vorgesetzten und Mitarbeitern. Die Instrumente Zeitmanagement, aktives Zuhören und regelmäßige Entsorgung von überflüssigem Ballast unterstützen das Selbstmanagement und auch die Vorbildfunktion von Vorgesetzten. Inhaltlich weisen diese Ausführungen bis auf den letzten Aspekt starke Bezüge zum Lehrwerk Josef Schmidts auf.[12]

Die Handhabung der Führungsinstrumente muss geübt werden. Es liegt in der Natur der Sache, dass einigen Managern die Anwendung der Instrumente leichter fällt als anderen. Auch unter Führungskräften gibt es ‚Naturbegabte' und solche, die eine ausgeprägte Lernphase durchlaufen müssen. Manche Menschen sind sogar überhaupt nicht geeignet, eine Führungsposition zu bekleiden. In diesem Fall ist zu hoffen, dass diese Personen dies in ihrer persönlichen Standortbestimmung erkannt haben. In allen anderen Fällen gilt: ‚Übung macht den Meister'. Selbst der Begabteste unter den Managern tut gut daran, die Handhabung der

Übung macht den Meister!

Führungsinstrumente zu hinterfragen und ständig zu verbessern. Denn auch dies gilt: ‚Nobody is perfect!'

3.5.1 – Entwicklung und Kommunikation einer Geschäfts(bereichs)strategie

Die Entwicklung und Kommunikation einer Geschäftsstrategie – in kleineren Einheiten: einer Geschäftsbereichsstrategie – ist ein höchst wirksames Instrument, um einen Beitrag zur Koordination des Unternehmens und seiner Teile zu leisten. Es geht um die Kommunikation der „grundsätzlichen Absichten, [um] die prinzipielle ‚Marschrichtung'"[125], wie Fredmund Malik fordert. Wenn alle Mitarbeiter wissen, ‚wohin die Reise geht', ergibt sich eine gemeinsame Entwicklungsrichtung wie von selbst.

Martin Wehrle beklagt die Einbeziehung von Mitarbeitern beim Entwickeln eines Leitbildes als „hilflosen Akt der Scheindemokratie"[126]. Immerhin räumt auch Wehrle ein, es sei nichts „schlimm daran, wenn die Unternehmensleitung ein sinnvolles Leitbild vorgäbe"[127]. Ein gutes Leitbild vorzugeben erscheint auch mir allemal besser als kein Leitbild zu haben. In der Beratungspraxis sind mir jedoch zahlreiche Fälle begegnet, in denen gerade die Einbeziehung der Mitarbeiter in die Strategiearbeit wahre Wunder ausgelöst hat. Wenn nämlich die Geschäfts(bereichs) strategie entsprechend der Leitlinie ‚Mitarbeiter beteiligen' gemeinsam entwickelt wird, beflügelt die ungeheure, in diesem Fall sogar intrinsische Motivation der Mitarbeiter die Entwicklung des Unternehmens oder des Bereichs geradezu.

Wichtig: Standortbestimmung für das Unternehmen

So wichtig wie die persönliche Standortbestimmung für den Manager ist, so wichtig ist auch eine Standortbestimmung für das Unternehmen bzw. für seine Teile. Die Rückschau, woher das Unternehmen kommt und welchen Weg es gegangen ist, legt die Stärken des Unternehmens frei, die, konsequent weitergedacht, also zu entwickeln sind. Auf diese Weise entsteht ein Leitbild, das das Unternehmen einzigartig macht. Keine Person ist wie die andere, kein Unternehmen ist wie das andere.

Russell Lincoln Ackoff empfiehlt, ein Leitbild vor dem Hintergrund dieser Frage zu entwerfen: „Wie müsste eine Organisation aussehen, die wir idealerweise zum jetzigen Zeitpunkt haben wollten?"[128] In diesem Zusammenhang ist es hilfreich herauszufinden, zu welchen Gelegenheiten die Geschäftsführung *und* die Mitarbeiter ihr Unternehmen als besonders leistungsstark und lebendig erlebt haben. Die Analyse der besonderen Umstände, die zu diesen außergewöhnlichen Ergebnissen geführt haben, lässt das Leitbild schon erahnen. Das Leitbild gründet also auf einer scheinbar schlichten, aber tiefgreifenden Forderung: dass diese besonderen Umstände nicht die Ausnahme bleiben dürfen.[129]

Die Analyse des Unternehmens dient dazu, sich trotz der Vielfältigkeit und Kompliziertheit einen Überblick zu verschaffen. „Die Kunst der Analyse besteht (…) darin, zu vereinfachen, ohne wesentliche Faktoren außer Acht zu lassen."[130]

Zur Entwicklung einer integrierten Geschäftsstrategie, also einer Strategie, die die internen Kompetenzen und die externen Möglichkeiten ausgewogen berücksichtigt, ist es von entscheidender Bedeutung, dass das gesamte Entscheidungsspektrum möglichst vollständig abgebildet wird.

Die Analyse erfolgt in zwei unterschiedlichen Blickrichtungen. Zunächst wird im Rahmen der Marktanalyse der Auftritt des Unternehmens am Markt betrachtet. Danach rücken die internen Stärken und Schwächen des Unternehmens in den Mittelpunkt. Hierauf aufbauend lässt sich schließlich die Geschäfts(bereichs)strategie als Leitbild formulieren.[131]

Bisherige Praxis der Strategiebestimmung

Angesichts vieler Negativ-Beispiele in der Unternehmenspraxis kann gar nicht deutlich genug gefordert werden, die Entwicklung eines Leitbildes mit großer Ernsthaftigkeit und Wahrhaftigkeit zu betreiben. Martin Wehrle kritisiert zu Recht, dass viele Leitbilder „alle demselben Textbaustein-Kasten zu entstammen" scheinen: „Da wimmelt es von Modevokabeln wie ‚innovativ' und ‚kostengünstig', ‚global' und ‚kundenorientiert'. Da wird in hochtrabenden Worten erschreckend wenig gesagt."[132]

In der Praxis ist es weit verbreitet, den Mitarbeitern ein mit den angesprochenen Modevokabeln gespicktes Leitbild mit ‚erhobenem Zeigefinger von oben herab' zu präsentieren. Die damit zum Ausdruck gebrachte Botschaft und Intention ist fast immer gleich: „Wir, das Management, wollen mehr Gewinn und mehr Wachstum. Dazu müsst Ihr Mitarbeiter Euch an unsere Regeln, also an unser Leitbild halten." Deutlicher kann man kaum zum Ausdruck bringen, dass man im Grunde ein dunkles Management betreibt und die Mitarbeiter infantilisiert.

Der Mitarbeiter reagiert zu Recht fast immer auf die gleiche Weise: Er sucht nach Beispielen dafür, dass das Management selbst gegen die Inhalte des Leitbildes verstoßen hat oder verstoßen wird. Die Unverbindlichkeit des Leitbildes ist bestenfalls die zwangsläufige Folge, oft produziert dieser Ansatz nur Frust: So wird ein Leitbild zum Leidbild.

Inhaltlich sollte die Entwicklung einer Geschäfts(bereichs)strategie mit der sorgfältigen Analyse des Unternehmens beginnen und mit der prägnanten Bestimmung der Strategie enden.

3.5.1.1 – Analyse des Unternehmens

Die Marktanalyse stellt zunächst auf die Art des eigenen Leistungsprogramms ab. Besonders wichtig ist es, die Bestandteile des Leistungsprogramms hinsichtlich ihrer Qualität und Quantität zu beurteilen. Dazu eignen sich diese Fragen: Wie sind die Warengruppen bzw. Dienstleistungsarten hinsichtlich

➢ ihrer Umsätze und Deckungsbeiträge (= Umsätze abzüglich bestimmter Kostenkategorien),
➢ ihrer Problemlösungsqualität und
➢ ihres Verbreitungsgrades

zu beurteilen? Und: Stecken im Leistungsprogramm Möglichkeiten zur Verbesserung der wirtschaftlichen Situation?

Kernstück der Marktanalyse ist die Kundenbetrachtung

Das Kernstück der Marktanalyse stellt die Kundenbetrachtung dar. Denn alles, was im Unternehmen getan wird, wird letzten Endes vom Kunden bezahlt. Deshalb ist der aus der Marketingwissenschaft bekannten Forderung Nachdruck zu verleihen, das Unternehmen gedanklich vom Absatzmarkt ausgehend zu steuern. Bei der Kundenanalyse hat sich die getrennte Betrachtung vorhandener und neuer Kunden bewährt. Wenn sich eine Unternehmung in der Situation befindet, dass die Kunden namentlich bekannt sind (z.b. B2B-Markt[133]), kann mit Hilfe einer ABC-Analyse eine Einordnung der Kunden nach Größenklassen (z.b. nach Umsatz oder Deckungsbeitrag) erfolgen.[134] In einem zweiten Schritt ist eine Einschätzung dahingehend vorzunehmen, wie treu jeder einzelne Kunde gegenüber dem Unternehmen ist. Darüber hinaus ist von besonderem Interesse, ob der Bedarf des Kunden zukünftig sinken, steigen oder konstant bleiben wird. Soweit eine Unternehmung auf dem anonymen Markt agiert (z.b. Einzelhandel), ist eine Kundenbefragung unerlässlich. Ziel dieser Befragung ist es ebenfalls, die Kunden erkennbar in ein Ordnungssystem zu bringen, das eine typgerechte Behandlung dieser Kunden zulässt.

Auch wenn eine übertriebene Wettbewerbsorientierung als fragwürdig einzustufen ist, ist die Frage, warum bestimmte Kunden nicht bei dem betrachteten Unternehmen kaufen, im Rahmen der Marktanalyse höchst hilfreich. Die Antworten liefern wichtige Hinweise darauf, wie die Kunden in Zukunft besser bedient werden können und an welchen Stellen die Einzigartigkeit des Unternehmens noch deutlicher entwickelt werden kann.

3.5.1.2 – Die interne Analyse

Im Anschluss an die Analyse des Marktes wird die interne Situation des Unternehmens reflektiert. Die Reihenfolge ist insofern wichtig, als es erfahrungsgemäß leichter ist, das Innenleben des Unternehmens zunächst als ‚Black Box' zu belassen, und erst, wenn das Verhältnis zur Unternehmensumwelt klar ist, in das Unternehmen hineinzuschauen.

Die in diesem Zusammenhang zur Anwendung kommende Stärken- und Schwächenanalyse soll die internen Schwachstellen und Stärken des Unternehmens aufzeigen. Sie zeigt die Stärken des Unternehmens auf, die das Entwicklungspotenzial darstellen. Sie

Stärken und Schwächen des Unternehmens aufdecken!

verdeutlicht aber auch die Schwachstellen, die als strategischer Engpass anzusehen sind und die es zu beseitigen gilt.

In einem ersten Schritt wird analysiert, wie das eigene Unternehmen auf seinen Markt wirkt. Die Qualität der Marktpolitik zeigt sich in einer adäquaten

➤ Marktsegmentierung,
➤ Kontrahierungspolitik,
➤ Produkt- und Sortimentspolitik
➤ Distributionspolitik und
➤ Kommunikationspolitik.[135]

Bezüglich der Marktsegmentierung ist zu überprüfen, ob die vom Unternehmen angestrebte Zielgruppe den tatsächlichen Kunden entspricht. Die Kontrahierungspolitik legt das Preis- und Rabattsystem fest. Auch hier ist zu fragen, inwieweit die beabsichtigte Preispolitik den tatsächlichen Verhältnissen entspricht.

Der Produkt- und Sortimentspolitik kommt eine besondere Bedeutung zu, weil sich hier das Leistungsprogramm, also der Grund, warum der Kunde überhaupt mit dem Unternehmen in Kontakt tritt, konkretisiert. Auf der einen Seite geht es in diesem Bereich um die Qualität der angebotenen Leistung. Auf der anderen Seite wird aber auch das Innovationsverhalten untersucht, also ob sich das Unternehmen auf künftige Herausforderungen systematisch vorbereitet.

Mit der Distributionspolitik wird festgelegt, mit welchen Absatzstufen in welcher Form zusammengearbeitet wird. Passen auch hier Wunsch und Wirklichkeit zusammen? Und schließlich ist auch das Kommunikationsverhalten des Unternehmens unter die Lupe zu nehmen: Spricht das Unternehmen die Sprache des Kunden?

Darüber hinaus ist zu prüfen, ob die betrieblichen Faktoren zielführend eingesetzt werden. In diesem Zusammenhang ist insbesondere der Einsatz der ‚harten‘ Produktionsfaktoren (Material, Personal, Investitionsgüter) zu untersuchen. Aber auch ‚weiche‘ Faktoren, wie sie etwa durch die verschiedenen Standardabläufe (Beispiel: Bestellwesen, Reklamationsabwicklung) dargestellt werden, spielen eine wichtige Rolle.

Den Abschluss der internen Analyse bildet das Thema Führung. Hier wird geprüft, ob das betriebliche Miteinander funktioniert und inwieweit die Führungskräfte ihrer Kernaufgabe gerecht werden, ein integriertes Zusammenwirken aller Unternehmensteile zu unterstützen.

3.5.1.3 – Bestimmung der Geschäfts(bereichs)strategie

Die Bestimmung der Strategie setzt eine durchgängige Unternehmensanalyse voraus. Erst hierauf aufbauend kann der kreative Teil der Strategiearbeit, die Entwicklung des Leitbildes, beginnen. Um dabei alle relevanten Aspekte zu berücksichtigen, ist zunächst das gesamte Spektrum strategischer Möglichkeiten zu durchleuchten. Eine strategische Zielaussage sollte zunächst für jede einzelne Facette der Marktanalyse und der internen Analyse erfolgen. In einem zweiten Schritt wird dann versucht, die wichtigsten Strategieelemente herauszuarbeiten und zu einer konzentrierten Geschäfts(bereichs)strategie in Form eines Leitbildes umzuformen.

Jetzt ist Kreativität gefragt!

Christel Niedereichholz fasst die wichtigsten Aspekte, die bei der Bestimmung der Geschäftsstrategie zu beachten sind, mit ihren möglichen Ausprägungen zusammen:[136]

1. Normstrategien: Wir wollen Desinvestition (abstoßen), Abschöpfung (melken), Investitionen (fördern) und/oder Segmentation (bewusste Auswahl).

2. Problemlösungstiefe: Wir wollen nachgelagerte Wertschöpfungsstufen integrieren, uns wie bisher aufstellen, vorgelagerte Wertschöpfungsstufen integrieren oder Einschränkung bei gleichzeitiger Konzentration auf die Kernprozesse (Outsourcing) betreiben.

3. Unternehmensgröße: Wir wollen Übernahme, Beteiligungen, Kooperation oder Unabhängigkeit.

4. Komplexität des Unternehmens: Wir wollen Konzentration auf wenige Bereiche, nichts ändern oder Ausweitung in weitere Gebiete.

5. Leistungsprogramm: Wir wollen Marktdurchdringung, Marktentwicklung, Produktentwicklung oder Diversifikation.

6. Kunden: Der Kunde steht im Mittelpunkt unserer Bemühungen. Wir wollen flexibel auf Kundenwünsche reagieren und/oder den Kunden aktiv von unserem Leistungsprogramm überzeugen.
7. Verhalten gegenüber dem Wettbewerb: Wir gehen mit dem Wettbewerb destruktiv, aggressiv, offensiv, defensiv oder kooperativ um.
8. Marktbearbeitung: Wir wollen expandieren, die Position halten (Status quo), konsolidieren (bewusste Selbstbeschränkung) oder schrumpfen.
9. Sortiment und Technologie: Unsere besonderen Fähigkeiten sind einkaufsorientiert, technologie- und verfahrensorientiert und/oder marktorientiert.
10. Betriebliche Faktoren: Wir wollen aus dem Gegebenen möglichst viel machen; wir investieren dann, wenn es nötig ist; wir wollen immer auf der Grundlage der neuesten technischen Möglichkeiten arbeiten.

Ob sich ein Unternehmen auf dem gewählten strategischen Kurs befindet, lässt sich mit Hilfe eines systematischen Strategie-Controllings feststellen. Wie schon erwähnt, empfehlen Robert S. Kaplan und David P. Norton, in einer ‚Balanced Scorecard‘ neben den finanziellen Kenngrößen (Umsatz, Gewinn, Rendite) auch Kennzahlen zur Kundenzufriedenheit, Prozessqualität und Mitarbeiterzufriedenheit zu erheben.[137]

3.5.2 – Planung und Kontrolle

Die kleine Schwester der Geschäfts(bereichs)strategie ist die Planung. Wie die Geschäftsstrategie wird mit dem Instrument der Planung in besonderer Weise die Führungsaufgabe ‚Koordination‘ unterstützt.

Die in aller Regel monatsgenaue Planung des zukünftigen Geschäftsjahres wird in den meisten Unternehmen im zweiten Halbjahr des laufenden Geschäftsjahres aufgenommen, gelegentlich auch früher. Spätestens zum Ende des laufenden Geschäftsjahres ist die Planung des zukünftigen Jahres abgeschlossen.

3.5.2.1 – Durchführung der Planung

In einer ersten Planungsrunde fordert die Unternehmensleitung die operativen Bereiche mit Fristsetzung auf, die Planzahlen für das nächste Jahr zu melden. Die eingehenden Zahlen werden zu einem Gesamtplan und einem Gesamtergebnis inklusive Plangewinn zusammengefasst. In funktionsorientierten Organisationen ist es dabei wichtig, die Plausibilität der Meldungen zu prüfen: Während der Bereich Produktion seine Kosten auf der Basis einer besonders hohen Ausbringungsmenge plant, weil er eine Vollauslastung von Maschinen und Personal anstrebt, um dadurch die Stückkosten möglichst niedrig zu halten, verfolgt der Bereich Vertrieb möglicherweise ganz andere Interessen! Da der Absatz nie exakt vorherzusagen ist, tendieren Vertriebsmitarbeiter dazu, die ‚Messlatte' etwas niedriger anzusetzen und entsprechend vorsichtig zu planen. Verstärkt wird dieses Verhalten durch Systeme der leistungsorientierten Vergütung, wenn sie eine Übererfüllung der Vertriebsplanung besonders honorieren. Tritt der Fall nun tatsächlich ein, dass die geplanten Produktions- und Vertriebsmengen nicht zusammenpassen, muss auf jeden Fall eine Abstimmung erfolgen. Aber selbst wenn die Mengenplanung keine Probleme aufwirft, könnte das aus der Planung hervorgehende Gesamtergebnis (Plangewinn) unbefriedigend sein. Außerdem kann die Planung Liquiditätsengpässe offenlegen.

Unplausible Konstellationen und unbefriedigende Planergebnisse führen dazu, dass die Einzelpläne der operativen Bereiche in einem nächsten Schritt abzustimmen (zu integrieren) sind.[138] Dazu lassen sich unterschiedliche Abstimmungsverfahren einsetzen.

Mit ‚Top-down-Verfahren' ist ein Ansatz gemeint, der das Management in den Mittelpunkt stellt: Die Leitung schaut sich die Einzelpläne der unterstellten Bereiche an und entscheidet allein über Plankorrekturen. Die Plankorrekturen werden den operativen Bereichen zurückgemeldet und für verbindlich erklärt. Der Vorteil dieses Verfahrens ist darin begründet, dass die Planung sehr schnell durchgeführt werden kann. Nachteilig ist allerdings, dass die Motivation der unterstellten Bereiche unter dieser au-

Top-Down-Verfahren

tokratischen Vorgehensweise leiden könnte. Anordnungen haben häufig einen negativen Beigeschmack.

Bottom-Up-Verfahren

Das ‚Bottom-up-Verfahren' setzt ganz auf die Abstimmungsfähigkeit der unterstellten Bereiche. Das Management meldet unplausible Konstellationen und unbefriedigende Planergebnisse so lange an die Bereiche mit Bitte um Korrektur der Einzelpläne zurück, bis die Einzelpläne aufeinander abgestimmt sind und ein befriedigendes Ergebnis erreicht ist. Dem Vorteil der vollständigen und damit motivierenden Einbeziehung der Bereiche steht allerdings der Nachteil gegenüber, dass dieses Verfahren gelegentlich sehr lange dauert. Dies kann dazu führen, dass die rechtzeitige Fertigstellung der Unternehmensplanung gefährdet ist. Außerdem kann die langwierige Prozedur zur Frustration bei den Beteiligten führen, so dass die ursprünglich intendierte Motivation ins Gegenteil umschlägt.

Gegenstromverfahren

Die Nachteile der beiden genannten Verfahren haben zur Entwicklung des ‚Gegenstromverfahrens' geführt. Dies bedeutet, dass sowohl die Bereiche als auch die Geschäftsleitung wechselseitig einen spürbaren Einfluss auf die Jahresplanung ausüben. In der Praxis ist es weit verbreitet, dass mit der Eröffnung der ersten Planungsrunde von Seiten der Geschäftsleitung ‚Leitlinien', die aus der Geschäftsstrategie abgeleitet werden, mitgeteilt werden. Die Bereichsleiter werden also aufgefordert, sich bei der Erstellung des Einzelplanes an dieser Leitlinie zu orientieren. So könnte die Leitlinie beispielsweise lauten: „Dieses Jahr steht im Zeichen der Steigerung der Materialeffizienz. Wir wollen Verschwendung vermeiden." Oder: „In den nächsten fünf Jahren wollen wir die Personalproduktivität erhöhen, indem wir krankheits- und unfallbedingtem Personalausfall entgegenwirken. Dazu setzen wir auf ein umfassendes Gesundheitsmanagement." Stellt die Geschäftsleitung nach der ersten Planungsrunde fest, dass die Einzelpläne noch nicht zueinander passen oder dass die Leitlinien nicht hinreichend erfüllt werden, wird bei einzelnen Bereichsleitern gezielt interveniert, um diese zu einer Planungskorrektur zu bewegen. Diese Intervention sollte von dem Willen getragen sein, mit Argumenten zu überzeugen. Ansonsten würde das ‚Gegenstromverfahren' von den Bereichen als ‚Top-down-Verfahren' empfunden.

Wenn die Jahresplanung um weitere, zeitliche Planungshorizonte ergänzt wird, spricht man von der rollierenden oder rollenden Planung. Dabei wird das zukünftige Jahr monatsgenau (manchmal auch quartalsgenau) geplant, während für die nachfolgenden Jahre Jahreskennzahlen ermittelt werden. Die rollierende Planung soll sicherstellen, dass die Bereichsleiter weitsichtig planen und den Bezug zur Geschäftsstrategie nicht verlieren. Sie führt dazu, dass ein Geschäftsjahr mehrmals geplant wird und dadurch eine höhere Planungssicherheit erreicht wird.

Ziel ist es, die mit der Unternehmensplanung festgelegten Umsätze und Kosten definitiv zu erreichen. Planung stellt insofern eine verbindliche Entscheidung über die Zukunft, also eine Antizipationsentscheidung[139] dar. Abweichungen nach oben und nach unten müssen analysiert werden, sobald sie die im Unternehmen herrschenden beziehungsweise vereinbarten Toleranzwerte überschreiten. Selbstverständlich ziehen Abweichungen entsprechende Konsequenzen in Form von Anpassungsentscheidungen nach sich.

Leider ist es in vielen Unternehmen üblich, dass negative Abweichungen (zu hohe Stückkosten, zu geringe Umsätze) beanstandet werden, während vermeintlich positive Abweichungen (unerwartet hohe Umsätze, unerwartet niedrige Stückkosten) von Seiten der Geschäftsleitung als besondere Leistung gewürdigt werden.

Helmut Koch stellt unmissverständlich klar: „Der grundlegende Zweck der Planung besteht darin, dass die Teile des Unternehmens aufeinander abgestimmt, also koordiniert werden."[140] Dabei entfalten sowohl negative als auch vermeintlich positive Abweichungen grundsätzlich negative Auswirkungen.

3.5.2.2 – Kontrolle der Planung

Sinnvollerweise ist die Planung um eine systematische Kontrolle zu ergänzen. Weit verbreitet ist die Anfertigung und Besprechung einer kurzfristigen Ergebnisrechnung (KER). Dabei werden in zumeist monatlichen Abständen die tatsächlichen (Ist-)Ergebnisse der Vorperiode mit der Planung, den sogenannten Soll-Werten, verglichen.

Kurzfristige
Ergebnisrechnung (KER)

Solche Abweichungen, die außerhalb der Toleranz liegen, werden nun besonders hervorgehoben. Nicht selten wird auch eine ‚Hitliste' der größten Abweichungen vorgelegt.

Darüber hinaus sollte versucht werden, in einem Sonderbericht vergleichbare Einheiten, zum Beispiel Produktionsstätten oder Vertriebsabteilungen, in bestimmten Kategorien miteinander zu vergleichen. Mit diesem ‚Betriebsvergleich' sollen keine Soll-Ist-Abweichungen festgestellt werden, sondern Leistungen, die deutlich unter und über dem Durchschnitt liegen, hervorgehoben werden.

Ein gutes Controlling
sollte Schwachstellen
aufzeigen

Ein gutes Controlling, so wird die Kontrolle der Planung auch gern genannt, um sie von anderen Kontrolltypen wie etwa die Revision abzugrenzen, zeichnet sich dadurch aus, dass es nicht nur Schwachstellen offenbart, sondern auch Hintergründe eruiert sowie Ansätze für eine mögliche Lösung liefert. So hat sich beispielsweise im Zusammenhang mit dem Betriebsvergleich herausgestellt, dass es relativ wenig bringt, unterdurchschnittliche Leistungen herauszustellen. Vielmehr können die durchschnittlichen und unterdurchschnittlichen Berichtseinheiten am ehesten aus den überdurchschnittlichen Leistungen lernen. Dieser Ansatz, sich an den besten Leistungen zu orientieren, wird in der Betriebswirtschaftslehre auch als ‚Benchmarking' oder ‚Best Practice'-Verfahren bezeichnet.

Allein die Präsentation der KER hat bereits eine koordinierende Wirkung. Erweitert wird dieser Effekt, wenn er von einem Management-Meeting, das im engen zeitlichen Zusammenhang zur Erstellung der KER stattfinden sollte, ergänzt wird.

Das Management-Meeting wird von der Geschäftsleitung oder stellvertretend von einem Controller moderiert. Die Leiter der operativen Bereiche vertreten in diesem Meeting die von ihnen erbrachten Ergebnisse gegenüber der Geschäftsleitung. Dabei kommt es – wie bereits erwähnt – nicht in erster Linie darauf an, Abweichungen vom Plan zu rügen oder die Einhaltung des Plans zu loben. Vielmehr ist es Sinn des Management-Meetings, die Auswirkungen von Abweichungen in einem Bereich auf die jeweils anderen Bereiche zu bestimmen und möglicherweise notwendige, koordinierende Maßnahmen kurzfristig einzuleiten.

Es kann nicht oft genug gesagt werden: Die weit verbreitete Übung, Leistungen ‚unter Plan' zu beanstanden, während Leistungen ‚über Plan' besonders gewürdigt werden, ist mehr als kritisch zu sehen. Selbstverständlich ist es zunächst einmal schön, wenn mehr Umsatz gemacht wird als erwartet worden war oder wenn weniger Produktionsfaktoren verbraucht werden als man gedacht hatte. Aber gerade die positiven Abweichungen haben ihre Tücken! Bekanntlich besteht der Zweck der integrierten Unternehmensplanung in der Koordination unterschiedlicher Unternehmensbereiche. Wenn nun eine positive Abweichung, etwa ein zusätzlicher Umsatz, dazu führt, dass die Produktion nicht ‚nachkommt' und diesen zusätzlichen Umsatz mit zusätzlichen, überdurchschnittlichen Kosten, etwa auf Grund von Überstunden ‚erkaufen' muss, ist die Vorteilhaftigkeit dieser Handlungsweise in Frage zu ziehen. Gleiches gilt für Kostenunterschreitungen: Hätte der Vertrieb von vornherein gewusst, dass die Güter so günstig produziert werden können, hätte er einen niedrigeren Preis setzen und damit für mehr Umsatz und mehr Beschäftigung sorgen können.

3.5.3 – Organisation und Improvisation

Auch ‚Organisation' ist ein wichtiges Führungsinstrument, das die Koordination unterstützt und in einer modernen Auslegung die Veränderungsfähigkeit stärkt: Auf der einen Seite unterstützt Organisation die Umsetzung von Veränderungen bei gleichzeitiger Zementierung von Strukturen und Prozessen durch die Etablierung einer entsprechenden Aufbau- und Ablauforganisation, auf der anderen Seite sorgt Organisationsentwicklung dafür, dass die Voraussetzungen für eine systematische Veränderung gegeben sind. Auch hier gilt selbstverständlich, dass nicht um des Organisierens willen organisiert wird, etwa nur, um das Unternehmen in Bewegung zu halten.

Organisieren ist kein leichtes Unterfangen, zumal jede Organisation Probleme mit sich bringt: Jede Organisation produziert Konflikte, jede Organisation erfordert Aufwand. In jeder Organisation gibt es zwischenmenschliche Reibungsflächen, Informationsprobleme, unklare Abläufe und nicht ausreichend geregelte

Organisation zementiert Strukturen, Organisationsentwicklung verändert sie

Schnittstellen. Weder die aufbauorganisatorischen Reinformen aus der Literatur (Einlinienorganisation, Stablinienorganisaton, Matrixorganisation) noch die Dimensionen, nach denen die Aufbauorganisation gebildet werden kann (Funktionsorientierung versus Objektorientierung), liefern Hinweise darauf, was eigentlich gute Organisation ist. Nicht einmal für die hierarchische Zuordnung von Aufgaben und Befugnissen (Zentralisierung versus Dezentralisierung) lässt sich eine Empfehlung aussprechen. Hier muss jedes Unternehmen seinen eigenen Weg finden, der fast immer eine Mischung aus den theoretisch bekannten Organisationsmustern ist.

Zur Organisationsgestaltung gehört die Bestimmung der Aufbauorganisation, indem mindestens die Vorgesetzten-Mitarbeiter-Beziehungen geklärt werden: Wer darf wen anweisen, das Arbeitsergebnis kontrollieren und gegebenenfalls positiv oder auch negativ sanktionieren? Darüber hinaus kann mit der Ablauforganisation festgelegt werden, wie wichtige Prozesse des Unternehmens, etwa Vertriebs-, Einkaufs- und Rekrutierungsprozesse, durchgeführt werden sollen. Schließlich lässt sich für eine geordnete Unternehmensentwicklung ein Projektmanagement installieren.

In den meisten mittleren und größeren Unternehmen gibt es die Möglichkeit, ‚Karriere‘ zu machen, das heißt in hierarchisch höhere Positionen aufzusteigen, um mehr und Einfluss zu bekommen und mehr Geld zu verdienen. Folgt man dem weitverbreiteten Organisationsprinzip ‚Arbeitsteilung und Spezialisierung‘, ergibt sich für die unteren Hierarchiestufen eine fachliche Spezialisierung, die beim Aufstieg durch eine zunehmende Generalisierung abgelöst wird: ‚Unten die Spezialisten, oben die Generalisten‘. Da man sich üblicherweise durch gute Leistungen für höhere Positionen empfiehlt, liegt dem Karrieremodell ein schwerwiegender Konstruktionsfehler zu Grunde: Man unterstellt, dass diejenigen, die über die besten fachlichen Fähigkeiten verfügen, gerade deshalb auch über ein ausgesprochen hohes Potenzial für das glatte Gegenteil, nämlich Generalist zu sein, verfügen. Darüber hinaus unterliegt dieses Karrieremodell dem Trugschluss, dass die besten Fachspezialisten über ein überdurchschnittliches Potenzial zur Menschenführung verfügen. In der Praxis führt das Karrieremodell dann häufig zu drei Problemen: Bei einer Beförderung verliert man eine gute Fachkraft, handelt sich einen mittelmäßigen oder gar ungeeigneten Generalisten ein und überlässt die Mitarbeiter einer Führungskraft, die die Fähigkeit zur Führung nie oder nur unzureichend unter Beweis gestellt hat.

Vor diesem Hintergrund ist anzuraten, ein in sich stimmiges Karrieremodell zu entwickeln, das sowohl Möglichkeiten zum fachlichen Aufstieg als auch zur Erweiterung der Führungsverantwortung vorsieht. Der Unternehmer Detlef Lohmann skizziert, worauf es dabei ankommt: „Das Gehalt ist in einem solchen System nicht an die Position oder den Titel gebunden, sondern an die Kompetenz. Was der Mitarbeiter kann und wie gut er dieses Können ausschöpft, das bestimmt das Gehaltsniveau. Wer stets an sich arbeitet, kann sehr schnell auf eine Stufe gelangen, die man in einem anderen Unternehmen erst durch mühsame und kleine Karriereschrittchen erreichen kann."[141]

Bei allen organisatorischen Aktivitäten sollte die Führungskraft den Kunden in den Mittelpunkt stellen. Schließlich bezahlt er das, was das Unternehmen tut. Außerdem sollte die Organisation so gestrickt sein, dass die Mitarbeiter in ihrem Bemühen um den Kunden unterstützt und nicht behindert werden. Für Mitarbeiter, die wenig oder keinen direkten Kundenkontakt haben, eignet sich das Prinzip des ‚Internen Kunden‘, nach dem diejenige Stelle, die die Arbeitsleistung entgegennimmt, wie ein richtiger Kunde behandelt wird. In der Praxis ist Letzteres leider oft nicht der Fall. Schließlich ist mit Organisation auch sicherzustellen, dass sich die Führungskräfte des Unternehmens hinreichend um ihre Führungsaufgaben kümmern können, damit sie nicht im Tagesgeschäft ersticken.[142]

Prinzip des ‚Internen Kunden‘

Neben der Organisation stellt auch die Improvisation eine Möglichkeit dar, dem Koordinationserfordernis nachzukommen. Improvisation ist allerdings eigentlich kein Instrument, sondern eine Fähigkeit, die wie alle Talente eine angeborene und eine trainierbare Seite hat. Wo mit Hilfe von Improvisation Organisationsdefizite behoben werden, sollte unbedingt eine professionelle

Improvisation ist ebenso wichtig

Organisationsgestaltung zum Einsatz kommen. Improvisation als Ersatz für Organisation ist fast immer die schlechtere Lösung. Unvorhersehbare Situationen erfordern allerdings Improvisation. Günstige Gelegenheiten zum Beispiel in Form plötzlicher Marktchancen sind zu nutzen, während widrigen Umständen in Form von plötzlichen Krankheiten oder Unfällen in geeigneter Form zu begegnen ist. Einerseits kann man mit präventiven Maßnahmen versuchen, Unvorhersehbares zu entschärfen. Da Präventionsmaßnahmen fast immer auch mit zusätzlichen Ausgaben verbunden sind, ist im Rahmen einer Risikoabschätzung festzulegen, wie weit zu gehen ist.

Zu wenige Unternehmen nutzen Improvisation

Von nur wenigen Unternehmen ist bekannt, dass sie Maßnahmen zur Erhöhung der Improvisationsfähigkeit und Spontaneität ihrer Führungskräfte und Mitarbeiter ergreifen. Malcolm Gladwell beschreibt in seinem Buch „BLINK!"[143], dass man auch in Bruchteilen von Sekunden wichtige Entscheidungen treffen muss und wie man die Fähigkeit dazu verbessern kann.

Die Fähigkeit zur Improvisation und Spontaneität lassen sich vor allem durch spielerische Aktivitäten entwickeln. Nicht zuletzt deshalb sind Rollenspiele bei der Weiterbildung von Führungskräften so beliebt. Ein weiterer Ansatz kommt aus der Theaterszene, wie Gladwell berichtet: „Improvisationstheater ist ein wunderbares Beispiel für das schnelle Denken, um das es (…) (hier) geht. Auf der Bühne treffen Menschen in Sekundenschnelle hochkomplexe Entscheidungen, ohne dass sie ein Drehbuch dafür hätten. Das macht Improvisationstheater spannend, und das macht es zugleich auch irgendwie unheimlich. (…)

Improvisationstheater

In Wahrheit ist Improvisationstheater jedoch alles andere als chaotisch und willkürlich. Die Schauspieler (…) sind keineswegs so verrückte, impulsive und hyperkreative Komiker, für die man sie vielleicht halten mag. In der Unterhaltung wirken sie ernst. Sie treffen sich einmal pro Woche zu einer mehrstündigen Probe und nach jeder Aufführung versammeln sie sich hinter der Bühne, um die einzelnen Darbietungen zu analysieren. Vielleicht fragen Sie sich, wie man überhaupt für Improvisationstheater proben kann. Die Antwort ist einfach: Diese Kunstform hat wie jede andere ihre Regeln, an die sich jeder einzelne auf der Bühne halten muss. ‚Unsere Arbeit hat große Ähnlichkeit mit Basketball', sagt einer der Darsteller (…) und der Vergleich trifft es sehr gut. Basketball ist ein komplexes, schnelles Spiel, in dem Spieler innerhalb von Sekundenbruchteilen spontane Entscheidungen treffen müssen. Diese Spontaneität ist allerdings nur möglich, weil sich jeder der Spieler zuvor Tag für Tag eintönigen und durchstrukturierten Übungen wie Werfen, Passen und Dribbeln unterzieht, wieder und wieder Videoaufzeichnungen von Partien analysiert und im Spiel eine genau festgelegte Rolle übernimmt. Improvisationstheater funktioniert genauso (…): Spontaneität hat nichts mit Zufall zu tun."[144]

Vor allem in Schulen werden Kinder mit Hilfe theaterpädagogischer Projekte auf Situationen, in denen Improvisation gefragt ist, vorbereitet. Dabei werden Themen wie Missbrauch, Streit und Ausgrenzung aufgegriffen, um mit den Kindern angemessene Reaktionen durchzuspielen. Außerdem stärken theaterpädagogische Ansätze die Kreativität und das Selbstwertgefühl von Kindern. Die Drogeriekette dm hat als eines der ersten Unternehmen in Deutschland den Wert der Theaterpädagogik erkannt und in ihr Aus- und Weiterbildungsprogramm integriert: „In den Theaterworkshops nimmt die Arbeit mit und an der Sprache eine zentrale Rolle ein. Das hilft gerade Lehrlingen zu Beginn ihrer Ausbildung, freier auf Kunden und Kollegen zuzugehen. Die Jugendlichen verlassen ‚ihre' Welt und ‚ihre' Sprache und kommen mit Neuem und Fremdem in Berührung. Dadurch gewinnen sie nicht nur an Ausdrucksfähigkeit, sondern auch an Selbstbewusstsein und Offenheit."[145]

    Seit einigen Jahren setzt auch das Münsteraner Consulting-Unternehmen noventum theaterpädagogische Elemente ein, um dem eigenen Unternehmen und seinen Kunden mehr Spontaneität zu verleihen. Dabei hat sich gezeigt, dass durch solche Ansätze die Innovationsfähigkeit der beteiligten Unternehmen erheblich erhöht wird. Geschäftsführer Uwe Rotermund betont: „Die Vernetzung der Aspekte Intuition, Improvisation und Innovation findet sich in der gängigen Managementliteratur nur in wenigen

Theaterpädagogik

Ansätzen wieder. Die besondere Handlungskompetenz des Managers der Zukunft ergibt sich aus seiner Fähigkeit, zusätzlich gezielt Kreativität und Innovationskraft zu schulen, in den dafür geeigneten Situationen schnell und damit intuitiv entscheiden zu können, und schließlich konstruktiv mit Planabweichungen im Sinne von Improvisationskunst positiv umzugehen und in Überraschungen Chancen zu erkennen. Denn: Pläne funktionieren in der Regel nie. Das Leben verläuft meist anders und verlangt dem Menschen genau dann Improvisationsstärke ab. Die Herausforderung ist, seine Ziele nicht aus den Augen zu verlieren und unter sich ständig verändernden und nicht vorhersehbaren Rahmenbedingungen weiter aktiv darauf hinzusteuern. Im Spannungsfeld zwischen Durchlässigkeit und Durchsetzungsstärke gestalten wir unser Handeln. Und dabei improvisieren wir jeden Tag, im besten Sinne des Wortes."[146]

3.5.4 – Protokoll und Statut

Warum ein Protokoll wichtig ist

Wichtige Gespräche mit einzelnen oder mehreren Mitarbeitern finden ihren Abschluss in einem gemeinsamen Protokoll. Dieses Protokoll ist selbstverständlich so zu verfassen, dass es von allen Teilnehmern akzeptiert werden kann. Bei regelmäßig wiederkehrenden Treffen wird deshalb zu Beginn geklärt, ob es gegen das Protokoll der letzten Veranstaltung irgendwelche Einwände gibt. Bei unregelmäßigen oder einmaligen Gesprächen ist die Setzung einer Frist, in der Einwände vorgetragen werden können, hilfreich. So liefert das Protokoll eine gemeinsame Basis, auf der das zukünftige Miteinander aufbaut.

Wer schreibt das Protokoll?

Bei näherem Hinsehen erweist sich das Protokoll als ein zugleich simples wie unliebsames, aber doch äußert wirksames Führungsinstrument. ‚Wer schreibt das Protokoll?' ist eine Frage, auf die allzu häufig mit Schweigen geantwortet wird. Betreten wird der Blick auf den Boden gerichtet: ‚Hoffentlich trifft es mich nicht!'

Dabei ist das Protokoll ein Instrument, das bei richtiger Anwendung kaum Mühe bereitet. Wenn die Führungskraft das Anfertigen eines Protokolls delegiert, delegiert sie zugleich einen

Teil der Führung. Umso erstaunlicher ist es, dass die Delegation des Protokolls in der Praxis äußerst weit verbreitet ist.

Darauf angesprochen, erklären Führungskräfte gern, dass es nicht ihre Aufgabe sei, sich mit derart einfachen Tätigkeiten wie dem Schreiben zu befassen. Die Distanzierung von dieser ‚niedrigeren' Tätigkeit ist zugleich eine Distanzierung vom betroffenen Mitarbeiter und somit eine Inszenierung von Macht. Dunkles Management lässt grüßen.

Inszenierung von Macht

Die wohl beliebteste Methode, das Schreiben des Protokolls zu delegieren, ist die ‚Reihum-Methode'. Weil sich oft niemand findet, der das Protokoll freiwillig oder gar gern schreibt, ist bei regelmäßigen Gesprächen jeder Teilnehmer gelegentlich an der Reihe. Dabei ist die ‚Reihum-Methode' aus organisatorischer Sicht die schlechteste Lösung: Wer nur ab und zu eine Tätigkeit ausführt, tut sich meistens sehr schwer, weil er keine Routine entwickelt. Ein Protokollant, der regelmäßig mit dieser Tätigkeit konfrontiert ist, tut sich wesentlich leichter. Idealerweise ist dieser Protokollant am Gespräch selbst nicht oder nur unwesentlich beteiligt, so dass er sich voll auf die Protokollführung konzentrieren kann.

Die ‚Reihum-Methode' = eine schlechte Lösung!

Wer den zusätzlichen Aufwand, der mit einer derart professionellen Protokollführung verbunden ist, vermeiden möchte, sollte sich als Führungskraft überlegen, das Protokoll selbst zu verfassen. Dies hat mehrere Vorteile:

Das Protokoll ist ein Führungsinstrument!

1. Da die Führungskraft das Gespräch leitet, ist sie jederzeit in der Lage, das Gespräch kurz zu unterbrechen, um Wichtiges zu notieren. Diese Unterbrechung wird kaum als Gesprächsstörung empfunden; eine Störung durch einen delegierten Protokollanten hingegen schon.

2. Ein delegiertes Protokoll entspricht in seiner ersten Fassung nur selten den Ansprüchen, die die Führungskraft an dieses Führungsinstrument stellt. Die nun folgenden aufwändigen Abstimmungsprozesse lassen sich abkürzen, wenn die Führungskraft das Protokoll selbst erstellt.

3. Die nachfolgenden Ausführungen zeigen, dass es wirklich kaum Mühe macht, als Führungskraft ein Protokoll selbst zu erstellen.

Ein wirksames, für Führungszwecke einsetzbares Protokoll verzichtet auf jeglichen ‚Schnickschnack'. Lange Textpassagen mit wortwörtlicher Rede und Gegenrede sind zu vermeiden. Es kommt vielmehr allein darauf an, wichtige Beschlüsse im Sinne von Regeln und Maßnahmen festzuhalten.

Zweckmäßigerweise besteht ein Protokoll aus mindestens einer breiten und zwei schmalen Spalten. In die breite Spalte wird die Maßnahme bzw. der Beschluss eingetragen. In die zweite Spalte wird diejenige Person eingetragen, die die Maßnahme umsetzen soll und mithin für die Maßnahme verantwortlich gemacht wird. In die dritte Spalte wird eingetragen, bis wann die Maßnahme erledigt sein soll. Bei Beschlüssen, die eine Regel darstellen, kann ein Zeithorizont (gültig ab bzw. gültig bis) eingetragen werden. Um das System handhabbarer zu machen, kann diesen drei notwendigen Spalten eine Spalte mit durchlaufender Nummerierung der Einträge vorangestellt werden.

Nr.	Maßnahme/Beschluss	Verantwortlich	Termin
1	Beschaffung einer neuen Telefonanlage (Wert max. 10.000 €)	Herr Müller	25.6. dieses Jahres (d. J.)
2	Einstellung eines Assistenten im Vorstandsressort Produktion	Herr Meyer	30.9. d.J.
3	Der Urlaub ist spätestens 2 Wochen vor dem Urlaubsantritt schriftlich bei der Abteilungsleitung anzumelden. Dabei ist sicherzustellen, dass die Einsatzfähigkeit der Teams gewahrt ist.	alle Mitarbeiter	ab sofort bis auf Weiteres
4	Entwurf für einen werksübergreifenden Betriebsvergleich	Herr Meyer	15.8.d. J.

Abb. 7: Beispiel für die Gestaltung eines Protokolls

Beschlüsse im Sinne von Regeln sind nicht nur zu protokollieren, sondern darüber hinaus in einem Statut festzuhalten, welches für alle Mitglieder der organisatorischen Einheit gilt. In der obigen Abbildung ist unter der fortlaufenden Nr. 3 ein entsprechendes Beispiel aufgeführt. Das Statut sollte als Lose-Blatt-Sammlung geführt werden, damit es jederzeit erweiterbar ist. Zum Beispiel kann festgelegt werden, wie Urlaub zu beantragen ist, bei wem eine Krankmeldung zu erfolgen hat oder welche Arbeitskleidung zu tragen ist. Ein (in zertifizierten Unternehmen wichtiger) Teil dieses Statuts sind auch solche Regeln, die sich auf die Organisation der fraglichen Organisationseinheit beziehen. Im Statut sollte dann auf das Organisations- oder Qualitätshandbuch verwiesen werden, um doppelte Schreibarbeit zu vermeiden. Alle Regeln des Statuts sollten in regelmäßigen Abständen (Daumenregel: jährlich) auf Notwendigkeit überprüft werden. Überflüssig gewordene Regeln sind zu streichen (und gegebenenfalls ins Archiv zu überführen).

Zu Beginn eines Treffens der Organisationsteilnehmer sollte das Protokoll der letzten Veranstaltung dahingehend überprüft werden, ob die Maßnahmen durchgeführt bzw. angegangen wurden und ob beschlossene Regeln eingehalten und ins Statut überführt wurden. Am Schluss eines Treffens sollten alle offenen, neuen und veränderten Maßnahmen und Regeln in Form des oben beschriebenen, einfachen und übersichtlichen Protokolls festgehalten sein.

Protokoll und Statut unterstützen die Führungsaufgabe Koordination ganz besonders, weil die verschiedenen Sichten der Mitarbeiter in gemeinsamen Beschlüssen zusammengefasst werden. Diese Beschlüsse haben den Sinn, im Unternehmen etwas zu verändern. Gleichzeitig stellen die Beschlüsse Ziele dar, die erreicht werden sollen. Und schließlich wird mit dem Protokoll und einem Statut auch indirekt erreicht, dass sich die Mitarbeiter mit und an ihren Aufgaben entwickeln, die sie qua protokollierten Beschluss übernehmen. Insofern beherzigt diejenige Führungskraft, die dieses Führungsinstrument professionell einsetzt, sämtliche Führungsaufgaben auf einfache Weise hoch wirksam.

Beschlüsse und Regeln

3.5.5 – Die Aufgabenanalyse

Ist die Aufgabenanalyse
nur Bürokratie?

Das nun vorzustellende Führungsinstrument erscheint auf den ersten Blick etwas bürokratisch; gleichwohl ist gerade dieses Führungsinstrument von ungeheurem praktischen Nutzen. Die klassische Denkhaltung von Führungskräften geht davon aus, dass ein Job mit einem passenden Mitarbeiter zu besetzen ist. Vor dem Hintergrund dieser Denkweise erscheint die vorzuschlagende Aufgabenanalyse in der Tat bürokratisch, denn der Job ist mit der Stellenbeschreibung, ob diese nun schriftlich vorliegt oder nur mündlich vermittelt wurde, hinreichend beschrieben. Eine nachträgliche Analyse all der Aufgaben, die der Mitarbeiter erfüllt, erscheint überflüssig.

Dass diese klassische Denkweise in den meisten Fällen nicht zutrifft, wird anhand der folgenden Argumente deutlich:

1. Im Rahmen der Stellenbeschreibung gelingt es so gut wie nie, den zukünftig zu erfüllenden Job vollständig zu beschreiben.
2. Im Laufe der Zeit verändert sich der Job, weil Lieferanten, Kunden und Mitarbeiter sich ändern oder wechseln. Außerdem entwickelt sich die Technik ständig weiter.
3. Gelegentlich kommt es in der Praxis vor, nicht allein den passenden Mitarbeiter für einen definierten Job zu suchen, sondern einen neuen Mitarbeiter einzustellen, weil man von seinen Fähigkeiten grundsätzlich überzeugt ist.

Aufgabenanalyse als
Antwort auf sich
ständig ändernde Aufgaben

Wer also nicht mehr in starren Jobs denkt, sondern erkennt, dass sich die Aufgaben der Mitarbeiter (besonders in flexiblen Unternehmen) ,wie von selbst' ständig verändern, sollte ein unterstützendes Führungsinstrument einsetzen. Dazu eignet sich die Aufgabenanalyse, die formal einer Stellenbeschreibung sehr ähnlich ist, hervorragend.

Im Rahmen der Aufgabenanalyse bittet der Vorgesetzte seinen Mitarbeiter, die in seinem Verantwortungsbereich befindlichen Aufgaben systematisch aufzulisten. Auch bei der Aufgabenanalyse hat sich eine Darstellung in Spaltenform bewährt: Es werden, wie beim Protokoll, wieder mindestens eine breite sowie zwei schmale Spalten benötigt: In die breite Spalte wird die Aufgabe eingetragen, während in der nächsten schmalen Spalte eine Aussage zum Zeitbezug festgehalten wird. In der dritten Spalte wird der Stellvertreter für diese Aufgabe benannt. Dies hat gegenüber der klassischen Variante, ganze Positionen mit Stellvertreterregelungen zu belegen, den großen Vorteil, dass der gesamte Job des Mitarbeiters im Not- oder Urlaubsfall auf mehrere Schultern verteilt wird. In der Praxis zeigt sich, dass diese besondere Form der Stellvertretung die Koordination ohne weiteres Zutun des Vorgesetzten besonders fördert: Ein Mitarbeiter, der auf einen Kollegen zugeht und fragt, ob er ihn als Stellvertreter eintragen darf, darf ziemlich sicher sein, dass der Kollege reziprok ein ähnliches Anliegen vorbringen wird. Die Suche nach einem geeigneten Stellvertreter für die verschiedenen Aufgaben entwickelt sich in den meisten Fällen zu einem ‚Tauschgeschäft‘ aller Mitarbeiter, wodurch die Vernetzung untereinander verstärkt wird.

Nr.	Aufgabe	Wann? Wie oft?	Stellvertreter
1	Leitung des Teams	ständig	Herr Sommer
1a	Leitung der Teambesprechungen	alle 14 Tage	Herr Sommer
1b	Koordination Aufgabenteilung	1 x im Jahr	Herr Sommer
1c	Einzelgespräche mit den Mitarbeitern	1 x im Jahr, Neue: 2 x	Herr Sommer
2	Ansprechpartner für die Geschäftsleitung	ständig	Herr Peters
3	Ansprechpartner für die Kollegen	Sprechstunde: Di u. Do in dringenden Fällen sofort	Herr Sommer
...			

Abb. 8: Beispiel für die Aufgabenanalyse eines Teamleiters (Auszug)

Bei der Anfertigung der Aufgabenanalyse ist zu beachten, dass vor allem die wichtigsten Aufgaben eingetragen werden. Nur in den seltensten Fällen wird es gelingen, die Aufgaben vollständig zu beschreiben. Die Aufgabenanalyse soll auf keinen Fall dazu dienen, dass der Mitarbeiter den Anspruch erhebt, nur noch für die dokumentierten Aufgaben zuständig zu sein.

Falls notwendig, kann jede einzelne Aufgabe nun noch einmal exakt beschrieben werden, damit der Stellvertreter im Vertretungsfall nachlesen kann, was genau zu tun ist. In diesem Fall erhält die Aufgabenanalyse die Form einer Mappe, in der die obige Tabelle das Deckblatt darstellt. Zur Beschreibung der einzelnen Aufgaben ist es hilfreich, zwischen Mitteln und Maßnahmen zu unterscheiden. Um im Beispiel zu bleiben, wird nachfolgend die Aufgabe „Leitung der Teambesprechung" (Nr. 1a) im Detail beschrieben:

Mittel

gemeinsame Terminplanung/Einladung

Raum für Besprechungen

Fachliteratur, Statistiken, interne Dokumentationen

Werkzeuge zur Protokollierung und Dokumentation

Maßnahmen

Abstimmung der 14-tägig stattfindenden Termine in der letzten Novembersitzung für das Folgejahr

Einladung 5 Werktage vor dem jeweiligen Termin zusammen mit einer ggf. zu aktualisierenden Standard-Tagesordnung:

Revision der beim letzten Treffen beschlossenen Maßnahmen.

Bericht der Leitungsinstanz und ggf. anderer Organisationsmitglieder über Treffen in der Unternehmung, an denen sie teilgenommen haben.

Fragen der Organisationsteilnehmer.

Vorschläge für Änderungen und Verbesserungen durch die Organisationsteilnehmer.

Beschluss der neuen Maßnahmen, die sich aus der Revision alter Maßnahmen und neuer Vorschläge ergeben.

Das Protokoll wird durch den Teamleiter erstellt.

Abb. 9: Beispiel für die Detailbeschreibung einer Aufgabe im Rahmen der Aufgabenanalyse

Es gibt weder richtige noch falsche, sondern allein zweckmäßige oder unzweckmäßige Aufgabenanalysen und Aufgabenbeschreibungen. Es handelt sich bei diesen Instrumenten um Hilfsmittel zur Unterstützung der Kommunikation. Deshalb sind diejenigen Personen, die von der Aufgabenanalyse und der Aufgabenbeschreibung unmittelbar berührt sind, am besten geeignet, die Zweckmäßigkeit zu beurteilen: Wenn der Vorgesetzte sich mit der Aufgabenbeschreibung einverstanden erklärt, befindet er sie damit für zweckmäßig. Der Stellvertreter befindet die Aufgabenbeschreibung für zweckmäßig, indem er sie als Leitfaden für den Vertretungsfall annimmt.

Weil die Aufgabenanalyse im Gegensatz zu einer Stellenbeschreibung von den Mitarbeitern selbst erstellt wird, dürften die mit ihr ausgedrückten Ziele vergleichsweise engagierter, nämlich tendenziell intrinsisch motiviert angegangen werden.

Neben der bereits angesprochenen Führungsaufgabe ‚Koordination' stellt die Aufgabenanalyse eine wichtige Grundlage für Veränderungsprozesse und für die Mitarbeiterentwicklung dar; denn die Aufgabenanalyse ist keinesfalls nur eine starre Bestandsaufnahme, sondern sie ist als eine regelmäßig durch die Mitarbeiter zu überarbeitende Aufgabe anzulegen. Wie noch zu zeigen sein wird, erlangt die Aufgabenanalyse im Rahmen des Führungsinstruments ‚Mitarbeitergespräch' eine besondere Bedeutung.

3.5.6 – Das Teamgespräch

Viele Führungskräfte haben längst erkannt, dass auch Mitarbeiter der untersten Hierarchieebene wichtige Beiträge zur Verbesserung von organisatorischen Abläufen und Produktionsverfahren leisten. Denn diese Mitarbeiter kennen ihre Abläufe am besten. Diese Beiträge sind zwar nicht immer der ‚große Wurf', aber die Summe aller kleinen Beiträge steht den großen, oft technischen Innovationen nicht nach.

Teamgespräch =
Innovationsgespräch

Das Teamgespräch ist eine hervorragende Möglichkeit, die Mitarbeiter an der notwendigen ständigen Erneuerung des betrieblichen Geschehens teilhaben zu lassen. Vor diesem Hintergrund kann das Teamgespräch auch als Innovationsgespräch bezeichnet werden. Ganz nebenbei wird mit dem Teamgespräch der Führungsleitlinie, Mitarbeiter zu beteiligen, entsprochen.

Das Teamgespräch sollte sich an einem festen Rhythmus orientieren. Zum Beispiel kann sich das Außendienstteam an jedem ersten Mittwoch im Monat, der Verkaufs-Innendienst an jedem Freitag und das Produktionsteam täglich zu Beginn der Schicht treffen. Wo dieser feste Rhythmus nicht möglich ist, sollten möglichst gleiche Abstände zwischen den einzelnen Teamgesprächen vorgesehen werden. In diesem Fall sollte am Schluss des Teamgesprächs ein neuer Termin verabredet werden.

Für die Teambesprechung lässt sich folgender Standardablauf empfehlen:

1. Durchsprechen des Maßnahmenkatalogs (siehe oben: Protokoll) der letzten Besprechung.
2. Mitteilungen des Vorgesetzten über Teambesprechungen, an denen er als Mitarbeiter teilgenommen hat.
3. Fragen der Mitarbeiter an den Vorgesetzten.
4. Verbesserungsvorschläge der Mitarbeiter (Was läuft nicht so gut in unserem Team? Was können wir besser machen?)
5. Beschluss der Maßnahmen.

Zur Dokumentation der Teambesprechung reicht die Kurzprotokollierung (siehe oben) der beschlossenen Maßnahmen völlig aus. Dieses Protokoll erhalten alle Anwesenden bzw. es wird an einem gemeinsam definierten Ort ausgehängt oder im Intranet veröffentlicht, um bestens über die Beschlüsse informiert zu sein.

Das letzte Kurzprotokoll wird zu Beginn der Besprechung wieder verlesen, und zwar, um alle Mitarbeiter auf den gleichen Stand zu bringen und auch zur Kontrolle, ob alles durchgeführt wurde.

Es ist deutlich darauf hinzuweisen: Teambesprechungen werden nicht der Besprechungen wegen, sondern zur Überkompensation von Mängeln und Missständen, also der Erfolge wegen durchgeführt. Entsprechend wichtig ist der vierte Punkt des Standardablaufes: ‚Verbesserungsvorschläge‘. Häufig werden an dieser Stelle von Seiten der Mitarbeiter zunächst Probleme artikuliert. An dieser Stelle ist es ganz wichtig, dass der Vorgesetzte darauf drängt, dass diese Probleme zu Maßnahmen umformuliert werden. Die Standardfrage lautet: Was können wir tun, um diesen Missstand zu beheben? Wenn die Zeit für konkrete Vorschläge noch nicht reif ist, sollte mindestens festgehalten werden, von wem das benannte Problem näher zu untersuchen ist, damit gegebenenfalls in der nächsten Teambesprechung Ideen zur Problemlösung generiert werden.

Sollten die Besprechungspunkte überhandnehmen und die Teambesprechung ausufern lassen, hilft eine gemeinsame Priori-

Verbesserungsvorschläge stehen im Mittelpunkt

sierung. Damit gerade das erste Teamgespräch nicht ausufert, kann man die Mitarbeiter auch bitten, Themen für die ‚Tagesordnung‘ vorher schriftlich einzureichen. Diese Methode ist auch sinnvoll, wenn Mitarbeiter dazu neigen, Themen ‚breitzutreten‘. Außerdem lassen sich auf diese Weise Themen aussteuern, die besser in Einzelgesprächen zu erörtern sind. Dazu gehören insbesondere Gespräche über den Leistungsstand von Mitarbeitern, die im sogenannten ‚Mitarbeitergespräch‘, das im nächsten Abschnitt behandelt wird, angesprochen werden. Ein weiteres Beispiel stellt eine Konfliktsituation, besonders auf der persönlichen Ebene, dar. Dieser (persönliche) Konflikt betrifft in der Regel nur einen kleinen Teil des Teams; hier empfiehlt es sich, den Konflikt zunächst im kleinen Kreis der tatsächlich Betroffenen ggf. unter Zuhilfenahme eines Konfliktspezialisten zu besprechen. Dieses Vorgehen ist nicht nur effektiver, sondern auf diese Weise wird auch ein drohender ‚Flächenbrand‘, bei dem sich der Konflikt auf das ganze Team ausweitet, vermieden. Ist dieser Flächenbrand tatsächlich ausgebrochen, sollte das Führungsinstrument ‚Teamgespräch‘ nicht überschätzt werden; hier ist in den meisten Fällen professionelle Hilfe durch den eigenen Vorgesetzten, ggf. durch ein Mitglied des Betriebsrates oder durch einen externen Moderator erforderlich. Wie gesagt: Ein Teamgespräch wird um der Erfolge willen geführt; als Methode der Konfliktlösung ist es eher nicht geeignet.[147]

Teamgespräche sollten möglichst in allen Abteilungen und in allen Hierarchiestufen eingeführt werden. Damit erklärt sich auch Punkt 2 der Teambesprechung: Auch ein Vorgesetzter hat idealerweise als Teamleiter oder Abteilungsleiter Kollegen, mit denen er unter dem Vorsitz seines Vorgesetzten Teamgespräche führt. Somit ist es sehr wichtig, dass auch auf Punkte eingegangen wird, die in der Runde besprochen wurden, in der der Vorgesetzte als Mitarbeiter an einer Teambesprechung teilgenommen hat.

Teamgespräche auf allen Führungsebenen!

Dies stellt nämlich einen wichtigen Beitrag zur Integration des Unternehmens im Sinne einer Gesamtkoordination dar: Rensis Likert hat schon in den 1960er Jahren darauf hingewiesen, dass die ‚linking pins‘ (‚Verbindungsnadeln‘) – Mitarbeiter der mittleren Führungsebene, die gleichzeitig Vorgesetzte und Untergebene sind – eine ganz besondere Rolle für die Gesamtkoordination des

Unternehmens spielen: Sie transportieren, wie in der traditionellen Aufbauorganisation, die wichtigen Informationen von der obersten in die unterste Hierarchieebene. Vor allem kommt diesen ‚linking pins' nach Likert aber auch die Aufgabe zu, die Kommunikation in umgekehrter Richtung, von der Basis bis zur Spitze, zu unterstützen.[148] Voraussetzung dafür ist selbstverständlich, dass das Führungsinstrument ‚Teamgespräch' von allen Führungsebenen, vom Vorstand bis zum Team- bzw. Gruppenleiter, eingesetzt wird. Konkret bedeutet dies, dass nicht nur der Teamleiter mit seinen Mitarbeiter regelmäßig Teamgespräche führt, sondern dass auch der Vorstand mit seinen Abteilungsleitern und der Vorstandssprecher mit seinen Vorstandskollegen jeweils ein Team bilden und dieses Führungsinstrument regelmäßig einsetzen.

Schließlich trägt das Teamgespräch auch zu störungsfreien Abläufen bei. Viele Vorgesetzte beklagen sich darüber, dass sie ständig von ihren Mitarbeitern mit Kleinigkeiten behelligt werden. In der Summe sind diese Kleinigkeiten zwar von einem ungeheuren Wert; trotzdem nerven die ständigen Unterbrechungen und Störungen. Wenn die Mitarbeiter wissen, dass es für die Besprechung von Problemen und Vorschlägen den festen Platz des Teamgesprächs gibt, werden sich die Störungen stark reduzieren und auf die wirklich wichtigen und dringenden Dinge beschränken. In diesem Zusammenhang sei darauf hingewiesen, dass auch durch die Einrichtung von festen Sprechstunden Störungen reduziert werden können.

Dass mit dem Teamgespräch sämtliche Führungsaufgaben unterstützt werden, liegt auf der Hand: Gut geführte Teamgespräche wirken koordinierend und motivierend, sie sind eine einfache und dennoch hoch wirksame Innovationsmethode, die in Verbindung mit einem Beschlussprotokoll verbindliche Ziele hervorbringt.

Bereits Fredmund Malik weist mit Recht darauf hin, dass mit dem Führungsinstrument ‚Sitzung', wie er es nennt, sparsam umzugehen ist: „In den meisten Organisationen werden schlichtweg zu viele Sitzungen abgehalten."[149] Die aktuellen Bestseller von Martin Wehrle und Detlef Lohmann greifen diese Forderung auf. Wehrle beklagt „Meetings, bis der Arzt kommt"[150], während Lohmann stolz berichtet, Meetings in seinem Unternehmen weitgehend

Zu viele Meetings?

abgeschafft zu haben. Ein ganzes Kapitel widmet er der Frage, „Warum es keine Meetings braucht, um gute Entscheidungen zu treffen."[151] Die Beispiele erscheinen mir nicht ohne weiteres auf andere Unternehmen übertragbar. Lohmann führt den Marketingleiter an, der ein Meeting missbraucht, um der Geschäftsleitung die Verantwortung für die eigene Entscheidung aufzuhalsen.[152] Und er berichtet von Mitarbeitern, die im Meeting Däumchen drehen und mit ihren Smartphones spielen.[153] Hilfreich erscheint mir immerhin der Ratschlag Lohmanns, als Führungskraft die Zeit, die man selbst und die Mitarbeiter in Meetings verbringen, einmal zusammenzuzählen. Da hilft der Rat Fredmund Maliks tatsächlich: „Führungskräfte, die mehr als 30 Prozent ihrer Zeit in Sitzungen zubringen, sollten gründlich darüber nachdenken, wie sie den Sitzungsanteil reduzieren können. Und falls das wirklich nicht geht, sollten sie wenigstens der Effektivität der Sitzungen größte Aufmerksamkeit schenken."[154] Da keiner der drei Autoren den Ablauf von Meetings wie etwa von Teamgesprächen konkret darstellt, nehme ich diesen Rat gern als Bestätigung dafür, dass ich der konkreten Anwendung der Führungsinstrumente in diesem Abschnitt wohl zu Recht einen vergleichsweise breiten Raum gebe.

3.5.7 – Das Mitarbeitergespräch

Das Gespräch: ein wichtiges Führungsinstrument.

Das individuelle Gespräch zwischen dem Vorgesetzten und seinem Mitarbeiter, das den Leistungsstand und die Entwicklung des Mitarbeiters in den Mittelpunkt stellt, lässt sich als Einzelgespräch, Orientierungsgespräch oder einfach nur als Mitarbeitergespräch bezeichnen. Mit Blick auf die Häufigkeit erhält dieses Gespräch in manchen Unternehmen auch die Bezeichnung ‚Jahresgespräch‘. Dabei geht man von der Vorstellung aus, dass derartige Gespräche mindestens einmal im Jahr geführt werden sollten, bei jüngeren Mitarbeitern sogar öfter.

Gegenstand des Mitarbeitergesprächs sind die Aufgaben des Mitarbeiters sowie ein Feedback seitens des Vorgesetzten hierzu. Darüber hinaus soll über das weitere Vorgehen, etwa über Aufgabenveränderungen und Fördermaßnahmen, gesprochen werden.

Das Führungsinstrument ‚Mitarbeitergespräch' ist zwar in der Praxis insbesondere bei mittleren und großen Unternehmen weit verbreitet, es wird aber dennoch sehr häufig miserabel geführt. Der Grund besteht fast immer darin, dass mindestens eine der beiden Seiten, oft aber auch beide Seiten keine Lust haben, dieses Gespräch zu führen. Man führt es widerwillig, weil es die verbindlichen Unternehmensrichtlinien verlangen. Dabei könnte man in dieser Zeit so viele andere, wichtige Dinge machen! Wenn Zwang und nicht Überzeugung das Mitarbeitergespräch bestimmen, sollte man es besser lassen.

Niels Pfläging bringt einen weiteren Aspekt mit Ironie auf den Punkt: „Haben Sie schon einmal mit ihrem Lebenspartner oder ihrer Lebenspartnerin (respektive ihrer Freundin oder ihrem Freund) Folgendes versucht? ‚Schatz, komm mal bitte her in mein Büro. Setz dich bitte hin. Tja, Liebling, es ist Zeit für dein Jahresgespräch. Ich möchte jetzt gern mal mit dir durchgehen, wie deine Performance im gerade abgelaufenen Jahr gewesen ist. Und wir können dann bei der Gelegenheit auch gleich deine persönlichen Entwicklungsziele für das neue Jahr vereinbaren …' Noch nie ausprobiert? Na, so was. Könnte eigentlich ganz sinnvoll sein, sagen Sie? Nun gut, probieren Sie's ruhig aus! Ich tippe, Sie machen das nur ein einziges Mal."[155]

Was läuft also falsch in den Mitarbeitergesprächen der Praxis? Man könnte mit Pfläging ‚das Kind mit dem Bade ausschütten' und antworten: „Mitarbeiterbeurteilungen und -gespräche gehören abgeschafft."[156] Der Grund: „Mitarbeiterbewertung bleibt doch unausweichlich ein patriarchalisches und Hierarchie zementierendes Ritual, das keinen Platz haben kann in einer wahrhaft partnerschaftlichen Beziehung."[157] Pfläging ist zuzustimmen, dass die Mitarbeiterbewertung in einer echten Partnerschaft nichts zu suchen hat. Aber

➤ *erstens* werden derartige Partnerschaften in Vorgesetzten-Mitarbeiter-Beziehungen nicht wirklich angestrebt, wenn auch in diesem Zusammenhang der Begriff ‚Partnerschaft' tatsächlich inflationär falsch verwendet wird. In den meisten Fällen bleibt die Hierarchie bestehen, obwohl der Ton zwischen Vorgesetzten und Mitarbeitern im Vergleich zu früheren Jahrzehnten freundlicher geworden ist. Gerade die Hierarchie ist doch wunderbar geeignet, Mitarbeitergespräche so zu installieren, dass sie mit Überzeugung geführt werden. Wenn der Vorstandssprecher den Bereichsvorstand im Mitarbeitergespräch von der Notwendigkeit eines Jahresgespräches überzeugen kann, wird dieser auch seinen Abteilungsleiter, jener seinen Teamleiter und letzterer seinen

Ziel: nicht urteilen sondern verändern

Mitarbeiter überzeugen können. So what? Und

➢ *zweitens* geht es in guten Mitarbeitergesprächen, wenn überhaupt, nur am Rande um eine Mitarbeiterbewertung, sondern allenfalls um die Bewertung der Leistung des Mitarbeiters – ein himmelweiter Unterschied. Und selbst die Leistungsbewertung ist nur ein Randthema, ein Aufhänger für ein richtig gutes Mitarbeiterbespräch. Ziel des Mitarbeitergesprächs ist doch kein Urteil, sondern in erster Linie Veränderung: Insofern erscheint mir in der Tat jedes Mitarbeitergespräch, das mit einer Bewertung, einer Beurteilung oder gar einer Verurteilung endet, tatsächlich verfehlt.

Gute Gründe für das Mitarbeitergespräch

Die Aufgabenanalyse (siehe oben) ist eine hervorragende Grundlage für das Mitarbeitergespräch. Als Einstieg in das Mitarbeitergespräch empfiehlt es sich, den Mitarbeiter zu bitten, die einzelnen Aufgaben zu kommentieren. Dabei kann er zum Beispiel darauf eingehen, was er besonders gern macht. Auch eine Selbstbeurteilung könnte Gegenstand der Besprechung sein. Erst danach sollte der Vorgesetzte seine Sicht in Form eines Feedbacks äußern.

Die Mitarbeiterbeurteilung stellt für viele Menschen ein Reizwort dar. Das gilt für beide Seiten: sowohl für Beurteilende als auch für Beurteilte. Häufig vergisst man, dass Beurteilung sehr hilfreich sein kann und etwas ganz Normales ist, da auch ohne ein formales Beurteilungssystem täglich Beurteilung geschieht. Mark Zuckerberg hat dies für sein soziales Netzwerk „facebook.com" erkannt und zum Kern seiner Geschäftsidee gemacht.

Jede Anerkennung oder Bemerkung und jede personelle Entscheidung basiert letztlich auf der Beurteilung einer Leistung, eines Verhaltens oder eines Potenzials. Negative Erfahrungen mit verdeckten, wenig transparenten und damit aus Sicht der Mitarbeiter willkürlichen Beurteilungsverfahren, die gelegentlich zur Verurteilung und Generalabrechnung ausarten, haben dazu beigetragen, dass Mitarbeiter in manchen Unternehmen Beurteilungen als unangenehme Pflichtübung ‚über sich ergehen lassen'.

Zielsetzung des Feedbacks ist es, dass es die Grundlagen liefert für die individuelle und bedarfsgerechte Entwicklung des einzelnen Mitarbeiters. Daneben besteht besonders in großen Unternehmen auch die Notwendigkeit zu einem näherungsweise objektiven Leistungsvergleich, um beispielsweise der Gehaltsfindung als Grundlage zu dienen. Es geht also nicht in erster Linie darum, wer der Leistungsfähigste ist, sondern wie die Potenziale jedes einzelnen Mitarbeiters besser genutzt und gefördert werden können. Dies fordert den Beurteilenden zusätzlich, da als Ergebnis der Beurteilung schließlich zukunftsorientierte Aussagen über Potenziale und Fördermaßnahmen getroffen werden müssen. Dies lässt sich nicht einfach ‚aus dem Ärmel schütteln', sondern bedarf der permanenten Auseinandersetzung mit dem Mitarbeiter. Denn auch *das* findet man in der Praxis der Mitarbeiterbeurteilung häufig vor: Das Jahresgespräch stützt sich unzweckmäßigerweise auf die Vorkommnisse und Ereignisse der letzten 1 bis 2 Monate. Deshalb erscheint es ratsam, dass sich der Vorgesetzte über das ganze Jahr hinweg Notizen bezüglich des Mitarbeiters macht. Umgekehrt gilt dieser Ratschlag auch für den Mitarbeiter.

Beim Feedback ist es wichtig, dass der Vorgesetzte dem Mitarbeiter eine andere Perspektive der Erkenntnis bietet, denn eine objektive Wahrheit gibt es bekanntlich nicht. Aus der Psychologie ist bekannt, dass Mitarbeiter ein Selbstbild und ein Wunschbild haben. Gelingt es im Mitarbeitergespräch, diese beiden Sichten um ein Fremdbild zu ergänzen, lassen sich weniger zutreffende Vorstellungen über Selbst- und Wunschbild sowie über den Weg vom Selbst- zum Wunschbild überdenken und korrigieren. Am meisten ist gewonnen, wenn der Mitarbeiter die Führungskraft wirklich als Dienstleister annimmt und bei sich sagt: „Mensch, von der Seite habe ich das ja überhaupt noch nicht gesehen. Diese

Information hilft mir bei meiner täglichen Arbeit und in Bezug auf meine persönliche Entwicklung wirklich!"

Den Abschluss des Mitarbeitergesprächs bildet die Festlegung der Konsequenzen, die in aller Regel aus Förderungsmaßnahmen bestehen. Wird erkannt, dass der Mitarbeiter zu zusätzlichen oder schwierigeren Aufgaben befähigt ist oder befähigt werden kann, ist eine gemeinsame Vereinbarung über die künftige Position zu treffen. Gegebenenfalls sind auch Aus- und Weiterbildungsmaßnahmen festzulegen. Erscheint der Mitarbeiter hingegen überfordert, kann gleichfalls das Instrument Aus- und Weiterbildung eingesetzt werden. Reicht dies nicht aus, ist eine Reduktion der Arbeitsbelastung, ggfs. sogar eine Rückstufung der Position zu vereinbaren. Auch dies stellt, selbst wenn der Mitarbeiter dies (noch) nicht so sieht, eine Förderung des Mitarbeiters dar! Denn nichts ist frustrierender als eine chronische Überforderung. Langfristig macht sie krank!

In der Praxis kommt es durchaus vor, dass notwendige Förderungsmaßnahmen die Kompetenz des Vorgesetzten überschreiten. In diesen Fällen hat er sich Rückendeckung bei seinem Vorgesetzten zu verschaffen. Auch ein Informationsgespräch mit internen Experten aus der Personalabteilung oder mit externen Beratern kann hier sehr hilfreich sein.

Die BAFF-Methode

Ein gutes Mitarbeitergespräch besteht aus 4 Schritten, die man sich als *BAFF*-Methode gut merken kann. Im Vorfeld sollte dafür gesorgt werden, dass das Gespräch ohne Störungen geführt werden kann:

1. Mit der **B**egrüßung sollte es gelingen, eine freundliche Gesprächsatmosphäre zu erzeugen. Der Vorgesetzte sollte fragen, ob der Zeitpunkt geeignet ist und ob wichtige äußere Einflüsse nahelegen, das Gespräch nicht zu führen. Nur dann, wenn der Mitarbeiter ,grünes Licht' gibt, sollte in die nächste Phase des Gesprächs eingetreten werden.

2. **A**ufgaben: Auf der Grundlage der Aufgabenanalyse (siehe weiter oben) schildert der Mitarbeiter, wie er sich bei der Umsetzung seiner Aufgaben erlebt hat. Der Vorgesetzte kann Fragen verwenden, wie z.B.:

- Was waren die Schwerpunkte Ihrer Arbeit?
- Hat Ihnen Ihre Arbeit gefallen?
- Was war für Sie besonders interessant, was weniger?
- Fühlten Sie sich Ihren Fähigkeiten entsprechend eingesetzt?
- Wie beurteilen Sie Ihre Leistung und Ihr Leistungsvermögen?

3. **Feedback:** Der Vorgesetzter schildert, wie er die Arbeit und die Leistung seines Mitarbeiters im vergangenen Jahr erlebt hat. Dabei spricht er die Zusammenarbeit des Mitarbeiters mit ihm, mit seinen Kollegen und gegebenenfalls mit Kunden oder Lieferanten an. Schließlich sollte der Leistungsstand in qualitativer und quantitativer Hinsicht thematisiert werden.

4. Die **Förderung** des Mitarbeiters besteht aus einer gemeinsamen Zielvereinbarung, die
   - eine Veränderung der Aufgaben,
   - eine Anpassung der Vergütung und
   - Maßnahmen zur Aus- und Weiterbildung

   zum Gegenstand haben kann.

Mit Blick auf die Führungsaufgaben ‚Für Ziele sorgen‘, ‚Verändern‘, ‚Mitarbeiter entwickeln‘ und ‚Koordinieren‘ ist festzustellen, dass Manager mit gut geführten Mitarbeitergesprächen zeigen können, dass sie ihre Aufgaben als Führungskraft ernst nehmen.

3.5.8 – Zeitmanagement

Ein Vorgesetzter kann nicht erwarten, als gute Führungskraft anerkannt zu werden, wenn er sich selbst schlecht führt. Schlechte Selbstführung erkennt man daran, dass der Betroffene sich ständig verzettelt. Wenn der Vorgesetzte häufig Dinge beginnt, die er nicht zu Ende bringt, oder für Störungen sogar dankbar ist, ist die Wirksamkeit seiner Führung in Zweifel zu ziehen.

  Selbstführung

  Die eigentliche Ursache für diese Probleme ist ein mangelhaftes Zeitmanagement. Die Statistik belegt es: Von 100 Führungskräften
➢ hat nur eine Person genügend Zeit,

> benötigen zehn Personen 10 % mehr Zeit und
> benötigen vierzig Personen 25 % mehr Zeit.
> Der Rest benötigt sogar 50 % mehr Zeit.[158]

Deshalb benötigt jede Führungskraft ein Instrument, um mit der wirklich knappen Ressource Zeit gut umgehen zu können. Zeit ist weder käuflich noch kann sie gespart oder gelagert werden. Zeit kann auch nicht vermehrt werden. Und Zeit verrinnt kontinuierlich und unwiderruflich.

Die Bedeutung eines professionellen Zeitmanagements

Ein professionelles Zeitmanagement bedeutet, die eigene Zeit und Arbeit zu beherrschen, statt sich von Zeit und Arbeit beherrschen zu lassen. Dazu ist ein zielorientiertes Vorgehen notwendig. Konkret kommt es darauf an, die recht großen Ziele, die im Rahmen der Führungsinstrumente ‚Geschäftsstrategie‘, ‚Planung‘ und ‚Organisation‘ formuliert werden, in operationale, persönliche Ziele zu transformieren.

Einige dieser großen Ziele führen zu unmittelbaren operativen Handlungen, zum Beispiel der Zukauf eines Unternehmens oder größere Neuinvestitionen auf Grund einer strategischen Entscheidung. Hilfreich erscheint es in diesem Zusammenhang, für solche Vorhaben sowohl ein Projektmanagement als auch ein Multiprojektmanagement zu installieren, in dem sämtliche oder mindestens die wichtigen Projekte des Unternehmens übergreifend gesteuert werden. Projektmanagement und das in vielen Unternehmen vernachlässigte Multiprojektmanagement stellen Spezialwerkzeuge der Unternehmensführung dar, die später in Kapitel 5 „Moderne Managementkonzepte vor dem Hintergrund einer guten Führung“ behandelt werden.

Weitere große Ziele, die mit den angesprochenen Führungsinstrumenten ‚Geschäftsstrategie‘, ‚Planung‘ und ‚Organisation‘ festgelegt werden, werden in Mitarbeiter- und Einzelgesprächen portioniert und auf viele Köpfe verteilt. Neben der Kontrolle bleiben in der Regel auch bei dieser Vorgehensweise Restaufgaben für die Führungskraft übrig, die in operationale, persönliche Ziele zu transformieren sind.

Operational sind solche Ziele, die einen konkreten Ausführungscharakter aufweisen und mithin in einem professionellen Zeitmanagementsystem Platz finden. Dabei werden insbesondere termingebundene und fristgebundene Tätigkeiten berücksichtigt, aber auch verschiedene Dimensionen der Zeit.

Für termingebundene Tätigkeiten benutzt man bekanntlich einen Terminkalender. Es gibt aber auch solche Tätigkeiten, die nicht zu konkreten Terminen auszuführen, sondern allenfalls innerhalb einer bestimmten Frist zu erledigen sind. Damit auch diese Tätigkeiten beherrscht werden, muss ein guter Terminkalender auch über Platz für eine Tätigkeitsplanung (To-do-Liste) verfügen. Dabei hat es sich als sinnvoll erwiesen, diese Tätigkeiten mit Prioritäten zu versehen.

Das nach dem früheren amerikanischen Präsidenten benannte Eisenhower-Prinzip beinhaltet eine Schnellanalyse von Tätigkeiten hinsichtlich der Kriterien Wichtigkeit und Dringlichkeit.[159] Danach sind wichtige Tätigkeiten selten eilig, da es sich bei ihnen häufig um Tätigkeiten handelt, die sich aus langfristigen Zielen ableiten. Und dringende Tätigkeiten sind nicht immer wichtig, müssen jedoch schnell erledigt werden. Im Ergebnis führt diese Betrachtung zu der Empfehlung,

Das Eisenhower-Prinzip

1. Wichtige und dringliche Aufgaben sofort selbst zu tun,
2. wichtige, weniger dringliche Aufgaben strategisch zu planen,
3. unwichtige, dringliche Aufgaben möglichst zu delegieren und
4. Aufgaben, die weder dringlich noch wichtig sind, von sich zu weisen.

Die Tätigkeitsplanung sollte nicht nur kurzfristig ausgelegt sein, sondern auch die individuellen Zielvorstellungen mindestens für das nächste Jahr enthalten. Vor diesem Hintergrund erweist es sich als praktisch, stets eine Tages-, Monats- und Jahresplanung vor Augen zu haben. In herausragenden Positionen kann es darüber hinaus notwendig sein, den Planungshorizont deutlich zu erweitern, um beispielsweise die strategische Unternehmensplanung mit der individuellen Lebensplanung in Einklang zu bringen.

Die Tagesplanung wird am Vortag erstellt: Es werden die festen Termine überprüft sowie diejenigen Aufgaben, deren Frist am nächsten Tag abläuft, konkret terminiert. Unter Berücksichtigung notwendiger Freiräume für Unvorhergesehenes werden dann zusätzlich noch Tätigkeiten für den nächsten Tag terminiert, deren Frist noch nicht abläuft. Hierbei kann man sich streng an Prioritäten halten. Es ist aber durchaus auch statthaft, Tätigkeiten vorzuziehen, die man am morgigen Tag besonders gern machen würde, um einen guten Einstieg in den Tag zu bekommen.

Technische Unterstützung durch moderne Medien

Die Tagesplanung kann mit einem Zeitplanbuch oder computergestützt etwa mit Hilfe eines Mobiltelefons, das sicherheitshalber mit dem Personal Computer synchronisiert wird, wirksam unterstützt werden. Diese Funktionalität stellen heute bereits einfachste Geräte bereit, es muss nicht unbedingt ein Smartphone der neuesten Generation sein.

Eine Jahresplanung fertigen viele Menschen in den stillen Tagen zwischen Weihnachten und Neujahr an. Es kann aber auch jeder andere Termin gewählt werden. Das Ergebnis der Jahresplanung besteht aus konkreten eigenen Zielen, die im nächsten Jahr erreicht werden sollen. Sie sollten nach Wichtigkeit geordnet werden, um für auftretende Engpässe gewappnet zu sein. Außerdem sollten die persönlichen Ziele mit einer ungefähren Zeitvorstellung versehen werden.

Als Zwischenschritt eignen sich Wochen-, Monats-, Quartals- und Halbjahresplanungen, wobei nicht zwingend alle vier Planungsarten durchzuführen sind.

Die Jahresziele werden im Rahmen der Monatsplanung, die am Ende eines Monats für den Folgemonat aufgestellt wird, auf Monatsziele heruntergebrochen. Der Überblick über die anstehenden Termine und fristablaufenden Aufgaben gibt Auskunft darüber, wie viel Zeit für die Jahresziele verwendet werden kann. Im Gegensatz zur Tagesplanung sollte hier aber nicht nach Lust und Laune entschieden werden, welche Jahresziele im kommenden Monat angegangen werden. Eine Orientierung an den Prioritäten, die im Rahmen der Jahresplanung vorgenommen wurden, ist hier hilfreich, um möglichen späteren Engpässen zu begegnen.

Ähnlich geht man bei der Wochenplanung vor, die sich aus der Monatsplanung entsprechend ergibt. Sich zu Beginn einer Woche einen Überblick darüber zu verschaffen, welche Tätigkeiten in den nächsten Tagen anstehen, beugt dem berühmten Durchwurschteln (‚Muddeling Through‘) vor.

Ein professionelles Zeitmanagement erfordert neben der Zeitplanung auch die Kontrolle, ob die Zeitplanung tatsächlich realisiert werden konnte. Die Kontrolle dient dazu, aufgetretene Zeitfallen (also Termine, bei denen die Zeit nicht ausgereicht hat) festzustellen, damit die Planung systematisch verbessert wird. Die Kontrolle lässt sich schließlich um eine Tagesbewertung, die sich zu Wochen- und Monatsbewertungen ausbauen lässt, erweitern. Die systematische Bewertung der Tage, Wochen und Monate etwa mit Hilfe von Schulnoten liefert Hinweise auf starke und weniger starke Tage und Phasen; auch diese Betrachtungen geben eine wichtige Orientierungshilfe für künftige Planungen. Die um die Tages- und Monatsbewertung erweiterte Kontrolle liefert wichtige Hinweise zur besseren persönlichen Gestaltung der eigenen Aufgaben: Man erkennt beispielsweise nach einiger Zeit (ohne ärztliche Untersuchung!) seinen Biorhythmus und berücksichtigt dieses Persönlichkeitsmerkmal bei der Terminierung.

Planung und Kontrolle
bedingen sich gegenseitig

Im Führungsinstrument ‚Zeitmanagement‘ erfüllt sich besonders die Aufgabe des ‚Veränderns‘, besser: des planvollen Veränderns. Soweit sich die Führungskraft dabei inhaltlich mit der Mitarbeiterentwicklung beschäftigt, wird auch diese Führungsaufgabe mit Hilfe von Zeitmanagement unterstützt. Zeitmanagement scheint indirekt auch der Aufgabe ‚Für Ziele sorgen‘ zu dienen: Ein vorbildliches Zeitmanagement ist ein Ausdruck ausgesprochener Zielorientierung. Nur die Führungsaufgabe ‚Koordination‘ scheint auf den ersten Blick wenig mit Zeitmanagement zu tun haben. Interessanterweise sind ausgerechnet moderne, PC-gestützte Zeitmanagement-Systeme, die bei der Integration der verschiedenen Zeitdimensionen lange Zeit unbefriedigende und in einfachen Systemen auch heute noch keine Lösungen liefern, hinsichtlich der Koordination im Vorteil: Die intelligente Verknüpfung der persönlichen, PC-gestützten Zeitplansysteme zu einem virtuellen, gemeinsamen Terminkalender (Beispiele: Lotus Notes oder Microsoft Exchange/Outlook) erleichtert die tagtägliche Koordination, etwa das Abstimmen von Meetings und Ressourcen, erheblich.

3.5.9 – Aktives Zuhören mit Feedback

Kommunikation statt einseitiger Information!

Je mehr die Unternehmen darauf setzen, die Innovationskraft aller Mitarbeiter zu nutzen, desto wichtiger wird der Aspekt zwischenmenschlicher Kommunikation. Die damit verbundene Abkehr, Kommunikation als Einbahnstraße zu begreifen und sie mithin auf Information (bzw. Anweisung) zu reduzieren, ist ja gerade kennzeichnend für ein faires, humanes Management. Vor diesem Hintergrund erscheint es geboten, die Grundlagen für ein aktives Zuhören und des entsprechenden Feedbacks gewissermaßen ,anatomisch' herauszuarbeiten. Wie bei allen Führungsinstrumenten ist und bleibt es eine ständige Aufgabe, aktives Zuhören und Feedback zu entwickeln.

Die Fähigkeit, zuhören zu können, ist genauso wichtig wie die des Argumentierens. Das zeigt sich schon daran, dass unsere Argumente andere nur überzeugen können, wenn diese wiederum bereit sind, uns zuzuhören.

Zuhören können bzw. wollen hat viel mit der eigenen Einstellung dem Gesprächspartner gegenüber zu tun. Es ist für viele Menschen ein aktiver Prozess, der es erfordert, einige übl(ich)e Gewohnheiten durch andere zu ersetzen.

Beim aktiven oder auch empathischen Zuhören versucht der Empfänger zu verstehen, was der Sender einer Botschaft empfindet oder was dessen Botschaft besagt bzw. was die ,geheime Botschaft' ist. Es geht also gerade nicht darum, das ,Haar in der Suppe' zu finden und den anderen bei jeder Gelegenheit zu unterbrechen. Nach Empfang der Botschaft formuliert der Empfänger sein Verständnis (was ,angekommen' ist) mit eigenen Worten und teilt es zur Bestätigung dem Anderen mit. Der Empfänger sendet also zunächst noch keine eigene Botschaft (etwa ein Urteil, eine Meinung, eine Analyse). Er meldet nur das zurück, was nach seinem Gefühl die eigentliche Botschaft des Senders gewesen ist – was sie für ihn bedeutet: Nicht mehr, nicht weniger.

Der Zuhörer versucht also, ‚die Welt mit den Augen seines Gesprächspartners zu sehen'; dadurch kann ein Klima des Verständnisses und Vertrauens entstehen, und das Gespräch bleibt nicht in Vordergründigem stecken, sondern befasst sich mit dem Wesentlichen.

Beispiel Ein Mitarbeiter sucht bei seinem Chef um ein Gespräch nach, erscheint und ‚druckst' herum. Da bemerkt der Vorgesetzte: „Ich habe das Gefühl, dass es Ihnen sehr schwer fällt, Ihr Problem zur Sprache zu bringen; Sie fühlen sich sicher sehr unbehaglich in dieser Situation…"
Der Mitarbeiter fühlt sich verstanden und antwortet: „Ja, ich schleppe es eigentlich schon lange mit mir herum – ich habe Angst, diesen Projekttermin nicht halten zu können und überhaupt…, die Arbeit wird immer mehr."
Die Reaktion des Vorgesetzten lautet z.B.: „Sie fühlen sich nicht gut und dazu kommt für Sie die Angst, den Termin nicht zu schaffen?"

Beide Gesprächspartner tasten sich also in einem vertrauensvollen Gespräch gemeinsam in die Tiefen der Problematik vor.

Wenn Diskussionen uneffektiv verlaufen oder ohne Ergebnis enden, so ist ein entscheidender Grund oft, dass nicht genug oder in ungeeigneter Form Feedback gegeben wird.

Feedback dient einer Person als eine Art Spiegel, den sie durch den Feedback-Geber vorgehalten bekommt (vgl. dazu auch das Führungsinstrument ‚Mitarbeitergespräch' weiter oben). Dieses Spiegelbild oder auch Fremdbild durch die Augen einer anderen Person hat positive Wirkungen, da es Informationen enthält, die man selbst nicht hat beziehungsweise nicht haben kann. | *Feedback ist ein Spiegel*

Feedback ist ein Geben und Nehmen, an dem mindestens zwei Personen beteiligt sind. Man lässt die andere Person wissen, wie man sie wahrnimmt, wie man über ihre Verhaltensweisen denkt und wie man sich dabei fühlt. Man lässt die andere Person wissen, wie man sich selbst wahrnimmt, was man über sich denkt und wie sich man fühlt. Man sagt sich gegenseitig, was man über sich selbst, über den Anderen und über die Beziehung denkt und fühlt (Feedback-Dialog).

Feedback
> kann positive Verhaltensweisen verstärken und fördern, wenn diese als solche erkannt werden,
> kann Verhaltensweisen korrigieren, wenn dem Betreffenden gezeigt wird, dass diese ihm und der Gruppe nicht weiterhelfen, seiner eigentlichen Absicht nicht entsprechen und sein gewünschtes Ziel so nicht erreicht werden kann,
> kann die Beziehungen zwischen Personen klären und helfen, den anderen besser zu verstehen,
> ist eine Chance zum Lernen und zur Weiterentwicklung, da es das Selbstbild (das Bild, das eine Person von sich hat) und das Wunschbild (das Bild, das eine Person gerne darstellen würde) durch ein Fremdbild ergänzt (das heißt, durch das Bild, das ein Anderer von der Person hat).

Feedback ist eine Mitteilung an eine Person, die diese darüber informiert, wie ihre Verhaltensweisen von anderen Menschen wahrgenommen, verstanden und erlebt werden.

Nach den Autoren **Joe** Luft und **Harry** Ingham kann man die mögliche Information über eine Person in einem sogenannten *Johari*-Fenster mit 4 Feldern einteilen – wobei die Dimensionen ‚mir' bzw. ‚anderen bekannt' und ‚mir' bzw. ‚anderen unbekannt' in einer Matrix dargestellt werden:[160]

	Mir bekannt	Mir unbekannt
Anderen bekannt	Öffentliche Person (Arena)	Blinder Fleck
Anderen unbekannt	Mein Geheimnis	Unbekanntes

Abb. 10: Johari-Fenster

Was mir und anderen über mich bekannt ist, wird als ‚Arena‘ oder als ‚öffentliche Person‘ bezeichnet. Hier spielt sich offenes und öffentliches Verhalten ab.

Was mir unbekannt, anderen aber bekannt ist an meinem Verhalten, ist für mich ein ‚blinder Fleck‘. Andere nehmen Verhaltensweisen an mir wahr, die mir gar nicht bewusst sind bzw. deren Wirkung mir nicht bewusst ist. Andere sehen Dinge, die ich nicht sehe.

Was mir bekannt, anderen aber unbekannt ist, gilt als ‚mein Geheimnis‘. Ich verberge anderen bewusst etwas, erzähle und zeige ihnen nicht alles, was es über mich zu wissen gibt, oder spiele ihnen etwas vor.

Was mir und anderen unbekannt ist, wird als ‚Ungewusstes‘ oder ‚Unbekanntes‘ bezeichnet. So hat jeder z.B. unbewusste Wünsche oder Potenziale, von denen er selbst nichts weiß, die anderen aber auch nicht.

Ziel des Feedback ist es, mehr über sich zu erfahren oder den anderen mehr über sich mitzuteilen. Das heißt, dass Feedback die Gestalt und Ausdehnung der Arena verändern kann, die Proportionen des Johari-Fensters können also damit verschoben werden:

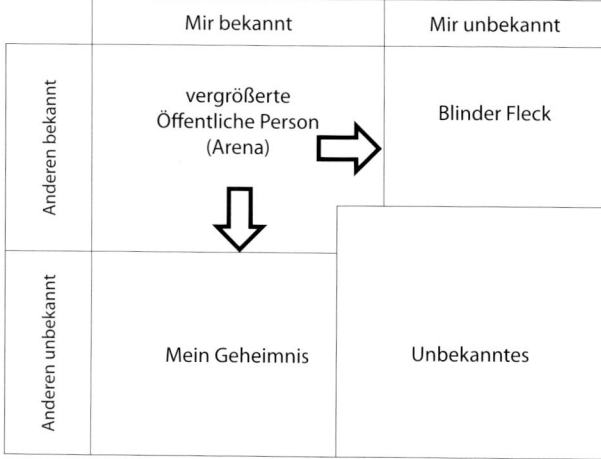

Abb. 11: Johari-Fenster nach erfolgtem Feedback

Das mögliche Ausmaß an Feedback und seine Wirksamkeit hängen weitgehend vom Vertrauen zwischen den jeweils betroffenen Personen oder einer Gruppe ab sowie von der konstruktiven Art und Weise, in der Feedback gegeben wird.

Aktives Zuhören mit Feedback ist Veränderung und ein hervorragender Beitrag zur Mitarbeiterentwicklung. Gute Gespräche dienen der Koordination und in einigen Fällen kommt es dazu, dass die Gesprächspartner Ziele vereinbaren.

3.5.10 – Systematische Müllabfuhr

In der Natur, im ganz normalen Leben und eben auch im Unternehmensalltag sammeln sich Dinge an, die nicht mehr gebraucht werden. Die Natur hat Systeme eingerichtet, die für eine Entsorgung von überflüssigem Ballast zuständig sind: Nieren, Darm und Haut befreien Lebewesen in regelmäßigen Abständen von Abfallstoffen. Ähnliches gilt auch für Pflanzen. Selbst auf Zellebene sind solche Mechanismen zu beobachten.

Menschen neigen jedoch dazu, alles Mögliche aufzubewahren. Übertriebene Aufbewahrungsgewohnheiten können zur Sucht werden. Solche Menschen werden gern auch ‚Messies' genannt.

Auf so manchem Schreibtisch und in so manchem Büro werden Ähnlichkeiten sichtbar: Es türmen sich Prospekte, Kataloge, Zettel. Führungskräfte, die sich von Experten coachen lassen, um ihr Kommunikationsverhalten zu verbessern, werden in aller Regel zunächst einmal zum Aufräumen angehalten: Der Coach setzt sich gewissermaßen 1 bis 2 Tage auf den Schoß der Führungskraft. Gemeinsam wird jede Unterlage in die Hand genommen, wobei immer die gleiche Frage gestellt wird: Was kann schlimmstenfalls passieren, wenn diese Unterlage in den Müll wandert? Die Methode ist einfach: Wenn spontan keine Antwort fällt, wandert die Unterlage tatsächlich in den Müll. Erst nach dieser Aufräumaktion geht es ‚befreit' an die eigentlichen Kommunikationsthemen.

Nicht umsonst werden gute Manager auch als ‚aufgeräumt' bezeichnet.

Eine ähnliche Methode wenden Unternehmensberater an, die den Auftrag haben, die Produktivität eines Unternehmens zu verbessern. Sie leuchten in jeden Winkel des Unternehmens und suchen Materialien, Investitionsgüter und Dokumente, die sich in letzter Zeit nicht mehr bewegt haben.

Es liegt nahe zu fordern, dass auch Führungskräfte sich ein solches Vorgehen zu eigen machen sollten. Die Bedeutung dieser Methode wird besonders deutlich, wenn man sich als Kontrast die übliche Vorgehensweise von Menschen und Organisationen anschaut: Zu allem, was man ohnehin schon tut, kommt permanent noch Neues und Zusätzliches hinzu. Um die wachsende Komplexität zu bewältigen, ist es ab einem gewissen Punkt schlicht und ergreifend notwendig, sich von Altem, nicht mehr unbedingt Notwendigem zu trennen.

Fredmund Malik empfiehlt, die großen, strategischen Themen mindestens alle drei Jahre zu behandeln: Welche Produkte, Märkte, Kunden sollten wir nicht mehr bedienen? Welche Technologien sollten wir nicht mehr einsetzen? Und jedes Jahr sollte man alles, was die Organisation betrifft, in Frage stellen: Verwaltungsabläufe, Computersysteme und -programme, Formulare, Listen und Berichte müssen regelmäßig ausgemistet werden. Malik erläutert zutreffend: „Im Zeitalter von Computern und Telekommunikation kann man fast alles ‚besser, billiger und schneller' machen. Etwas um 50 Prozent schneller oder sparsamer zu machen, ist zwar ein großer Fortschritt; es ist aber immer zu 100 Prozent *falsch*, wenn es sich um etwas handelt, was man *überhaupt* nicht mehr tun sollte."[161]

Leider ringt sich Malik nicht dazu durch, eine Aussage darüber zu machen, wie oft ein Manager seinen Schreibtisch aufräumen sollte. Hier muss sicher jede Führungskraft eine eigene Entscheidung treffen. Es gibt zu viele Unterschiede zwischen den Branchen, Hierarchiestufen und Situationen, die zu beachten sind. Wichtig ist aber, *dass* die Führungskraft eine bewusste Entscheidung darüber trifft, in welchen Abständen oder zu welchen Anlässen aufgeräumt wird. Nicht die einmalige Aufräumaktion, sondern die dauerhafte,

Zeitplan für die Müllabfuhr

regelmäßige Entsorgung von Überflüssigem bringt die entscheidenden Erfolge.

Dies betrifft selbstverständlich nicht nur die physischen Dokumente und Materialien, sondern auch die virtuelle Welt. Auch wenn der Computer mit verschiedensten Suchroutinen das Auffinden von Dokumenten komfortabel unterstützt, sollte die virtuelle Ablage übersichtlich bleiben.

Die Methode, Verfallsdaten einzuführen, kann die systematische Entsorgung von überflüssigem Ballast zusätzlich unterstützen. Selbst in der Politik wird diskutiert, ob der wuchernde Gesetzesdschungel durch die Einführung von Verfallsdaten für Gesetze eingedämmt werden kann.

Vollständigkeitshalber sei erwähnt, dass die systematische Müllabfuhr die Aufgaben ‚Verändern' und ‚Koordinieren' direkt unterstützt; nicht selten führt das Aufräumen auch zur Formulierung oder Reformulierung von Zielen. Schließlich darf ich darauf hinweisen, dass ein Manager mit einem aufgeräumten Schreibtisch ein deutlich sichtbares Vorbild darstellt und somit indirekt auch die Mitarbeiterentwicklung unterstützt.

4 – Gute Führung:
Auch eine Frage des Anstands

Im vorangehenden Kapitel wurde ein integriertes Führungsmodell vorgestellt, das vier Ebenen umfasst: Neben dem ‚ethischen Kern‘ werden ‚Leitlinien‘, ‚Aufgaben‘ und ‚Instrumente‘ der Führung herausgearbeitet. Dabei ist es wichtig, dass Führungskräfte alle vier Ebenen miteinander verknüpfen und auch sämtliche Elemente der Ebenen kennen und in ihrem Führungshandeln angemessen berücksichtigen.

Das integrierte Vier-Ebenen-Modell einer fairen Führung lässt sich um die nachfolgend dargestellten ‚Eckpfeiler‘ ergänzen. Dabei handelt es sich nicht um Inhalte, die sich konkret auf das Führungshandeln beziehen. Vielmehr geht es um Prinzipien, die einer fairen Führung zuträglich sind. Mit Hilfe dieser Prinzipien können Sie Ihre Glaubwürdigkeit als ‚anständige‘ Führungskraft unterstreichen.

Eckpfeiler

Von Zeit zu Zeit wird Klage erhoben, dass Unternehmer und Manager gehörig egoistische Züge aufweisen und in erster Linie an sich denken. Außerdem gilt es als erwiesen, dass ein wirtschaftswissenschaftliches Studium egoistische Züge verstärkt.[162] Berichte über Führungskräfte, die ‚den Hals nicht voll bekommen‘ und jegliches Maß verloren haben, bestimmen in regelmäßigen

Egoismus

Abständen immer mal wieder die Titelseiten der Printmedien und die Themenabende von Fernsehsendern. Kritiker halten solchen Beiträgen entgegen, dass sie nur dazu dienen, den Sozialneid zu schüren. So erhöhe man die Auflagen insbesondere im Boulevardgenre.

Tatsächlich stellen maßlose Wirtschaftsführer auch ein volkswirtschaftliches Problem dar. Geiz und Gier in den Hierarchiespitzen der Wirtschaft sorgen in der Tat dafür, dass Reiche reicher werden, während gleichzeitig immer mehr prekäre Beschäftigungsverhältnisse entstehen, die sich dadurch auszeichnen, dass der Mitarbeiter von seiner Arbeit allein nicht leben kann. Der Nobelpreisträger Joseph Stiglitz hat dieser Problematik sein aktuelles Buch „Der Preis der Ungleichheit" gewidmet. Und Ludwig Erhard stellte bereits in den 1950er Jahren unmissverständlich fest, dass eine ‚dünne Oberschicht' in Verbindung mit einer ‚sehr breiten Unterschicht mit unzureichender Kaufkraft' einer fortschrittlichen Entwicklung im Wege steht. Im Titel seines Buches „Wohlstand für alle", das auf einer Sammlung der Reden und Rundfunkansprachen Ludwig Erhards beruht, kommt diese Einsicht treffend zum Ausdruck.[163]

Corporate Social Responsibility (CSR) nicht reaktiv, sondern aktiv betreiben!

Die ‚Eckpfeiler' zur Absicherung einer fairen Führung lassen sich vor dem skizzierten Hintergrund auch als Maßnahmen interpretieren, die dem Geiz und der Gier in der Wirtschaft entgegen wirken. Die Diskussion um eine ‚Corporate Social Responsibility' (CSR) wird in vielen Unternehmen ja durchaus geführt, allerdings mit einem eher fragwürdigen Beigeschmack: In den meisten Fällen geht es darum, CSR nicht aktiv, sondern reaktiv auf Grund des zunehmenden gesellschaftlichen Drucks zu thematisieren.[164] Der in Deutschland als ‚Marketing-Papst' geltende Heribert Meffert befürwortet diesen aus meiner Sicht zweifelhaften Ansatz bemerkenswert offen: „CSR muss als lohnende Investition in Stakeholderbeziehungen zur Zukunftssicherung der Unternehmung verstanden werden. Diese Investitionen werden aus Eigeninteresse in Erwartung künftiger Renditen getätigt."[165] Dies führt in der Praxis dann wohl eher dazu, so wenig wie möglich zu tun statt der Definition der Europäischen Kommission aus dem Jahre

2001 zu folgen, die CSR „als ein Konzept [definiert], das den Unternehmen als Grundlage dient, auf freiwilliger Basis soziale Belange und Umweltbelange in ihre Unternehmenstätigkeit und in die Wechselbeziehungen mit den Stakeholdern zu integrieren."[166]

Führungskräfte, die das Vier-Ebenen-Modell einer fairen Führung verstanden haben und umsetzen wollen, werden die nachfolgenden ‚Eckpfeiler' als sinnvolle Ergänzung, idealerweise sogar als Bereicherung empfinden. Vertreter eines ‚Dark Management'-Ansatzes werden den Ausführungen eher reserviert bis ablehnend gegenüberstehen. Gleichwohl kommen auch diese Manager um das Thema CSR zukünftig nicht herum: Die nachfolgenden ‚Eckpfeiler' lassen sich leicht zu Kriterien für ‚anständig geführte Unternehmen' umformulieren. Je nachdem, welche Forderungen Markt und Gesellschaft an die ‚soziale Verantwortung' der Unternehmen stellen, drängt sich eine Beschäftigung mit den nachfolgenden und weiteren ‚Eckpfeilern' für jedes Unternehmen geradezu auf. Soziale Standards werden in Zukunft wohl noch viel stärker in Verordnungen und Gesetzen verankert werden, freiwillige, soziale Selbstverpflichtungen der Wirtschaft werden wohl zunehmen und Zertifikatslösungen für ‚anständig geführte Unternehmen' scheinen in greifbare Nähe gerückt zu sein.

Auch wenn das Management sich zu einer fairen Führung des Unternehmens nach dem im letzten Kapitel vorgestellten Modell bekennt, ist noch lange nicht sicher, dass es so handelt. Denn es ist schwierig festzustellen und mithin kaum direkt messbar, inwieweit die vier Wertebenen ‚Nachhaltigkeit', ‚Wertschätzung', ‚Erfüllung' und ‚Vertrauen' zu einer persönlichen Einstellung gereift sind.

Insofern eignen sich die nachfolgenden Eckpfeiler einer fairen Führung in der dargestellten oder gern auch in einer erweiterten Fassung als Ersatzmesslatte, mit der Kriterien

> (betriebs)wirtschaftlicher und
> gesellschaftlicher Natur

gebildet werden können, die den Erreichungsgrad bzw. die Ausprägung des ethischen Fundaments kennzeichnen. Den Abschluss

Eckpfeiler als Ersatzmesslatte für die Ausprägung des ethischen Fundaments bildet ein Vorschlag zum systematischen Controlling anständiger Unternehmensführung.

4.1 – Anständige Unternehmensführung im betriebswirtschaftlicher Kontext

In diesem Abschnitt sollen Aspekte beleuchtet werden, die in der Betriebswirtschaftslehre ihren Ursprung haben und zu Kriterien eines anständigen Wirtschaftens ausgebaut werden können. Zuallererst ist einmal dafür zu sorgen, dass Wirtschaftszahlen überhaupt verstanden werden. Dazu müssen die Zahlen genannt und verständlich präsentiert werden (Transparenz). Auf dieser Grundlage lassen sich dann die Themen Gewinn, Rendite, Gewinnbeteiligung sowie Manager- und Mitarbeitereinkommen unter besonderer Berücksichtigung der Fairness angehen.

4.1.1 – Transparenz

‚Über Geld spricht man nicht' ist ein immer noch weit verbreitetes Sprichwort in unserem Land. Das Miteinander ist häufig von dieser Doktrin bestimmt. Nachbarn und Kollegen spekulieren gelegentlich über das Gehalt des Anderen, sie wissen es jedoch meistens nicht. Ja, es gibt sogar Arbeitsverträge, in denen ausdrücklich Stillschweigen über Arbeitsentgelte vereinbart wird. Letzteres soll verhindern, dass gleicher Lohn für gleiche Arbeit eingefordert wird, und ist streng genommen eine Variante von Ausbeutung.

In den Vereinigten Staaten herrscht erstaunlicherweise eine andere Mentalität. Man freut sich über sein Arbeitsentgelt oder auch nicht, jedenfalls redet man darüber.

Auf der Unternehmensebene ist es nicht anders: Unternehmen, die nicht publizitätspflichtig sind, sagen ihren Mitarbeitern in aller Regel nicht, wie hoch der Gewinn ist. In guten Zeiten wird befürchtet, dass der Mitarbeiter auf seine Mitwirkung am guten Ergebnis hinweist und einen höheren Lohn fordert. In schlechten Zeiten, so hört man häufig, will man den Mitarbeiter nicht verunsichern, sondern die Arbeitsmoral stärken. In beiden Fällen

werden Mitarbeiter durch bewusste Vorenthaltung unternehmens-
relevanter Informationen infantilisiert.

Wie kann es sein, dass über das Ziel, an dem Geschäftsführung und Mitarbeiter gemeinsam arbeiten, das sie koordiniert und zusammenschweißt, nicht gesprochen wird? Über die Erreichung oder Nichterreichung von Unternehmenszielen muss vollständig berichtet werden. Man stelle sich einmal vor, man sagt dem Leicht-athlet nicht, wie schnell oder wie langsam er gelaufen ist. Absurd!

Warum wird über das eigentliche Ziel nicht geredet?

Ein Unternehmen wird in erster Linie gegründet, damit Wertschöpfung erreicht wird. Das bedeutet nicht zwingend, dass über Fremdkapitalzinsen und Steuern berichtet wird. Auch muss nicht unbedingt eine Namensliste ausgehängt werden, in die der Effektivlohn eines jeden Mitarbeiters einzutragen wäre. Jedoch erscheint es als unbedingtes Muss, über den Gewinn und seine Ursachen zu berichten sowie eine strukturierte Grobdarstellung der Mitarbeiterentgelte zu erstellen, die für jeden Mitarbeiter einsehbar ist. Wertschätzung lässt sich leicht mit Kennzahlen belegen, indem man dem Mitarbeiter sagt, mit welchem Faktor sein Gehalt multipliziert werden muss, um einen Geschäftsführer oder Vorstand zu bezahlen.

Es ließe sich einwenden, dass der Mitarbeiter mit solchen Informationen überfordert wird. Aber: Bereits fußballbegeisterte Kinder beschäftigen sich nicht nur mit dem eigentlichen Spiel, sondern auch mit dem Management von Vereinen. Virtuell werden in entsprechenden Computerspielen Vereinsstrategien entworfen und Spielertransfers simuliert. Dabei geht es um viel Geld, auch wenn es nur Spielgeld ist. Und auch Erwachsene haben in ihrem Privatleben ständig mit Investitions- und Desinvestitionsentschei-dungen zu tun. Warum sollten sie also die Unternehmenswelt nicht verstehen?

Die Darstellung des betrieblichen Ergebnisses ist also keineswegs derart kompliziert, dass es nur vom Management eines Unternehmens verstanden werden kann. Im Gegenteil: Die Betriebswirtschaftslehre mit ihrem internen und externen Rech-nungswesen ist kein Hexenwerk, sie kommt im Wesentlichen mit den vier Grundrechenarten aus.

Rechnungswesen ist kein Hexenwerk

Kommen Sie Ihren Mitarbeitern entgegen, statt sie zu infantilisieren!

Statt Mitarbeiter zu infantilisieren und ihnen betriebliche Zahlen vorzuenthalten, erscheint es vielmehr geboten, den Mitarbeitern entgegenzukommen und ihnen bei der Interpretation des betrieblichen Ergebnisses zu helfen. Interessanterweise wird hiervon oft nicht einmal dann Gebrauch gemacht, wenn die Publizitätspflicht bereits eingetreten ist. Die Geschäftsleitung ärgert sich über die Publizitätspflicht, zögert die Veröffentlichung so lange wie eben möglich hinaus, akzeptiert sie schließlich und lässt die Mitarbeiter allein. Gerade in dieser Situation erscheint eine proaktive Herangehensweise vielversprechend. Es kann nicht darum gehen, die Zahlen widerwillig herauszurücken. Vielmehr sind sie zeitnah und verständlich zu präsentieren und auch zu kommentieren.

Der Unternehmer Detlef Lohmann unterstützt diese Haltung mit sehr deutlichen Worten: „Wer seiner Mannschaft (..) Vertrauen schenkt, indem er stets offen mit den quantitativen Arbeitsergebnissen und allen relevanten Unternehmenszahlen umgeht – in guten wie in schlechten Zeiten –, wer also Transparenz in der gesamten Unternehmung lebt, der bekommt das geschenkte Vertrauen zurück. Das ist nicht nur meine Überzeugung, sondern auch meine Erfahrung."[167]

4.1.1.1 – Externes Rechnungswesen

Bilanz und GuV

Auf besonders fruchtbaren Grund fällt die Präsentation des Ergebnisses für die Mitarbeiter, wenn die Mitarbeiter in der Tat über essenzielle Grundlagen der Betriebswirtschaftslehre verfügen. Damit sind vor allem die Grundlagen des externen Rechnungswesens gemeint: Bilanz sowie Gewinn- und Verlustrechnungen werden für das (externe!) Finanzamt erstellt, um den Erfolg des Unternehmens und damit die Steuerlast zu ermitteln. Diese beiden grundlegenden Rechenwerke sollten von allen Mitarbeitern verstanden werden. In großen Unternehmen sollte darüber hinaus auch die dort obligatorische Kapitalflussrechnung erläutert werden.

Diese Idee stammt von dem brasilianischen Unternehmer Ricardo Semler. In seinem Buch „Das Semco System" beschreibt er, dass alle Mitarbeiter nicht nur die Möglichkeit bekommen, die Zahlen des Unternehmens einzusehen, sondern auch darin geschult werden: „Neben den Gehältern machten wir schon bald auch alle möglichen anderen finanziellen Informationen allgemein zugänglich. Natürlich wurden sie nicht von allen verstanden. Manche Arbeiter wussten nicht, dass es einen Unterschied gibt zwischen Gewinnen und Einnahmen. Also richteten wir mit Hilfe der Gewerkschaft Kurse ein, um ihnen beizubringen, wie man Bilanzen, Cash-Flow-Statements und andere Papiere liest. Ich kenne kein anderes Unternehmen, das derartige Kurse anbietet."[168] Was die Mitarbeiter von solchen Kursen erwarten, hat Semler nicht überrascht: Sie „wollen wissen, wie das Unternehmen die Bücher frisiert."[169]

Und genau darum geht es: Auch wenn keine Transparenz herrscht, kann man ganz sicher sein, dass die Mitarbeiter über den Betriebserfolg sprechen, selbst dann, wenn sie ihn nicht kennen. Und wenn sie ihn kennen, können sie ihn noch lange nicht verstehen. Verständnis gedeiht nur, wenn ausreichend Wissen vorhanden ist. Wo dieses Wissen fehlt, kommt man nicht umhin, es zu generieren.

4.1.1.2 – Internes Rechnungswesen

Neben dem obligatorischen externen Rechnungswesen verfügen die meisten Unternehmen auch über ein internes, also ein nach innen gerichtetes Rechnungswesen. Produkte und Dienstleistungen müssen kalkuliert werden, Abteilungen und Teams müssen zum Beispiel über die Zuweisung von Budgets gesteuert und aufeinander abgestimmt werden und sie werden hinsichtlich ihrer Produktivität oder gar ihres Erfolgsbeitrags beurteilt. Im Rahmen des internen Rechnungswesens sind folgende Themen mindestens anzusprechen:

Kostenrechnung

➢ Kosten- und Leistungsrechnung,
➢ Integrierte Unternehmensplanung und Budgetierung,
➢ Controlling und
➢ Investitionsrechnung.

Auch im internen Rechnungswesen hat Ricardo Semler bei seiner Unternehmung Semco eine einfache und ungemein wirksame Idee umgesetzt: „Bei Semco haben wir (..) ein Programm eingeführt, demzufolge jeder Abteilungsleiter am Monatsende jeweils eine fundierte Schätzung der Einnahmen, Kosten und Gewinne seiner Abteilung abgeben muss. Ein paar Tage später wird der offizielle Bericht verteilt. Der Vergleich zwischen Schätzung und Bericht vermittelt jedem [Mitarbeiter] ein Gefühl dafür, wie gut ein Manager seinen Bereich tatsächlich kennt."[170]

4.1.1.3 – Das Schulungsprogramm

„Keiner kann erwarten, dass Engagement und Partnerschaft gedeihen, wenn selbst dem bescheidensten Mitarbeiter nicht ein reichliches Maß an Wissen zur Verfügung steht"[171], fordert Ricardo Semler. „Ein Unternehmen, das nicht über alles informiert, wenn die Zeiten gut sind, verliert das Recht, in schlechten Zeiten Solidarität und Zugeständnisse zu verlangen.[172]

Schulung für alle Mitarbeiter!

Zum Einstieg eignet sich ein obligatorisches drei- bis fünftägiges Schulungsprogramm für jeden Mitarbeiter. Dieses Schulungsprogramm thematisiert insbesondere das externe und das interne Rechnungswesen mit den konkreten Zahlen des betreffenden Unternehmens. Neben der Wissensvermittlung und -erarbeitung ist ein solches Schulungsprogramm eine hervorragende Gelegenheit, Grundlagen für eine Netzwerkbildung zu schaffen sowie die Identifikation mit dem Unternehmen zu fördern.

Man kann überlegen, ob auch kaufmännisch geschulte bzw. erfahrene Mitarbeiter an einem solchen Schulungsprogramm teilnehmen sollen. Im Zweifel sollten sie es tun, zumal es relativ oft vorkommt, dass selbst Kaufleute ‚den Wald vor lauter Bäumen nicht mehr erkennen'. Unter Praxisschock leiden beispielsweise sogar Absolventen eines betriebswirtschaftlichen Studiums, die zwar alle möglichen Spezialpositionen der Bilanz samt ihrer historischen Entwicklung erklären können, aber kaum in der Lage sind, ‚aus dem Stand' die Bilanzen zweier Konkurrenten treffend miteinander zu vergleichen oder den Begriff ‚Wertschöpfung' klar und unmissverständlich zu definieren. Ähnliches gilt für den

Buchhalter und den Controller, der sich nur mit einem Ausschnitt der Betriebswirklichkeit befasst.

4.1.2 – Begrenzung der Rendite

Bereits in der ersten Woche lernen Studierende der Betriebswirtschaftslehre, dass es das Ziel eines Unternehmens bzw. eines Unternehmers im Sinne von Eigenkapitalgeber ist, den Gewinn zu maximieren. Dabei wird unter Gewinn das Entgelt für das eingesetzte Kapital verstanden.

Um den Blick zu erweitern und Alternativen, etwa in Form eines Engagements in anderen Unternehmen oder auch nur in Form einer Sparanlage zu berücksichtigen, bietet es sich an, den Gewinn ins Verhältnis zum eingesetzten Kapital zu setzen. Es geht also um Renditemaximierung.

Schon Hermann Josef Abs (1901–1994), der frühere Vorstandsvorsitzende und Ehrenvorsitzende des Aufsichtsrates der Deutschen Bank, wusste bekanntlich, dass es im Unternehmen nicht allein darauf ankommt, Gewinne zu machen. Zu Beginn des Abschnitts zur Gewinnmaximierung (Kapitel 2) findet sich ein beachtliches Zitat. Ihm zufolge sind Gewinne und mithin Renditen Mittel, aber kein Ziel und kein Zweck. Genau genommen müssten vor diesem Hintergrund fast alle Grundlagenwerke der Betriebswirtschaftslehre neu geschrieben werden!

Es wäre schlimm, wenn wir nur wirtschafteten, um Gewinne zu machen! Was ist aber der Kern des Wirtschaftens? Ganz einfach: Wir wirtschaften, weil nicht jeder alles, was er benötigt, selbst herstellen kann oder sollte.

Zumindest ist es weder produktiv noch sozial, wenn jeder all das, was er benötigt, selbst herstellen müsste. Manche Menschen sind nicht in der Lage, sich selbst zu versorgen. Und andere Menschen können in einer von Arbeitsteilung und Spezialisierung geprägten Welt ein Vielfaches dessen leisten, wozu sie allein auf sich gestellt in einer autarken Situation in der Lage wären.

Wir sind also auf Austauschprozesse angewiesen, um uns gut zu versorgen.[173] Das ist der wahre Kern des Wirtschaftens, der

Ökonomie. Dass die Betriebswirtschaftslehre diesen Zusammenhang zu Unrecht auf das Gewinnstreben reduziert, ist bedauerlich. Dazu der bereits zitierte, frühere Automobilmanager Daniel Goeudevert: „Sobald sich (..) Profitstreben (..) verselbstständigt und zum Hauptzweck der ganzen Veranstaltung wird, lässt sich streng genommen gar nicht mehr von ‚Ökonomie' sprechen. Die ‚planvolle Erzielung des größtmöglichen Profits' müsste ‚Egonomie' (..) genannt werden."[174]

Welche Rendite ist noch anständig?

Ganz offensichtlich gibt es nur wenige Betriebswirte, die Abs verstanden haben. Zu den rühmlichen Ausnahmen zählt sicherlich Helmut Koch, der bereits in den 1960er Jahren feststellte, dass die Vorstellung von einer Gewinnmaximierung wenig praktisch ist. Ihm zufolge ist das Gewinnmaximierungsziel durch das Erzielen hinreichender Gewinnschwellen zu ersetzen.[175] Und genau dieser Vorschlag lässt sich treffend mit der Frage konfrontieren, ab welcher Schwelle eine Rendite unanständig ist. Sind es 10 % (also das Fünffache eines Sparzinses, der in einer stabilen Wirtschaftssituation kaum mehr als 2 % beträgt), sind es 15 % (also das 7,5-Fache) oder sind es 20 % (also das 10-Fache).

Überschrittene Renditegrenzen!

Auch hier fällt die Antwort nicht leicht, aber auch hier gibt es, wie bei der noch zu behandelnden relativen Begrenzung von Manager-Einkommen, ‚gefühlte' Grenzen: Wenn Nokia 17 % Rendite in Bochum nicht genug sind und deshalb nach Rumänien auswandert, erscheint mir und weiten Teilen der Öffentlichkeit die Grenze überschritten.[176]

Gewinnbeteiligung für die Mitarbeiter?

Darüber hinaus erscheint die Regelung, dass Gewinn allein den Eigenkapitalgebern zusteht, durchaus fragwürdig, selbst wenn diese Regelung in den meisten Volkswirtschaften, in Deutschland etwa im Handelsgesetzbuch, fest gesetzlich verankert ist. Während der Staat durch eine relative, manchmal sogar progressive Besteuerung des Unternehmenserfolgs unmittelbar am Gewinn partizipiert, gehen die Mitarbeiter leer aus: Mit Lohn und Gehalt ist alles abgegolten. Allenfalls in leitenden Positionen wird über Tantiemeregelungen eine Gewinn- oder Renditebeteiligung gewährt.

Logisch sind die angesprochenen gesetzlichen Grundlagen jedenfalls nicht; diese Erkenntnis ist mittlerweile auch im unternehmerischen Alltag angekommen: Neuere Formen der leistungsorientierten Vergütung beziehen durchaus den Gedanken ein, dass der Gewinn wohl auch durch Mitarbeiter erwirtschaftet wird.

4.1.3 – Leistungsorientierte Vergütung und Gewinnbeteiligung der Mitarbeiter

Die sogenannte leistungsorientierte Vergütung ist in aller Munde. ERA (Entgelt-Rahmenabkommen für die Metallindustrie), Tarif-ÖD (Tarifvertrag Öffentlicher Dienst) und LEV (Leistungs- und Erfolgsabhängige Vergütung im Bankensektor) sind Beispiele für die Umsetzung. Dabei werden mit der leistungsorientierten Entlohnung bekanntlich nicht alle Wünsche erfüllt. Die Intention der Arbeitgeber, Motivation zu schaffen, ist höchst fragwürdig, unterstellt sie doch, dass der Mitarbeiter ohne einen finanziellen Anreiz nicht bereit ist, vollen Einsatz zu zeigen.[177] Gegenbeispiele lassen sich allzu leicht finden. Ebenso läuft der Wunsch, den Arbeitnehmer mit der Einführung leistungsorientierter Vergütung verbinden, nämlich gerecht entlohnt zu werden, in der Praxis sehr häufig ins Leere. Viele Vorgesetzte neigen dazu, die zur Verfügung gestellten Töpfe, aus denen die leistungsorientierten Vergütungen gezahlt werden, unter den Mitarbeitern gleich aufzuteilen. Rechtfertigungsdruck wird so vermieden. Schließlich haftet der leistungsorientierten Entlohnung der Makel an, dass sie, soweit sie individuelle Leistungen belohnt, in Bezug auf eine etwaig gewünschte Teambildung kontraproduktiv wirkt.

Gleichwohl ist die leistungsorientierte Vergütung in den meisten Unternehmen und mittlerweile auch in vielen öffentlichen Institutionen – zumeist mit einer Unternehmens- und einer Individualzielkomponente ausgestattet – auf dem Vormarsch. Trotz der Ernüchterungen aus der oben anklingenden Motivations-, aus der Gerechtigkeits- und aus der Teambildungsdebatte zu Recht:

    Die Unternehmenszielkomponente orientiert sich an einem Leistungsziel des Unternehmens, sinnvollerweise häufig am Ge-

Komponenten der leistungsorientierten Vergütung

winn. Diese Komponente ist die integrierende Komponente, die die Teambildung unterstützt. Gleichzeitig wird diese Komponente als gerecht empfunden, weil sie dem Mitarbeiter signalisiert, dass gerade auch er zum Erfolg des Unternehmens beigetragen hat und deshalb an diesem Erfolg partizipiert. Darüber hinaus ist sie geeignet, die natürlichen Interessengegensätze zwischen Arbeitgeber (im Sinne von Eigentümer) und Arbeitnehmer aufzulösen.

Mitarbeiter sägen nicht an dem Ast, auf dem sie sitzen

Allerdings ist darauf hinzuweisen, dass der Gewinn pro Jahr ein sehr kurzfristiges Ziel ist, das kurzsichtiges Handeln zu Lasten der Zukunft fördert. Dieses Problem wurde als gefährliche Nebenwirkung der ‚Gewinnmaximierung' in Kapitel 2 bereits ausführlich angesprochen. Es erhebt sich also die Frage, ob man die Mitarbeiter mit einer Forderung nach Gewinnbeteiligung zu ‚Mittätern' im Sinne eines dunklen Managements macht. Dagegen sprechen zwei Gründe:

> *Erstens:* Zu Beginn dieses Kapitels wurde darauf hingewiesen, dass Transparenz und mithin Aufklärung ein enorm wichtiger Eckpfeiler einer anständigen Führung darstellt. Mit Blick auf die Gewinnbeteiligung erscheint mir Transparenz sogar als notwendige Voraussetzung. Aufgeklärte Mitarbeiter kommen mehrheitlich sicher nicht auf die Idee, das Unternehmen auf Kosten der Zukunft auszuplündern.

> *Zweitens:* Gewinne zu Lasten der Zukunft zu machen, erscheint besonders reizvoll für einige wenige, besonders wenn sie sich nach ihrem Coup ‚aus dem Staub' machen können. Eine hier in Rede stehende Gewinnbeteiligung bezieht sich hingegen auf alle Mitarbeiter, so dass konzentrierte Profite zu Lasten der Zukunft und zu Lasten anderer Unternehmensmitglieder weitestgehend ausgeschlossen werden können.

Die Individualzielkomponente lässt sich durchaus mit der Kritik der Nichtkonformität zur Teambildung konfrontieren. Immerhin lässt sich die Individualzielkomponente als Entwicklungskomponente begreifen. Die Problematik lässt sich (auch in wiederholter Form) nicht treffender und einfacher beschreiben: Stillstand ist Rückgang. Deshalb muss sich ein Unternehmen und mithin jeder Mitarbeiter ständig weiterentwickeln. Dazu werden zweckmäßigerweise zwi-

schen Vorgesetzten und Mitarbeitern Jahres- bzw. Entwicklungs-
gespräche geführt. Hierbei kommt es, wie mit dem entsprechenden
Führungsinstrument gezeigt, eben nicht in erster Linie darauf
an, den Mitarbeiter wie in der Schule zu bewerten, sondern die
künftige Entwicklung zu unterstützen. Die Überprüfung, ob sich
die gewünschte Entwicklung eingestellt hat, ist selbstverständlich
legitim und wird auch vom Mitarbeiter erwartet. Allzu oft lässt
sich jedoch in der Praxis beobachten, dass Jahresgespräche nur
halbherzig geführt werden. Das Jahresgespräch bekommt bei
Vorgesetzten und Mitarbeitern eine deutlich höhere Wertigkeit,
wenn dort auch über Geld gesprochen wird. Die Begründung für
eine Individualzielkomponente lautet also nicht, dass dadurch die
Motivation gesteigert oder Gerechtigkeit hergestellt werden soll,
sondern dass dadurch einem oftmals vernachlässigten, aber für
die Entwicklung des Unternehmens äußerst wichtigen Führungsinstrument zum Durchbruch verholfen werden kann. Freilich lässt
sich dieser Effekt auch dadurch erreichen, dass im Jahresgespräch
auch darüber verhandelt wird, ob das Entgelt noch angemessen
ist. Auf die Grenzen solcher Verhandlungen (Bestandsschutz,
Tarifgruppen usw.) möchte ich aus Platzgründen an dieser Stelle
nicht eingehen.

Für Ricardo Semler, der ‚Transparenz‘ als ein wichtiges Geschäfts-
prinzip herausstellt, ist Gewinnbeteiligung eine Konsequenz:
„Tatsächlich bewirkt die Gewinnbeteiligung nicht ein Engagement
der Mitarbeiter, sondern setzt es voraus.“[178] Daraus ergibt sich
die Frage, wie hoch eine Gewinnbeteiligung sein sollte und wie
dieses Geld auf die einzelnen Mitarbeiter zu verteilen ist. Für den
Fall, dass das Unternehmen eine leistungsorientierte Vergütung
mit Unternehmensziel- und Individualzielkomponente umsetzen
möchte, ist darüber hinaus zu bestimmen, welcher Anteil der
Gewinnbeteiligung für welche Zielkomponente zu verwenden ist.

Gewinnbeteiligung in der Praxis

Die brasilianische Firma Semco kennt nur die Unternehmenszielkomponente. Der Inhaber Ricardo Semler berichtet, dass man sich
die Entscheidung über die Ausgestaltung der Gewinnbeteiligung
nicht leicht gemacht hat. Zur Höhe der Gewinnbeteiligung merkt

er an. „Wir hatten nicht vor, irgendeine Zahl aus der Luft zu greifen oder das den Arbeitern zu überlassen. Also verhandelten wir miteinander. Zunächst ermittelten wir den Gesamtgewinn von Semco, also die Erträge minus der Kosten. Dann kamen wir überein, dass davon (..) 40 Prozent für Steuern abzuziehen wären, 25 Prozent für Dividenden an unsere Aktionäre und weitere 12 Prozent für Reinvestitionen – das war das Minimum, damit das Unternehmen

23 % Gewinnbeteiligung

weiterhin florieren konnte. Damit blieben 23 Prozent übrig."[179] Und auch die Art und Weise, wie diese 23 Prozent auf die einzelnen Mitarbeiter verteilt werden, ist zu klären. In einem ersten Wurf überließ Semler seinen Mitarbeitern die Gewinnverteilung vollständig: „Sie können selbst entscheiden, ob es einfach pro Mann und Nase verteilt wird oder ob dabei die Jahre der Betriebszugehörigkeit, das Grundgehalt oder andere Kriterien eine Rolle spielen."[180] Zu der Zeit unterhielt Semco mehrere Sparten, in denen jeweils unabhängige Entscheidungen über die Gewinnverteilung getroffen werden durften; da der Gewinn quartalsweise berechnet wurde, durfte es von Quartal zu Quartal sogar Änderungen in der Verteilungsmethode geben. Nach einigen Runden kristallisierte sich in allen Sparten das gleiche Verteilungsprinzip

Jeder Mitarbeiter bekommt die gleiche Summe

heraus: Die Semco-Einheiten beschlossen, „das Geld gleichmäßig zu verteilen – jeder bekommt also die gleiche Summe. Nicht den gleichen prozentualen Anteil, sondern die gleiche Summe. Jemand, der 10.000 Dollar im Jahr verdient, bekommt also den gleichen Gewinnbeteiligungsscheck wie jemand, der ein Jahresgehalt von 100.000 Dollar hat."[181] Es lohnt sich, Ricardo Semler die eigenen Erfahrungen mit diesem System zu Ende erzählen zu lassen:

Den Schwanz eines Elefanten oder eine ganze Ameise?

„Das entspricht natürlich nicht dem üblichen Gewinnbeteiligungsmodell. Viele Unternehmen gehen einfach von einem prozentualen Anteil aus und beziehen ihn auf das jeweilige Einkommen der Mitarbeiter, so dass sich diese Art der Gewinnbeteiligung für die Leute an der Spitze mehr lohnt. Unsere Mitarbeiter haben dieses System umgedreht, und das ist uns auch recht. Jetzt trägt nämlich die Gewinnbeteiligung dazu bei, dass unsere Lohn- und Gehaltsstruktur ausgeglichener wird, und außerdem sind wir in der Lage, jene Mitarbeiter zu würdigen und zu belohnen, die auch ohne irgendwelche Titel jeden Tag zehn Stunden lang ihr Bestes geben. Als Hauptaktionär (...) muss ich allerdings zugeben, dass ich anfangs geglaubt habe, 23 Prozent wären schrecklich viel. In anderen Unternehmen liegt dieser Anteil zwischen acht und zwölf Prozent. Aber dann habe ich mir immer gesagt, dass ich gemeinsam mit einer motivierten Belegschaft mindestens so viel verdiene wie als alleiniger Nutznießer der Ergebnisse weniger inspirierter Arbeiter. Was wollen Sie lieber – den Schwanz eines Elefanten oder eine ganze Ameise?"[182]

4.1.4 – Relative Begrenzung von Manager-Einkommen

Die lange Zeit tabuisierte Diskussion über zu hohe Managergehälter ist mittlerweile auch in der deutschen Wirtschaft angekommen. Spiegel Online berichtet: „Die Rekordgehälter für Konzernbosse schrecken selbst Manager auf. In einem Brief an seine Dax-Kollegen rät Commerzbank-Aufsichtsratschef Klaus-Peter Müller laut ‚Handelsblatt' zu Obergrenzen für Vorstandsbezüge. Nicht aus Bescheidenheit, sondern aus Angst vor staatlichem Zwang."[183] Anlass dieser Meldung war das mit 16,6 Mio. Euro bezifferte Gehalt des VW-Vorstandsvorsitzenden Martin Winterkorn im Jahre 2011. Gewerkschafter hatten darauf aufmerksam gemacht, dass einem zweistelligen Anstieg der Bezüge bei Vorstandsmitgliedern ein nur 3,3%-iger Anstieg der Mitarbeitergehälter gegenübersteht.[184]

Bereits vor über 20 Jahren begrenzte der mehrfach zitierte brasilianische Unternehmer Ricardo Semler Manager-Einkommen in seinem Unternehmen Semco. Er erläutert seinen Ansatz wie folgt: „Es gehört zu unserer Unternehmensphilosophie, dass wir versuchen, für unsere Topgehälter höchstens das Zehnfache unserer niedrigsten Löhne anzusetzen."[185] Und Folker Hellmeyer, Analyst der Landesbank Bremen, stimmt ein: „Mir gefällt die Regelung, die wir vor 1990 hatten, nämlich dass ein Manager nicht mehr als das Zwanzigfache des Durchschnittsgehalts seiner Arbeitnehmer hatte, sehr gut."[186]

Im Gegensatz zu den Vorschlägen, die in den oben zitierten Dax-Kreisen diskutiert werden, erscheint eine relative Kennzahl zur Begrenzung von Manager-Einkommen besser geeignet als eine absolute Grenze, weil damit weder Rücksicht auf eine Branche noch auf die Entwicklung genommen werden muss. Eine solche Kennzahl gibt darüber hinaus eine Orientierung für eine vergleichsweise lange Zeit.

Selbstverständlich ist es schwer, die ‚richtige‘ Zahl zu finden. Ist das Zehnfache, das Zwanzigfache oder das Dreißigfache angemessen? An dieser Diskussion beteiligt sich auch Daniel Goeudevert, der bereits mehrfach zu Wort kam: „Eine einfache Antwort hierauf gibt es natürlich nicht, allenfalls so etwas wie ‚gefühlte‘ Grenzen. Denn wenn der Abstand zu groß wird, wenn die einen abheben und sich die anderen abgehängt fühlen, dann droht jeder soziale Zusammenhalt aufzubrechen, dann ist auf Dauer auch die politische und am Ende sogar die wirtschaftliche Stabilität gefährdet.“[187]

Auch wenn die Antwort nicht leicht fällt, scheinen die von Semler und Hellmeyer genannten Größenordnungen ‚in die Welt‘ zu passen. Jedenfalls erscheinen mir 100-Fache (Axel Springer Verlag), 400-Fache (Deutsche Bank) oder gar über 1.000-Fache Gehälter (Nokia) im Jahre 2008 ziemlich unanständig, auch wenn sich das Nokia-Beispiel auf die Diskrepanz zwischen dem Gehalt des Vorstandsvorsitzenden und seiner (damals noch) rumänischen Mitarbeiter bezieht. Ins Bild passen die Kommentare im Forum zur oben genannten Spiegel-Online-Meldung, von denen der erste Beitrag lautet: „Frag mich, wozu einer 26 Mille im Jahr braucht. Eine wäre schon mehr als genug. Aber das neue Motto in der BRD scheint zu sein: Gier ist geil.“[188]

Ob ein Manager nun das zehnfache oder das zwanzigfache Gehalt eines einfachen Mitarbeiters erhalten soll, hängt sicher auch von weiteren Konstellationen wie der Branche und der Unternehmensgröße ab. Wichtig ist aber, dass ein Unternehmen überhaupt das Thema Managergehälter auf die Tagesordnung setzt und eine akzeptable Grenze festlegt.

Noch werden Manager in einigen Gazetten gefeiert, wenn sie Rekordgewinne eingefahren haben und wie selbstverständlich reichlich davon für sich abzwacken. Der gleiche Manager würde in ein gänzlich anderes Licht gerückt, würde in einer Bilanz-Pressekonferenz zuallererst die Relation zwischen seinem Gehalt und dem Durchschnittsgehalt seiner Mitarbeiter verkündet. Diese Kennzahl gehört in jede Bilanzanalyse und mithin in jede ‚Erfolgs‘-Story!

4.1.5 – Verhinderung von Lohndumping

Viele Staaten haben einen gesetzlichen Mindestlohn, um gegen Lohndumping vorzugehen, Deutschland hat ihn (noch) nicht. Die Gegenargumente werden fast immer um den Begriff ‚Verhandlungsfreiheit‘ herum konstruiert; oder man verweist darauf, dass der Mindestlohn woanders auch nicht funktioniere. Aus den USA wird etwa das Beispiel berichtet, dass Reinigungskräfte in Fastfood-Restaurants kurzerhand zu Managern ernannt würden, um Einkünfte unterhalb des Mindestlohns zu ermöglichen. Beispiele für schlechte Umsetzung dürfen jedoch nicht dafür herhalten, die eigentliche Maßnahme in ein schlechtes Licht zu rücken. Dann muss man es eben besser machen.

Ernst zu nehmen sind allerdings die (neo-)liberalen Argumente. Man befürchtet, dass ein Eingriff in die Marktwirtschaft für einige am Wirtschaftsleben Beteiligte zu schlechteren Ergebnissen, sprich Einkommen führt. Für wen, wird absichtlich nicht gesagt. Vielmehr versucht man den Eindruck zu erwecken, dass sich das Einkommen aller oder zumindest der meisten am Wirtschaftsleben Beteiligten verschlechtert. Dieser intendierte und in vielen Köpfen bereits verankerte Eindruck ist gänzlich falsch. Die Befunde sprechen eine eindeutige Sprache: Die Schere zwischen Arm und Reich weitet sich zusehends. Die Armen verlieren in einem liberalisierten Markt, während die Reichen zunächst gewinnen, langfristig jedoch sogar das gesamte Wirtschaftssystem gefährden.[189] Joseph Stiglitz hat diesen Zusammenhang in seinem aktuellen Buch „Der Preis der Ungleichheit" deutlich herausgearbeitet.

Lohndumping ist nicht gut für eine Volkswirtschaft

Das Instrument des Mindestlohns könnte einen Beitrag leisten, dieser Entwicklung entgegenzuwirken. Aber es ist auch eine Frage

Der Mindestlohn als staatliches Instrument

des Anstands, einem Menschen, dessen Dienste man vollzeitig in Anspruch nimmt, so viel zu zahlen, dass er davon leben kann. Schließlich ist auch nicht einzusehen, dass die Allgemeinheit solche Dienste über soziale Hilfen subventioniert. Außerdem subventioniert man auf diese Weise letztlich die Unternehmer, die Dumpinglöhne bezahlen. Aber auch hier hört man häufig das Argument, es sei besser, einen Mitarbeiter mit Mindestlohn staatlicherseits zu subventionieren statt einen Arbeitslosen zu finanzieren. Gewiss, aber ist das denn die wirkliche Alternative? Werden alle Unterbezahlten nach Einführung eines Mindestlohnes arbeitslos? Schneiden wir uns dann selber die Haare? Pflegen sich die Pflegebedürftigen dann selbst? Werden dann die Kleinkinder ihre Kindertagesstätten selbst leiten? Wohl kaum!

Schon Ludwig Erhard hatte erkannt, dass die ‚unsichtbare Hand des Marktes‘ nicht alles zur Zufriedenheit aller Mitbürger regeln kann. Deshalb setzte er sich für eine soziale Marktwirtschaft ein. Eine soziale Marktwirtschaft ist geradezu geprägt von staatlichen Eingriffen. Insofern erscheint der Mindestlohn vielleicht als Beschränkung der reinen Marktwirtschaft, aber ganz sicher als ein zeitgemäßes Instrument zur Stabilisierung einer sozialen Marktwirtschaft.

Zweiklassengesellschaft durch Leiharbeit

Ein weiteres Problem des Lohndumpings stellt die Zweiklassengesellschaft dar: Leiharbeiter versus Belegschaft. Ursprünglich wurden Leiharbeiter eingesetzt, um sich saisonalen oder unvorhersehbaren Auftragsspitzen anzupassen. Heute werden Leiharbeiter weit verbreitet eingesetzt, um Löhne zu drücken. Auch wenn von Unternehmerseite und von Vertretern der Politik immer wieder versichert wird, dass dies angesichts der gesetzlichen Regelungen überhaupt oder nur sehr eingeschränkt möglich ist, zeigt die Praxis etwas anderes: Stellen, die bislang mit Facharbeitern besetzt wurden, werden zu Produktionshilfsstellen umgewidmet. Markus Breitscheidel beschreibt in eindrucksvoller Weise seine dunklen Erfahrungen als Leiharbeiter.[190] Es gibt Unternehmen, die in den untersten Hierarchiestufen ausschließlich Leiharbeiter beschäftigen und erst vom Vorarbeiter aufwärts mit eigenen Kräften arbeiten.

Natürlich fangen sich Unternehmen, die auf eine Zweiklassengesellschaft bei ihren Beschäftigten setzen, Probleme ein. Aber diese Probleme werden offensichtlich geringer eingeschätzt als der Nutzen niedriger Löhne.

Nun soll nicht das Kind mit dem Bade ausgeschüttet und Leiharbeit verboten werden. Denn das dadurch geschaffene Flexibilisierungspotenzial ist durchaus positiv zu bewerten. Außerdem eröffnet Leiharbeit bestimmten Menschen überhaupt eine Erwerbsmöglichkeit, vielleicht sogar eine Chance auf eine Vollbeschäftigung im entleihenden Unternehmen.

Die Ursache der Probleme, die im Zusammenhang mit Leiharbeit beklagt werden, ist mit dem im Vergleich zu anderen Ländern überregulierten Kündigungsschutz identifiziert. Die Mechanik ist ganz simpel: Je strenger der Kündigungsschutz ist, desto weniger sind Unternehmen zu Festeinstellungen bereit.

Strenger Kündigungsschutz als Problem

Die Folge der strengen Kündigungsschutzregeln sind nicht nur die zu vielen und überwiegend zu schlecht bezahlten Leiharbeiter, sondern auch die nicht besonders beliebten Zeitverträge. In diesem Fall ist also weniger mehr: Von einer Entschärfung der Kündigungsschutzregelungen würden meiner Meinung nach Arbeitnehmer und Arbeitgeber gleichermaßen profitieren.

Bedauerlicherweise ist das Thema Lohndumping in einigen Branchen kaum von den Unternehmen selbst in den Griff zu bekommen. Konkurrenten, die Lohndumping betreiben, haben einen Kosten- und damit einen Kalkulationsvorteil und drängen solche Unternehmen, die einen anständiges Lohn zahlen, aus dem Markt. Vor diesem Hintergrund erscheint der vorstehende Appell an die Politik gerechtfertigt.

Gleichwohl bleibt es Unternehmen, die einen anständigen Lohn zahlen, unbenommen, darauf in der Öffentlichkeit und gegenüber den Kunden und Lieferanten aktiv hinzuweisen. Aus der Fair-Trade-Szene ist bekannt, dass sich Kunden die Inanspruchnahme von Produkten und Dienstleistungen, die unter fairen Bedingungen erstellt werden, durchaus etwas kosten lassen.

Auch der Unternehmer Detlef Lohmann gibt ein gutes Beispiel dafür ab, dass eine anständige Bezahlung nicht nur kostet, sondern auch erheblichen Nutzen stiftet. Weiter oben (Abschnitt Wertschätzung im 3. Kapitel) hatten wir gesehen, dass er gegen den Trend Leiharbeitern als Ausgleich für die Flexibilitätserhöhung einen höheren Lohn zahlt als Festangestellten. Lohmanns Begründung: „Wer als Hilfsarbeiter angestellt ist, macht auch nur Hilfsarbeiten. Wer sich hingegen fair behandelt fühlt, der stellt auch seine ganze Arbeitskraft zur Verfügung und gibt sein Bestes. Die Frage ist also nicht: Wie viel bekomme ich von meinen Mitarbeitern? Sondern wie viel bin ich bereit zu geben? Denn wer viel gibt, bekommt auch viel zurück."[191]

Eine anständige Bezahlung stiftet Nutzen!

4.2 – Anständige Unternehmensführung im gesellschaftlichen Kontext

Einerseits fügen sich Unternehmen in die Gesellschaft ein, andererseits sind sie auch in der Lage, die Gesellschaft zu verändern. Die erstaunlich große Zahl von Lobbyisten, die in Berlin und andernorts die Politik und mithin die Gesellschaft zu beeinflussen suchen, unterstreicht diese Aussage. Welches Interesse hat eigentlich die Gesellschaft mit Blick auf die Unternehmen? Sie hat zum Beispiel ein Interesse daran, dass die Unternehmen nicht zu groß werden und die Gesellschaft dominieren. Ebenfalls von großem gesellschaftlichen Interesse ist es, dass Unternehmen die Gesundheit ihrer Mitarbeiter, Kunden, Lieferanten und anderer Bezugsgruppen nicht gefährden. Auch die Umwelt sollte nicht geschädigt werden. Diese und weitere Aspekte, die einer betriebswirtschaftlichen Sicht nicht oder nur kaum zugänglich sind, werden in diesem Abschnitt angeführt.

4.2.1 – Begrenzung der Größe von Organisationseinheiten

Mit Gigantomanie[192] wird das Streben, die Mitmenschen maßlos und demonstrativ zu übertreffen und dadurch die eigene Macht zu sichern, bezeichnet. Dabei ist spätestens seit dem biblischen Turmbau zu Babel bekannt, wohin Gigantomanie führt: Die Menschen verstehen sich nicht mehr, reden aneinander vorbei, sind kaum in der Lage, sich gegenseitig zu unterstützen. Und doch scheinen Teile der heutigen Wirtschaft nichts aus solchen Beispielen gelernt zu haben. Nie waren die Türme so hoch, nie waren die Unternehmen so groß wie heute.

Die gigantische Größe von Großkonzernen wird gern damit begründet, dass man Synergien nutzen möchte, dass maschinelle Anlagenparks die Finanzkraft von kleinen und mittleren Unternehmen übersteigen, dass die führende Köpfe in unserer Gesellschaft in Großunternehmen den richtigen Hebel finden. Über Babel ist man längst hinaus gewachsen, verfügt man doch beispielsweise mit Wissensmanagement-Systemen, Prozess- und Sprachenstandardisierung (Konzernsprache Englisch) über Instrumente, mit denen dem Sprachenwirrwarr wirksam begegnet werden kann. Vordergründig vielleicht, tatsächlich ist es um Kooperation und auch um Koordination in den Großunternehmen nicht gut bestellt. Zum Beispiel belegt die nach vielen Skandalen nunmehr erkannte Notwendigkeit, Gesetzesübertretungen der Mitarbeiter mit ‚Corporate Governance and Compliance' zu begegnen, dass Großunternehmen nur schwer zu lenken sind. Der als ‚Neutronen(bomben)-Jack' bekannt gewordene General-Electric-Lenker Jack Welsh, berüchtigt für seinen erbarmungslosen Umgang mit Mitarbeitern, lebte die Überzeugung, dass Großunternehmen nur mit ‚harter Hand' zu führen sind. Unternehmen wie Samsung[193] und Nokia scheinen seinem Beispiel zu folgen, wobei zu fragen ist, ob die Geschäfts- und Führungsprinzipien ‚Kontrolle und Angst' nicht auch Samsung dorthin führen wird, wo sich Nokia bereits befindet: Eine Unternehmenskrise löst die nächste ab und bestätigt die zunehmende Manövrierunfähigkeit des Giganten.

Begründungen für gigantische Unternehmen

Gustav Bergmann und Jürgen Daub teilen in ihrem Buch „Systemisches Innovations- und Kompetenzmanagement" diese Einschätzung mit folgender Begründung: „Konzerne und andere Großinstitutionen tendieren aufgrund der sehr indirekten und unpersönlichen Zusammenhänge zum Psychopathischen. Wenn man einen Konzern als Akteur betrachtet, zeigt er wesentliche Merkmale schwerer psychischer Störungen: selbstbezogen, gierig,

Konzerne tendieren zum Psychopathischen

unverantwortlich und rücksichtslos agieren diese Gebilde und externalisieren wesentliche Teile ihrer Risiken und Kosten. Es kümmert in den meisten Konzernen wenig, ob eine einzelne Person in persönliche Schwierigkeiten gerät."[194] Auch die Volkswirtschaftslehre hat erkannt, dass zu große Akteure den Wohlstand gefährden. Deshalb gibt es zu Recht Wettbewerbsregeln, mit denen eine marktbeherrschende Stellung vermieden werden soll. Dieser Ansatz weist in die gleiche Richtung, wie die hier erhobene Forderung, die Unternehmensgröße generell zu begrenzen. Statt aber die recht schwierig zu argumentierende, überwiegend auch nur subjektiv empfindbare marktbeherrschende Stellung festzustellen oder abzuwarten, erscheint es wesentlich einfacher und für alle Beteiligten auch verlässlicher, klare und objektiv messbare sowie nachvollziehbare Grenzen zu ziehen. Die politische, angesichts der Globalisierung sogar weltweit durchsetzbare Umsetzung einer solchen Forderung erscheint aus heutiger Sicht zugegebenermaßen allerdings fraglich.

Anzahl der Mitarbeiter als sinnvolles Maß

Ansatzpunkte für die Unternehmensgröße könnten die Anzahl der Mitarbeiter und absolute Umsatz- oder Gewinnzahlen sein. Betriebswirtschaftliche absolute Zahlen haben den Nachteil, dass den natürlichen Unterschieden zwischen den Wirtschaftszweigen, gegebenenfalls sogar den Branchen Rechnung zu tragen wäre. Beispielsweise erzielt die vom amerikanischen Staat ‚gerettete‘ Bank Fannie Mae[195] mit nur 7.300 Beschäftigten fast den gleichen Umsatz, den der Automobilkonzern Volkswagen mit fast 400.000 Mitarbeitern erreicht.[196] Deshalb sei an dieser Stelle der Vorschlag unterbreitet, dass sich Unternehmen eine maximale Anzahl von Mitarbeitern (einschließlich Leiharbeitern) als Obergrenze setzen. Um nicht utopisch zu werden, sollte sich diese maximale Mitarbeiteranzahl aber nicht auf das Unternehmen bzw. den Konzern beziehen, sondern auf diejenigen Mitarbeiter, die in einer wirtschaftlich selbstständigen Organisationseinheit miteinander arbeiten.

Ricardo Semler, der bereits mehrfach genannt wurde, schlägt dazu die sogenannte ‚Amöben-Methode‘ vor, die er wie folgt erläutert:

„Wann ist Großes zu groß? Der englische Autor Anthony Jay hat uns in seinem Buch ‚The Corporation Man' daran erinnert, dass wir fünf Millionen Jahre lang Jäger und Sammler und fast 300 Generationen lang Ackerbauern und Viehzüchter gewesen waren, während unser Industriezeitalter demgegenüber nur einen Wimpernschlag gewährt hat. Praktisch seit es Menschen gibt, haben wir immer kleinen Gruppen von normalerweise fünf bis fünfzehn Leuten angehört. Wie kann ein Unternehmen nur eine so uralte Erfahrung ignorieren und erwarten, dass sich seine Mitarbeiter an Gruppen von 1.000, geschweige denn 10.000 Menschen anpassen?

Selbstverständlich sollten Sie 10.000 Arbeiter einstellen, wenn Sie die entsprechenden Produkte und Märkte haben. Nur sollten Sie sie in kleinen Unternehmenseinheiten zusammenfassen. Ein Unternehmen kann mit seinen 1.000 Mitarbeitern geradezu gigantisch sein, wenn sie alle unter demselben Dach arbeiten. Umgekehrt gibt es kleine Unternehmen mit über 50.000 Arbeitern, aber hier arbeiten nicht mehr als ein paar hundert Menschen miteinander. (…)

Wann ist etwas Kleines klein genug? Für manche Unternehmen lautet die magische Zahl 500. Für andere mag das Maximum ein paar Dutzend betragen. Normalerweise allerdings werden Menschen ihr Leistungspotential nur dann ausschöpfen, wenn sie fast jeden in ihrer Umgebung kennen, und das ist im allgemeinen bei nicht mehr als 150 Menschen der Fall. Jedenfalls nach unserer Erfahrung. Auf der anderen Seite hatten wir nicht mehr als 200 Mitarbeiter, ehe wir die Fabrik in Ipiranga aufteilten – aber die Hauspost brauchte zwei Tage, um von einer Abteilung zur anderen zu gelangen, und das bei einer Entfernung von weniger als 300 Metern. Da war er wieder, der Gigantismus."[197]

Bergmann und Daub bestätigen in Anlehnung an den Anthropologen Robin Dunbar diese Einschätzung: „In der Regel kennt ein Mensch auf Anhieb nicht mehr als 150 Personen. Die Kommunikation in einem sozialen Netzwerk beziehungsweise sozialen System ist nur bis zu der Zahl von 150 Personen gut handhabbar. Danach wird es für den Menschen unübersichtlich. (…) Bei Primaten hat Dunbar beobachtet, dass die durchschnittliche Gruppengröße ca.

Die magische Zahl: maximal 150 Mitarbeiter

55 Mitglieder beträgt. Da Menschen in der Regel das Dreifache an Kommunikationskontakten aufnehmen können, kommt er auf die Zahl 150." Bergmann und Daub schließen daraus: „Große Unternehmenseinheiten oder stark wachsende Kleinunternehmen sind deshalb zu dezentralisieren und in sich selbstorganisierende Bereiche aufzuteilen."[198]

In meiner Dissertation habe auch ich mich bereits vor vielen Jahren damit befasst, Unternehmen so zu organisieren, dass überschaubare, sich selbst steuernde Einheiten entstehen. Diese ‚Abteilungen mit Unternehmersinn (AmU)', wie ich sie auf Anregung meines Doktorvaters Dieter Ahlert in Anlehnung an eine Begriffswahl Eugen Schmalenbachs genannt habe, „ermöglichen eine dezentrale, partizipative Problembewältigung. AmU eröffnen den Mitarbeitern weite Spielräume zur eigenverantwortlichen Entscheidungsfindung."[199]

4.2.2 – Unternehmen als Handelsware

Heuschreckenplage

Einige politische Gruppierungen beklagen eine sogenannte ‚Heuschreckenplage'. Gemeint sind Finanzinvestoren, die über die Handels- und Industrielandschaft herfallen und mit ihrem Engagement so schnell wie möglich reich werden wollen. Dabei gehen die Finanzinvestoren in den meisten Fällen nach ähnlichen Strickmustern vor:

> ➢ *Erstens:* Selbst bei geringen Beteiligungen, die teilweise nicht einmal 5 % des Eigenkapitals betragen, wird einseitig erheblicher Einfluss auf das Management genommen. Dabei macht man sich zu Nutze, dass sich die Aufsichtsgremien deutscher Unternehmen traditionell recht bequem eingerichtet haben und die Unternehmenspolitik praktisch kaum beeinflussen. Überraschungsmanöver, die sich ausschließlich für den Shareholder (Eigenkapitalgeber) und nicht oder kaum für die Arbeitnehmer, für die Kunden und für die Lieferanten auszahlen, führen in einer solchen Lage leicht zum Ziel. Um den Ideen der ‚Heuschrecken'- Minderheit zum Durchbruch zu verhelfen, wird eine geschickte, teilweise manipulierende Öffentlichkeitsarbeit betrieben sowie auf eine extreme, das

Management verunsichernde und lähmende Ausnutzung
aller rechtlichen Möglichkeiten gesetzt.

Der kurzfristige Erfolg
steht im Mittelpunkt

➤ *Zweitens:* Inhaltlich geht es den ‚Heuschrecken' fast immer
um die Durchsetzung gleicher unternehmenspolitischer
Inhalte: Kurzfristig soll das Unternehmen (auf dem Papier)
erfolgreicher werden durch

- ◆ extreme Standardisierung von Prozessen und Produkten,
  das heißt: Verschlankung ‚bis zum Anschlag', die auf
  Kosten der Kunden und der Zukunft betrieben wird und
  an Magersucht erinnert,
- ◆ Verkauf angeblich unrentabler Unternehmensteile,
- ◆ Outsourcing angeblich unrentabler Unternehmensfunk-
  tionen,
- ◆ bewussten Verzicht auf zukunftssichernde Maßnahmen
  (Forschung und Entwicklung, Marketing, Aus- und
  Weiterbildung, Reinvestition),
- ◆ Ersatz von eigenen Mitarbeitern durch Leiharbeiter und
- ◆ Rücknahme der sogenannten ‚Überkapitalisierung',
  indem zum Beispiel Ausschüttungen an die Eigenkapi-
  talgeber durch Kredite finanziert werden und damit das
  Unternehmen selbst die Übernahme durch die neuen
  Kapitalgeber finanziert.

Darüber hinaus wird sehr häufig eine Rücknahme falscher strategischer Entscheidungen beobachtet. Mit diesem aus heutiger
Sicht völlig richtigen Schritt soll dem Managementfehler Nr. 1
der 1980er Jahre, der Diversifikation um jeden Preis, begegnet
werden.

➤ *Drittens:* Die extrem kurzfristige Erfolgsorientierung der
heuschreckendominierten Unternehmen führt zu nicht
gerechtfertigten Überbewertungen der Unternehmen, so dass
das eigentlich ‚ausgeschlachtete' Unternehmen zu guter Letzt,
also beim Verkauf, den Investoren zu zusätzlichen, völlig
überhöhten Einnahmen (auf Kosten der nachfolgenden
Investoren) verhilft.

Derartige Praktiken sind eindeutig als unanständig zu brandmar-
ken. Diese Bewertung müssen sich auch Unternehmen gefallen

Überprüfen Sie Ihre
Geschäftsbeziehungen!

lassen, die zwar selbst diese Praktiken nicht anwenden, aber durchaus Geschäftsbeziehungen zu solchen ‚schwarzen Schafen‘ unterhalten. Auch in dieser Hinsicht sollten sich Industrie und Handel ihre Lieferanten und Banken ihre Kapitalnehmer genau anschauen.

Selbstverständlich ist auch der Gesetzgeber aufgerufen, einen Rahmen zu schaffen, der derartige Praktiken ausschließt. Hierzu zwei Gedanken:

a) Dieses Gebaren lässt sich durch Einschränkung der Manipulationsspielräume vermeiden, damit ein Unternehmen sich nicht besser darstellen kann als es ist. Bekanntlich bieten die Regelungen in Deutschland deutlich mehr Bewertungsspielräume als etwa die Regelungen im angelsächsischen und im nordamerikanischen Raum.

b) Darüber hinaus müsste durch geeignete Veräußerungssperren kurzfristiges Spekulieren unterbunden werden. Es kann nicht sein, dass eine Aktie – also ein Anteil an einem Unternehmen, in dem hunderte oder tausende Mitarbeiter ihr tägliches Brot verdienen – eine Stunde nach Erwerb wieder verkauft werden kann. Ebenso wenig kann es sein, dass Finanzinvestoren an fallenden Kursen verdienen. Die Börse muss wieder eine Börse werden, an der Unternehmen und Unternehmensteile in guter oder zumindest strategischer Absicht gehandelt werden. Wetten und kurzfristige Spekulationen sollten schlicht ausgeschlossen werden. Angesichts der Konkurrenzsituation auf dem internationalen Parkett erscheint diese Forderung naiv. Aber warum sollte eine Börse nicht auch auf ethische Grundwerte setzen und damit ihre Einzigartigkeit untermauern? Einige Banken wie die EthikBank aus Eisenberg oder die GLS Bank aus Bochum haben sich diesen Ansatz zu eigen gemacht und sind damit in den letzten Jahren höchst erfolgreich gewesen.

4.2.3 – Mitbestimmung der Mitarbeiter

Die Mitbestimmung stößt in Deutschland auf wenig Gegenliebe

In Deutschland gibt es eine tief verwurzelte, traditionsreiche Arbeitnehmermitbestimmung, die allerdings auf Seiten der Arbeitgeber und Investoren oftmals auf wenig Gegenliebe stößt, befürchtet man doch eine Einschränkung der Befugnisse oder auch nur einen Zwang zur Rechtfertigung.

Ricardo Semler beschreibt anschaulich den Hintergrund: „Selbst in den größten Unternehmen entscheiden selten mehr als ein halbes Dutzend Menschen über die Strategie des Unternehmens und das Los ihrer Mitarbeiter. Angesichts einer derart brutalen Machtkonzentration kommen sich Arbeiter klein und unbedeutend vor. Als sie lange genug von Hitze, Rauch und endloser Monotonie ihrer Arbeit müde und ausgebrannt waren, dazu noch von Minderwertigkeitsgefühlen deprimiert, bildeten die Arbeiter Gewerkschaften; und diese sorgten schon bald dafür, dass die Löhne erhöht wurden. Schließlich legten sie den Unternehmen eine Zwangsjacke von Vorschriften an, wodurch ihre Mitglieder ein bisschen mehr Kontrolle über ihr eigenes Leben erhalten sollten. Es kam zu Auseinandersetzungen – mit dem Ergebnis, dass alles zunehmend ineffizienter wurde."[200]

Immerhin bedeutet die Mitbestimmung für die Arbeitnehmer einen Schutz vor Willkür. Im Falle guter Umsetzung muss es jedoch nicht zu der von Semler beschriebenen unheilvollen Machtkonzentration auf Arbeitgeber- und Arbeitnehmerseite mit den beschriebenen Folgen kommen; vielmehr kann Mitbestimmung auch Gutes für beide Seiten bewirken: Das wichtigste Feedback erhält ein Unternehmen aus dem Markt, das schnellste Feedback erhält es von den eigenen Mitarbeitern. Insofern kann man die Mitbestimmung, wenn man denn will, auch als ein vergleichsweise früh warnendes Controlling-Instrument begreifen. Mitbestimmung wird allerdings sehr häufig als Verteilungsplattform verstanden, auf der es allen Beteiligten darum geht, ein möglichst großes Stück aus einem zu verteilenden Kuchen herauszuschneiden. Darüber wird gern vergessen, dass es durch echte Mitbestimmung, durch Kooperation, gelingen könnte, den Kuchen ein oder zwei Nummern größer ausfallen zu lassen und damit allen Beteiligten im Sinne einer Win-Win-Situation einen zusätzlichen Nutzen zu stiften. Unter dem Strich sieht es Ricardo Semler trotz der düsteren Beschreibung dann auch so: „Einige Unternehmen (haben) einen Ausweg aus diesem Dilemma gefunden – meist sind es jüngere

Firmen, die noch nicht in einer traditionellen Denkweise befangen sind. Sie wenden neue Rezepte an, wie sie mit ihren Mitarbeitern in Frieden leben und sie stärker in das Unternehmen und seine Zielsetzungen einbeziehen können. Und genau ein solches Unternehmen wollte ich aus Semco machen."[201]

Mitbestimmung als Quelle des Erfolgs

Konsequenterweise führte Semler freiwillig eine sehr weitgehende Form der Mitbestimmung ein und forderte die Mitarbeiter auf, „Komitees zu bilden, die aus Vertretern aller Betriebsbereiche bestanden – außer dem Management. Maschinisten, Mechaniker, Büroangestellte, Serviceleute, Lagerarbeiter, technische Zeichner – jede Gruppe sollte einen Delegierten in diese Komitees entsenden, die regelmäßig mit den Top-Managern in jedem Werk zusammenkommen würden. (…) Wir verliehen ihnen ein umfangreiches Mandat und sagten ihnen, sie müssten sich um die Interessen der Arbeiter kümmern. Die Mitglieder dieser Komitees würden sogar bezahlte arbeitsfreie Zeit bekommen, damit sie sich ihrer neuen Aufgabe widmen konnten, wobei wir durchaus erwarteten, dass das zu Forderungen nach kürzerer Arbeitszeit, höheren Löhnen, verbesserten Arbeitsbedingungen und vielleicht sogar nach besserem Essen in unseren Kantinen führen würde."[202] Trotz großer Skepsis auf allen Seiten, bei den Management-Kollegen und den Mitarbeitern, bei den Industrieverbänden und den Gewerkschaften, gab der Erfolg Semler schließlich Recht: „In den zurückliegenden Jahren (…) übernahmen die Komitees, die anfangs so bedrohlich schienen, unglaublich viel unternehmerische Verantwortung und trugen so erheblich zum Erfolg von Semco bei."[203]

In Sachen Mitbestimmung fahren viele Unternehmenslenker nach wie vor eine Vermeidungsstrategie und nutzen die entsprechenden rechtlichen Möglichkeiten, insbesondere bei der Ausgestaltung der Unternehmensrechtsform. Die Ausprägung der Mitbestimmung hängt nämlich entscheidend von der Unternehmensgröße und der Unternehmensrechtsform ab. Je kleiner ein Unternehmen ist und je näher ein Investor in den betrieblichen Alltag eingebunden ist, desto weniger Mitbestimmung ist notwendig, scheint der Gesetzgeber zu denken. Im Sinne der Vermeidungsstrategie werden deshalb Unternehmen künstlich klein gehalten (Verschachtelung) und/oder Pseudo-Personengesellschaften wie die GmbH & Co. KG angestrebt.

Die Vorstellungen des Gesetzgebers erscheinen in heutiger Zeit überholt. Warum sollten nicht auch Kleinstunternehmen mitbestimmt sein? Auch eine noch so kleine Gemeinschaft kann von der ganzheitlichen Sicht nur profitieren, vorausgesetzt, dass diese Gemeinschaft zu einem echten Dialog fähig ist. Und warum sollten nicht auch Personengesellschaften mit den gleichen Mitbestimmungsregeln ausgestattet werden wie Kapitalgesellschaften? Einheitliche Mitbestimmungsregeln, über alle Rechtsformen und Unternehmensgrößen hinweg, erscheinen mir vor dem geschilderten Hintergrund als logische Konsequenz.

4.2.4 – Einhaltung von Gesetzen und Selbstverpflichtungen

Es versteht sich von selbst, dass anständige Unternehmer und Manager alle Regeln, die der Gesetzgeber vorschreibt oder die man sich im Rahmen einer Selbstverpflichtung selbst auferlegt hat, einhalten wollen. Gleichwohl kann auch der Anständigste in Situationen geraten, in denen die Einhaltung der Regeln schwerfällt: Was ist zu tun, wenn der Auftraggeber ein großzügiges Geschenk erwartet, bevor er den Auftrag erteilt? Muss ich jedem Gerücht über Kinderarbeit nachgehen, wenn mein Lieferant eine Topqualität zu unschlagbaren Preisen liefert? Darf ich mir Geld bei einer Bank borgen, die auch Geschäfte mit dem ‚organisierten Verbrechen' tätigt?

Jeder Mensch ist anfällig für den ‚Sündenfall'. Das gilt selbst für den Anständigsten, und eben gerade auch für seine Mitarbeiter.

Ein Unternehmen haftet für die Verfehlungen seiner Mitarbeiter und muss deshalb vorbeugende Maßnahmen ergreifen. In jüngster Zeit haben sich für diese Aufgaben die Begriffe ‚Corporate Compliance' und ‚Corporate Governance', die teilweise zusammen (‚Corporate *and* Governance Compliance'), aber auch alternativ und synonym verwendet werden, auch im deutschsprachigen Sprachraum durchgesetzt. In freier Übersetzung geht es um das ‚unternehmensweite Beachten und Durchsetzen' „gesetzlicher

Corporate Compliance and Governance

Vorgaben und unternehmensinterner Regularien" sowie „weiterer
Anforderungen, die im Interesse der Stakeholder liegen."[204]
    Roland Hartwig, der maßgeblich am Compliance-Programm
der Bayer AG mitgearbeitet hat, erläutert das Ziel dieser Aktivitäten: „Wir wollen mit unserem Programm allen Mitarbeitern ein
Bewusstsein vermitteln, das ihnen hilft, sich in jeder Situation
richtig und eben auch verantwortungsbewusst zu verhalten, und
das auch in den Situationen, in denen keine klaren rechtlichen
Vorgaben bestehen."[205]

Die Diskussion um die Einhaltung von Gesetzen und Selbstverpflichtungen hat in vielen Unternehmen dazu geführt, dass
entsprechende Strukturen aufgebaut wurden. Auch wenn die Un-
ternehmensspitze die letzte Verantwortung behält, werden in den
Unternehmen gern Stellen oder Abteilungen eingerichtet, die sich
auf Compliance oder, um einen älteren Begriff zu bemühen, auf
die ‚interne Revision' spezialisieren. Die Aufgaben eines solchen
‚Corporate-Compliance-Office' listen Christof Menzies u.a. wie
folgt auf:

➢ „Vorgabe eines Rahmens mit Methoden und Inhalten, der bei
    der Umsetzung der jeweiligen Compliance-Anforderungen
    eingehalten werden muss.

➢ Beratung und Unterstützung der Geschäftsbereiche und
    Unternehmenseinheiten bei allgemeinen Fragen zur Umset-
    zung bis hin zur spezifischen Problemlösung.

➢ Aufbau eines internen Kompetenz-Centers, das die unterneh-
    mensweit gesammelten Erfahrungen für die kontinuierliche
    Verbesserung der Compliance-Maßnahmen zur Verfügung
    stellt.

➢ Überwachung der konsistenten und zeitgerechten
    Umsetzung der jeweiligen Maßnahmen in den relevanten
    Geschäftsbereichen und Unternehmenseinheiten.

➢ Berichterstattung zur effektiven Umsetzung der Maßnahmen
    und zur aktuellen Compliance-Situation im gesamten
    Unternehmen (z.B. an den Aufsichtsrat)."[206]

Dieser noch vage Katalog ist um den Kern der Compliance-Aktivitäten zu ergänzen:

➤ Annahme von Anzeigen zu (vermeintlichen) Compliance-Verstößen,

➤ Aufdeckung von Compliance-Verstößen und

➤ Einleitung von Maßnahmen nach Aufdeckung eines Compliance-Verstoßes.

Selbstverständlich sind in einem Corporate-Compliance-Office „besondere Anforderungen an die Kompetenz, die Integrität und das Führungsverhalten der jeweiligen Mitarbeiter"[207] zu stellen. Darüber hinaus ist festzulegen, ob Mitarbeiter in einem Corporate-Compliance-Office neben dieser Aufgabe weitere Aufgaben übernehmen sollen. Insbesondere in kleinen Unternehmen ergibt sich das Problem, dass Mitarbeiter, die sich um Compliance kümmern, damit nicht ausgelastet sind.

In jedem Fall ist Compliance eine hoheitliche Aufgabe, die regelmäßig auch unangenehme Gespräche mit Verdächtigen zur Folge hat. Mit viel Fingerspitzengefühl lässt sich vielleicht vermeiden, dass sich Mitarbeiter aus dem Compliance-Office einen zweifelhaften Ruf als ‚Spitzel' oder ‚Schnüffler' erwerben. Trotzdem bleibt Compliance eine überwachende, hoheitliche Tätigkeit, die gegebenenfalls von Tätigkeiten im Leistungserstellungs- und im Dienstleistungsprozess abzugrenzen ist. Zum Beispiel ist es nur schwer vorstellbar, dass ein Mitarbeiter aus der Personalentwicklung gleichzeitig Compliance-Beauftragter ist.

Compliance ist eine hoheitliche Aufgabe

Es empfiehlt sich also, einen eigenen Verantwortungsbereich für Compliance zu schaffen, der unabhängig von bestehenden Hierarchien und Aufgaben agieren kann. Idealerweise ist der oberste Compliance-Beauftragte selbst Mitglied der Geschäftsleitung oder untersteht dieser unmittelbar. Allerdings muss die Konstruktion wohl durchdacht werden. In vielen Unternehmen liegt es nahe, Compliance im Bereich allgemeiner oder kaufmännischer Verwaltung anzusiedeln. Gerade diese Bereiche haben sich in letzter Zeit viel Mühe gegeben, sich im Gefolge vertrauensbildender Maßnahmen von einer hoheitlichen zu einer dienstleistenden Institution zu entwickeln. Deshalb ist darauf zu achten, dass das Compliance-Office mit seinem hoheitlichen Auftrag deutlich von der übrigen Verwaltung abgegrenzt wird. Einem Geschäftsleitungsmitglied, in dessen Ressort Compliance fällt, sei angeraten, sich nicht in die operative Compliance-Arbeit einbinden zu lassen. Eine unzureichende und undeutliche Abgrenzung der Compliance-Aktivitäten von den sonstigen Verwaltungsaufgaben könnten die Mitarbeiter als einen Rückfall in alte Zeiten interpretieren.

Umsetzung
in der Praxis

Roland Hartwig erläutert, wie Compliance bei der Bayer AG organisiert ist: „Wir haben flächendeckend sogenannte Compliance Committees eingerichtet und Compliance Officer berufen. Die Teilkonzerne setzen dann dezentral die Schwerpunkte, die für ihr jeweiliges Geschäft wichtig sind. Konzernweit geben wir hier lediglich Mindeststandards vor. So müssen die Compliance Officer der Teilkonzerne entweder der jeweiligen Geschäftsleitung selbst angehören oder direkt an sie berichten. Die Compliance Committees haben die Aufgabe, mitgeteilte Compliance-Verstöße zu untersuchen und gegebenenfalls erforderliche Korrekturmaßnahmen zu veranlassen. Alle Compliance Committees berichten mindestens einmal jährlich dem Vorstand der Bayer AG über mitgeteilte Compliance-Verstöße, durchgeführte Untersuchungen und ihre Ergebnisse, über ergriffene Korrektur- und Disziplinarmaßnahmen und die unter dem Compliance-Programm veranlassten systematischen Ausbildungs- und Umsetzungsmaßnahmen. Darüber hinaus überprüft die Konzernrevision in regelmäßigen Abständen die Einhaltung des Compliance-Programms."[208]

4.2.5 – Verschiedenartigkeit

Die Führungsaufgabe ‚Koordination' erscheint umso schwieriger und wichtiger, je verschiedenartiger das zu führende Unternehmen bzw. Team ist. Schon lange sind es die meisten Führungskräfte gewohnt, mit Männern und Frauen zusammen zu arbeiten. Dabei ist es noch gar nicht so lange her, dass es selbst in Schulen getrennte Klassen für Mädchen und Jungen gab. Sogar reine Jungen- und Mädchenschulen waren üblich; es gibt sie vereinzelt auch heute noch.

Genauso selbstverständlich ist es mittlerweile, dass Mitarbeiter aus verschiedenen Lebensphasen miteinander arbeiten. Während in vorindustriellen Arbeitsgemeinschaften mit dem Alter auch die Machtfülle und der Herrschaftsanspruch zunahmen, scheint sich dies heutzutage aufgelöst zu haben: Manager, die Mitarbeiter führen, die ihre Eltern sein könnten, sind keine Seltenheit.

Selten dagegen ist es noch, Menschen mit Behinderungen zu integrieren. Während integrative Klassen in der Schulpolitik den Pilotstatus überwunden haben und es mittlerweile eine gesetzliche Pflicht zur sogenannten ‚Inklusion' gibt, scheint dieser Ansatz in der Unternehmenswirklichkeit noch nicht angekommen zu sein. Nach wie vor werden für diesen Kreis fast ausschließlich spezielle Institutionen eingerichtet, während diese Personen aus der kommerziellen Erwerbswirtschaft weitgehend ausgeschlossen werden. Die Verschieden- bzw. Andersartigkeit Behinderter scheint (noch) nicht akzeptabel. Der querschnittsgelähmte Philippe Pozzo di Borgo, dessen Geschichte in „Ziemlich beste Freunde" verfilmt wurde und dessen Buch danach auch die Bestsellerlisten anführte,[209] antwortet auf die Frage, ob es mehr Behinderte in Führungspositionen geben sollte: „Dass sich die Behinderung im täglichen Leben unserer Gesellschaft wiederfindet, ist ungemein wichtig. Wenn Sie einen Rollstuhl in eine Versammlung stellen, schaffen Sie einen Teamgeist. Der Rollstuhl bildet dann einen sozialen Zusammenhalt, in der Politik, im Unternehmen, im Verein oder in der Familie, egal wo. Außerdem ist ein Behinderter zweimal leistungsfähiger und cleverer als einer, der auf zwei Beinen steht." Die Begründung für den letzten Satz liefert Samuel Koch, der während der Sendung „Wetten, dass…?" verunglückte und später in einem Interview versichert, „dass sich das Tetraplegikergehirn[210], etwa wie das Blindengehör, zu einem Hochleistungsprozessor entwickeln kann. Wo Sensibilität fehlt, wie in unseren Körpern, wird sie einfach woanders gebündelt."[211]

Im Zusammenhang mit Verschiedenartigkeit ist natürlich auch die Globalisierung zu erwähnen. Denn schließlich hat die Globalisierung dazu geführt, dass nicht nur Unternehmen aus verschiedenen Ländern und Kulturen miteinander Geschäfte machen; vielmehr trifft man die verschiedenen Kulturen im Gefolge dieser

Entwicklung mehr und mehr auch in den Unternehmen selbst und in ihren Teams an.

In der Literatur zur Diversität, wie die Verschiedenartigkeit auch im wissenschaftlichen Umfeld genannt wird, findet sich die Empfehlung, dass ein erfolgreiches Unternehmen, das auf heterogenen Märkten zu Hause ist, diese Heterogenität auch im Unternehmen abbilden sollte. Michael Kutscher und Stefan Schmid begründen diesen Zusammenhang in ihrem Standardwerk zum internationalen Management selbst für solche exportorientierte Unternehmen, für die Diversität bislang noch kein Thema ist: „Zwar können Unternehmungen versuchen, die landeskulturelle Prägung der Gastländer zu ignorieren, wie dies insbesondere in ethnozentrisch ausgerichteten Unternehmungen der Fall ist; jedoch dürfte selbst bei ethnozentrischen Unternehmungen eine gewisse Anpassungsnotwendigkeit bestehen."[212]

Der bekannte Management-Berater Roland Berger unterstreicht die Notwendigkeit zur Diversität mit Blick auf die schwierige Führung heterogener Teams: „Langfristig werden multinationale Teams, wie sie in der Strategieberatung seit vielen Jahren gang und gäbe sind und für jedes Projekt neu formiert werden, in allen Unternehmen selbstverständlich sein. Dies fördert die Unternehmenskultur und -leistung, bringt den Beteiligten offensichtliche Vorteile wie die Kenntnis unterschiedlicher Sprachen, Kulturen und Märkte – und fordert die Führung."[213]

Diversität im Führungshandeln

Was bedeutet es also nun, Diversität in Führungshandeln einzubeziehen? Manager früherer Generationen sind häufig davon ausgegangen, dass ‚andersartige' Menschen aus sich heraus den Wunsch hätten, sich zu assimilieren. Das galt für den Umgang mit polnischen Bergarbeitern im 19. Jahrhundert genauso wie für den Umgang mit italienischen, spanischen und später auch türkischen Arbeitnehmern im Deutschland des 20. Jahrhunderts. Mittlerweile ist aber bekannt, dass Arbeitnehmer ihre kulturelle Identität und ihren bevorzugten Lebensstil nicht vollständig aufgeben. Im Gegenteil: Einige Menschen betonen ihre kulturelle ‚Andersartigkeit' in einer fremden Umgebung noch stärker, als sie dies in ihrer Heimat tun würden. So etwas ist zum Beispiel aus Teilen Kanadas, in denen Französisch gesprochen wird, und aus deutschstämmigen Siedlungen Südamerikas bekannt.

Nach Stephen P. Robbins stehen Organisationen daher vor der Herausforderung, für verschiedenartige Menschengruppen zugänglicher zu werden: „Von einer Philosophie der allgemeinen Gleichbehandlung müssen Manager dazu übergehen, Unterschiede anzuerkennen und in einer Weise darauf zu reagieren, dass die Beschäftigten bleiben und die Produktivität steigt, jedoch keine Diskriminierung stattfindet. (…) Wenn das Management positiv mit Diversität umgeht, kann sie in Organisationen sowohl Kreativität und Innovation steigern als auch die Entscheidungsfindung verbessern, indem Probleme aus unterschiedlichen Perspektiven beleuchtet werden. Wenn das Management hingegen nicht richtig reagiert, birgt Diversität Potenzial für eine höhere Fluktuation, erschwerte Kommunikation und vermehrte interpersonale Konflikte."[214]

Für Connie Voigt, die sich als Coach und Journalistin dem Spezialgebiet ‚Interkulturelles Führen' widmet, bedeutet Leadership, „sich intensiver der wachsenden Meinungsvielfalt zu widmen, gemeinsam im interkulturellen Team zu analysieren, um erst dann Entscheidungen zu fällen oder Meinungen offiziell zu vertreten."[215]

Hilfreich erscheint in diesem Zusammenhang das Konstrukt des sogenannten ‚dritten Raumes', welches Barbara Greutter vorschlägt: „In diesem ‚dritten Raum' wird die eigene Kultur verlassen, aber keine fremde Kultur vollständig aufgesucht. (…) Der dritte Raum ist das Ergebnis aus Interaktionen und stellt eine ausgehandelte Vermischung kulturellen Verhaltens unterschiedlicher Herkunft dar. Aufgabe der Führungskraft ist es, diesen dritten Raum für die interkulturelle Zusammenarbeit aktiv zu gestalten, um so die Synergien zu nutzen, die sich aus der gemischt-kulturellen Zusammenarbeit ergeben. Zum einen benötigt die Führungskraft interkulturelle Kompetenzen wie Selbstreflexion, Metakommunikation, Ambiguitätstoleranz [= Andersartigkeit aushalten können] sowie Konstruktneutralität [=Offenheit gegenüber dem Weltbild des anderen] und muss sicherstellen, dass auch die Teammitglieder diese wesentlichen Fähigkeit haben [bzw. entwickeln]."[216] Zum anderen

Der ‚dritte Raum'

solle durch Teamentwicklungsmaßnahmen, die im Wesentlichen aus (wenn nötig, auch fremd) moderierten Workshops bestehen, der erwähnte dritte Raum sukzessive konkretisiert werden. Dabei sind gemeinsame Ziele und ggf. Visionen, Rollen und Regeln zur Förderung der Zusammenarbeit und die komplementären Stärken der Teammitglieder zu thematisieren.[217]

4.2.6 – Wohlgefühl

‚Das Leben ist kein Ponyhof‘ gilt als geflügeltes Wort dafür, dass das Leben manchmal hart und ungerecht ist. Der Spruch trifft insbesondere auf das Arbeitsleben zu, zeigt Christoph Maria Herbst mit seiner Comedy-Figur ‚Stromberg‘, die das Ponyhof-Zitat ständig benutzt: Ein völlig inakzeptabler Bürovorsteher zeigt Woche für Woche im deutschen Fernsehen, wie Führung nicht funktioniert – und die ganze Nation lacht darüber, weil sie sich wiedererkennt?

Der Anti-Chef: Bernd Stromberg aus der Comedy-Serie

Bei ‚Stromberg‘ und in ‚The Office‘, der englischen Vorlage, fühlt sich jedenfalls niemand wohl, Mobbing ist an der Tagesordnung, geleistet wird eigentlich nichts. Die Mitarbeiter Strombergs befinden sich untereinander und in Beziehung zu ihrem Chef in einem ständigen Spannungsverhältnis. Das Versicherungsunternehmen, in dem Bernd Stromberg wirkt, erscheint als Ort, in dem der Zuschauer ungern angestellt wäre, so dass der zum Schluss resümiert: So schlimm ist es an meinem Arbeitsplatz nicht.

Ich schließe daraus: Die in dieser Comedy-Serie gespielten, teilweise menschenverachtenden Szenen werden zumindest mit dem Alltag am Arbeitsplatz assoziiert. Über die überzeichneten Situationen lässt sich im Fernsehsessel gut lachen, das Interesse dafür gründet jedoch in der eigenen Betroffenheit.

Dies unterstreicht noch einmal die zu Beginn dieses Buches genannten Befunde, dass schlechte Führung, Mobbing und Burnout sehr weit verbreitet sind. Im Verlaufe der Lektüre sollte klar geworden sein, dass es nicht die Aufgabe von Führung ist, den Mitarbeitern Steine in den Weg zu legen. Vielmehr geht es darum, Möglichkeiten zu schaffen, mit denen zusammen mit den Mitarbeitern das Unternehmen (weiter-)entwickelt werden kann.

Eine wesentliche Voraussetzung für die Schaffung von Entwicklungsmöglichkeiten ist es, dass sich die Mitarbeiter wohlfühlen. Deshalb ist es hilfreich, wenn Führungskräften die körperliche und psychische Gesundheit ihrer Mitarbeiter am Herzen liegt. Das heißt nicht, dass die Mitarbeiter ‚in Watte zu packen' sind. Stress und insbesondere Anstrengung sind einerseits nicht zu vermeiden, andererseits wäre das (Arbeits-)Leben ohne Stress und Anstrengung ziemlich langweilig. Wie wir weiter oben gesehen haben, kann Anstrengung durchaus auch Freude bedeuten. Es ist aber darauf zu achten, dass Stress und Anstrengung keine langfristig gesundheitsschädigenden Auswirkungen haben.

Voraussetzungen für Entwicklung

Es lässt sich eine Vielzahl von Angeboten entwickeln, die auf das Wohlgefühl der Mitarbeiter abzielen. Wichtig für die Führungskraft ist zuallererst, überhaupt zu erkennen, dass sie selbst tagtäglich das Wohlgefühl der Mitarbeiter aktiv und passiv beeinflusst und dass sie deshalb eine Zuständigkeit für das Wohlgefühl der Mitarbeiter besitzt. Erst wenn sich diese Erkenntnis manifestiert hat, ist zu überlegen, welche Maßnahmen ergriffen werden können.

Eine Fülle von Maßnahmen lässt sich aus dem beruflich-privaten Spannungsfeld der Mitarbeiter entwickeln, wobei selbstverständlich nicht alles, was machbar erscheint, auch bezahlbar ist. Die Einsicht in begrenzte Ressourcen erfordert, in Abhängigkeit von der tatsächlichen Notwendigkeit Prioritäten zu setzen. Dazu sind Gespräche mit den Mitarbeitern unerlässlich.

So mancher Führungskraft sind die privaten Belastungen der Mitarbeiter aus der Familie nicht einmal bekannt: Hat mein Mitarbeiter die Möglichkeit, durchzuschlafen, oder zwingen ihn Kleinkinder oder zu pflegende Angehörige, den Schlaf mehrfach in der Nacht zu unterbrechen? Belastet der plötzliche Verlust eines nahen Angehörigen meinen Mitarbeiter? Wie gesund ist mein Mitarbeiter eigentlich?

Kennen Sie die privaten Belastungen Ihrer Mitarbeiter eigentlich?

Die empathische Aufnahme solcher Themen in die regelmäßig und unregelmäßig stattfindenden Gespräche ist der erste und wichtigste Schritt, das Wohlgefühl und mithin die Leistungsfähigkeit des Mitarbeiters aktiv zu beeinflussen. Es kommt nämlich darauf an, Wohltaten eben nicht mit der Gießkanne zu verteilen, sondern als Führungskraft für den einzelnen Mitarbeiter ein gezieltes, effektives Wohlfühl-Programm zu entwickeln, welches sich unter dem Strich auch positiv auf das Unternehmen auswirkt. Manchmal helfen ganz kleine Maßnahmen, die kaum Geld kosten, schon weiter: etwa die unbürokratische, individuelle, vielleicht nur vorübergehende Anpassung von Arbeits- und Urlaubszeiten oder die Initiierung einer betriebseigenen Laufsportgruppe. Manchmal erscheinen aber durchaus auch größere Maßnahmen gerechtfertigt: die Gründung eines Betriebskindergartens, der Bau von Sportstätten, die Einrichtung von Ruhe- und Regenerationsinseln, von Kaffee-Ecken und Meeting-Points, um nur einige Maßnahmen zu nennen.

Ricardo Semler, der bereits oft zitierte brasilianische Unternehmer, ließ folgende Inhalte ins Semco-Unternehmenshandbuch, eine Art Unternehmens-Kodex, aufnehmen, damit sich seine Mitarbeiter wohlfühlen:

„Arbeitszeit: Bei Semco gibt es flexible Arbeitszeiten, und jeder einzelne Mitarbeiter ist selbst dafür verantwortlich, sie festzulegen und einzuhalten. Menschen arbeiten unterschiedlich schnell, und ihre jeweilige Leistungsfähigkeit schwankt im Laufe des Tages. Semco bemüht sich, den Wünschen und Bedürfnissen des einzelnen möglichst gerecht zu werden.

Arbeitsplatz: Unsere Leute können gern ihren Arbeitsbereich so gestalten und verändern, wie sie möchten. Es liegt ganz bei ihnen, ob Sie die Wände oder Maschinen anmalen, Pflanzen aufstellen oder ihren Arbeitsplatz sonstwie dekorieren wollen. Im Unternehmen gibt es dafür keine Vorschriften, und wir wollen auch keine erlassen. Verändern Sie also Ihre Umgebung, wie es Ihrem Geschmack und Ihren Wünschen sowie denen der Menschen entspricht, die mit Ihnen arbeiten.

Kleidung und Aussehen: Beides spielt bei Semco keine wichtige Rolle. Wie jemand aussieht, hat auf seine oder ihre Einstellung oder Beförderung keinen Einfluss. Jede(r) weiß doch selbst, was er oder sie tragen möchte oder muss. Machen Sie es sich bequem – kleiden Sie sich ganz normal.

Urlaub: Semco gehört nicht zu jenen Unternehmen, die glauben, dass irgendjemand unersetzbar ist. Jeder sollte 30 Tage Urlaub im Jahr machen. Das ist für Ihre Gesundheit genauso wichtig wie für das Wohlergehen des Unternehmens. Keine Ausrede kann so gut sein, dass man Urlaubstage für ‚später' ansammelt."[218]

4.2.7 – Umweltschutz

Umweltschutz bedeutet einerseits, keinen Raubbau an der Natur zu üben, also der Natur nicht mehr Rohstoffe zu entnehmen, als Rohstoffe vergleichbarer Art nachwachsen können. Andererseits fordert der Umweltschutz dazu auf, nicht mehr Schadstoffe an die Umwelt abzugeben, als diese vertragen bzw. umwandeln kann.

Umweltschutz ist eng verwandt mit dem Wert Nachhaltigkeit, und doch ist er sowohl umfassender als auch konkreter. Umfassend ist Umweltschutz insofern, als er sich im Gegensatz zur Nachhaltigkeit – wie der Begriff in dieser Arbeit verwendet wird – nicht allein auf ein Unternehmen, sondern auf den ganzen Planeten, ja das ganze Weltall bezieht. Konkret ist Umweltschutz insofern, als er im Gegensatz zur Nachhaltigkeit physisch messbar ist. Der Mensch weiß sehr genau, was er der Umwelt entnimmt und was er ihr zufügt. Insofern ist Umweltschutz weder Wert noch Einstellung, an der man ständig arbeiten muss, sondern nüchtern betrachtet eine selbstverständliche Einsicht: Der Mensch sollte die Welt so intakt verlassen, wie er sie vorgefunden hat. Punkt.

Und doch ist diese Forderung nicht so einfach umzusetzen wie sie klingt. In den letzten 200 Jahren haben Menschen die Umwelt massiv geschädigt, und sie tun es heute noch. Gleichzeitig haben Menschen einen technischen Fortschritt in einer rasanten Geschwindigkeit erlebt: Dampfmaschine, Motoren- und Kommunikationstechnik haben dem Menschen ungeheure Erleichterungen gebracht, zu Lasten der Umwelt. Immerhin profitieren nachfolgende Generationen von den technischen Errungenschaften, genauso wie sie unter der Zerstörung der Umwelt leiden. Als Ökonom müsste man die Frage stellen, ob der hohe Preis der Umweltzerstörung den unbestreitbaren Nutzen technischen Fortschritts rechtfertigt. Angesichts der Weichenstellungen der letzten Jahre, die viele Staaten vorgenommen haben, könnte diese Frage mit einem vorsichtigen

Raubbau an der Natur

Ja beantwortet werden, wenn es tatsächlich gelingt, die sichtbaren und unsichtbaren Schäden zu reparieren.

Nicht reparieren lassen sich allerdings die Schicksale vieler Menschen, die durch Umweltverschmutzung selbst auf der Strecke blieben und den technischen Fortschritt mit Krankheit oder gar ihrem Leben bezahlt haben. Ebenso wenig werden in diesem Kalkül die Schicksale der Menschen berücksichtigt, an denen der technische Fortschritt vollständig vorbei gegangen ist. Es ist ein Skandal, dass nur ein kleiner Teil der Menschheit vom technischen Fortschritt profitiert, während ein deutlich größerer Teil schlecht versorgt ist, unter Mangelernährung leidet und sogar hungert oder gar stirbt, wenn zum Beispiel lebenswichtige Aids-Medikamente nicht bezahlt werden können. Statt den technischen Fortschritt auf dieses Kernproblem zu lenken und Lösungen im Sinne der ganzen Menschheit zu entwickeln, verstärken wohlhabende Menschen mit Hilfe (absichtlich!) falscher Finanz- und Geldsysteme diese himmelschreiende Ungerechtigkeit noch![219]

Nur solche Anstrengungen, die dazu führen würden, dass den Menschen das Nötigste zur Verfügung steht, rechtfertigten aus meiner Sicht weitere Umweltschäden. Jeglicher andere Fortschritt, der ja im Wesentlichen nur der Steigerung der Bequemlichkeit reicher Menschen dient, muss auf Umweltzerstörung gänzlich verzichten! Im Übrigen ist das Kernproblem hungernder Menschen mittelfristig durch Reduzierung der Reproduktion (Absenkung der Geburtenquote) leicht in den Griff zu bekommen, ohne die Umwelt zu belasten.

Grenzwerte: ein erster Schritt

Wenn gefordert wird, dass die Menschheit insgesamt weder Raubbau an der Natur noch übermäßige – das heißt über die Regenerationsfähigkeit hinausgehende – Verschmutzung der Umwelt betreiben darf, sind zunächst einmal Grenzwerte für den Rohstoffverbrauch und den Emissionsausstoß festzulegen. Die politischen Umweltgipfel in Rio de Janeiro (1992 und 2012) und Kyoto (1997) haben gezeigt, dass die wirtschaftlichen Interessen der Länder die ursprünglich ehrgeizigen Ziele (Rio 1992 und Kyoto) leider zu einer nunmehr großzügigeren Festlegung solcher Grenzwerte verändern. Das liegt daran, dass nicht die Umweltverträglichkeit den Maßstab bildet, sondern die reale Belastungssituation in den einzelnen Ländern; die kumulierten Zielwerte der Länder bilden das Maß für Rohstoffverbrauch und Emissionen.

Selbst wenn es gelingt, umweltverträgliche Grenzwerte festzulegen, bleibt es ein schwieriges Unterfangen, daraus Vorgaben für jedes einzelne Unternehmen zu entwickeln und diese durchzusetzen. Mit der Gießkanne, bspw. die Kopfzahl, den Umsatz oder andere Kennzahlen heranzuziehen, um die Grenzwerte pro Unternehmen zu bestimmen, ist dieses Problem nicht zu lösen. Genau so, wie es unvermeidbare Tätigkeiten gibt, die die Umwelt belasten, gibt es in einer arbeitsteiligen Wirtschaft Unternehmen, die die Umwelt mehr schädigen als andere. Von jedem einzelnen Unternehmen zu verlangen, relativ gleiche Grenzwerte einzuhalten, würde bedeuten, die durchaus effizienzsteigernden Prinzipien ‚Arbeitsteilung und Spezialisierung‘ aufzugeben und die Leistung der Gesamtwirtschaft von jetzt auf gleich deutlich zu drosseln.

Der EU-Emissionshandel ist eine Lösung, die trotz aller Schwächen in der Durchführung und im Umfang – es sind nur CO_2-Emissionen berücksichtigt – diese Problematik wirkungsvoll aufgreift.

Ein weiterer Lösungsansatz ist die verpflichtende Einführung einer Ökobilanz für Unternehmen. Voraussetzung dafür ist es, dass es wie bei der kaufmännischen Bilanz einen Standard für Ökobilanzen gibt. Obwohl die Ökobilanz in der wirtschaftswissenschaftlichen Literatur seit über 40 Jahren diskutiert wird und zahlreiche wissenschaftliche Beiträge dazu vorliegen, kommt Eberhard Feess in der Online-Ausgabe des Gabler Wirtschaftslexikons zu einer ernüchternden Feststellung: „Eine allgemeingültige anerkannte *Methode* zur Erfassung, Bewertung und Darstellung umweltrelevanter Daten in einer Ökobilanz gibt es nicht; verwendet werden unternehmensindividuelle Konzepte."[220]

Unternehmen, die den Umweltschutz ernst nehmen wollen, müssen jedoch nicht auf Standards und gesetzliche Grundlagen warten. Ein erster Schritt besteht darin, überhaupt eine Ökobilanz zu erstellen und sich von Jahr zu Jahr zu bemühen, sie zu Gunsten der Umwelt besser ausfallen zu lassen. Hilfreich wäre in

Emissionshandel als eine Lösung

Ökobilanz als Lösungsansatz

diesem Zusammenhang, die Anstrengungen, die zu einer besseren Umweltbilanz geführt haben, zu dokumentieren und transparent zu machen, damit auch andere Unternehmen aus den guten Beispielen lernen können.

4.3 – Controlling einer anständigen Unternehmensführung

Kritikfähigkeit als
Voraussetzung

Die ‚anständige Unternehmensführung' ist ein hohes Ziel, gegen das, trotz gutem Willen, häufig verstoßen wird. Deshalb empfiehlt sich für Führungskräfte, den erreichten Stand in festen zeitlichen Abständen festzustellen. Zufälliges Feedback erhält der Manager tagtäglich in den Gesprächen mit Mitarbeitern, Kunden, Lieferanten und sonstigen Bezugsgruppen. Eine gewisse Offenheit gerade auch für Kritik ist in diesem Zusammenhang nicht nur hilfreich, sondern eine Voraussetzung. Führungskräfte, die sich schwertun, Offenheit zu praktizieren, sollten auf entsprechende Trainingsprogramme zurückgreifen. Idealerweise führt das Feedback zu angemessenen, sichtbaren Maßnahmen oder Verhaltensänderungen. Auf diese Weise wird der Dialog gestärkt.

Ein Controlling anständiger Unternehmensführung kann darüber hinaus auch ‚organisiert', also regelmäßig durchgeführt werden. Dazu bieten sich auf jeden Fall systematische Kunden- und Mitarbeiterbefragungen an. Bei den Instrumenten ‚Vorgesetzten-Beurteilung' und ‚360°-Feedback' sollte sich der Vorgesetzte über die damit verbundenen, durchaus gravierenden Risiken im Klaren sein.

4.3.1 – Systematische Kundenbefragungen

Selbst erfreuliche betriebswirtschaftliche Kennzahlen wie steigender Umsatz, steigender Deckungsbeitrag oder steigender Gewinn sagen nichts über die Kundenzufriedenheit (oder besser: Kundenbegeisterung) aus.

Mit einer guten Kundenbefragung bekommt das Unternehmen Erkenntnisse darüber, warum der Kunde das Produkt oder die Dienstleistung ausgerechnet bei diesem Unternehmen gekauft hat.

Hat der Kunde gern gekauft, weil er von der Leistung des Unternehmens überzeugt ist? Oder hat der Kunde ungern gekauft, weil die Leistung nur eine Notlösung darstellt? Oder weil es (zurzeit) keine Alternativen gibt?

Um einen möglichst hohen Rücklauf zu erhalten, sollte überlegt werden, ob die Kundenbefragung anonym durchgeführt wird. Alternativ lässt sich der Rücklauf mit einem Gewinnspiel erhöhen. Möglich ist auch die Kombination einer anonymen Befragung mit einem Gewinnspiel, etwa indem ein Dienstleister zwischengeschaltet wird.

Neben grundsätzlichen Antworten sind auch Statements des Kunden darüber wichtig, wie er die Art und Weise der Leistungserbringung einschätzt. Auch wenn das Unternehmen keinen persönlichen Kontakt zum Kunden unterhält, wie das bei vielen Internethändlern der Fall ist, entwickelt er dennoch ein Gespür für die Personen, die hinter der gelieferten Leistung stehen. Nicht nur mit Werbeaussagen, sondern gerade auch mit Standardtexten hinterlassen Unternehmen Eindrücke bei ihren Kunden, die auf das vermutete Miteinander schließen lassen.

Was denkt der Kunde?

Freundliche Worte lassen auf ein freundliches Miteinander schließen. Leider lässt sich kaum feststellen, ob ‚der schöne Tag‘, der zum Abschluss eines Telefonates gewünscht wird, ernst gemeint, auswendig gelernt oder von einem Skript abgelesen ist. Gleichwohl entwickeln Kunden so eine tiefere Verbundenheit, als wenn der Kunde zum Abschluss ‚Der Nächste bitte‘ hören muss. Interessant ist auch, wie Rechnungen und Bons abschließen: In vielen Fällen steht in der letzten Zeile allein der Rechnungsbetrag; immerhin bedanken sich einige Unternehmen für den Einkauf oder, leider nur sehr selten, wünschen viel Freude bei der Benutzung der Artikel.

Es ist davon auszugehen, dass Kunden aus der Kommunikation mit dem Unternehmen auch auf die Kommunikation im Unternehmen und sogar auf das Miteinander zwischen Vorgesetzten und Mitarbeitern schließen.

Deshalb lohnt es sich, im Rahmen von Kundenbefragungen zu ergründen, wie Kunden die Führung des Unternehmens und die Kollegialität zwischen den Mitarbeitern einschätzen. Wenn der

Kunde dazu nichts sagen kann, lässt er diese Frage halt offen. Aus der Alltagserfahrung heraus lässt sich aber sagen, dass Kunden sehr genau spüren, wenn Unternehmen ‚anständig‘ geführt werden. Die Wahrscheinlichkeit erscheint mehr als groß, dass Kunden ihre Einschätzung zum Führungsverhalten in diesem Falle in einer Kundenbefragung auch äußern werden. Um die Wahrscheinlichkeit einer Antwort zu erhöhen, sollten allerdings eher geschlossene Fragen verwendet werdet. Offene Fragen stellen aber, auch wenn sie selten beantwortet werden, auf jeden Fall eine sinnvolle Ergänzung dar: Auf diese Weise erhält man gegebenenfalls Anregungen, über die man nicht einmal nachgedacht hätte.

Die Kundenbefragung als Pflichtbestandteil einer Balanced Scorecard

Eine systematische, also regelmäßig zu wiederholende Kundenbefragung erscheint mir als Muss für diejenigen Unternehmen, die die Balanced Scorecard einsetzen. Ich bin immer wieder erstaunt, dass Unternehmen, die sich für dieses Controlling-Instrument interessieren, kurz vor der Umsetzung einen Rückzieher machen, weil man regelrecht Angst davor hat, die wirkliche Kundenmeinung zu hören.

4.3.2 – Systematische Mitarbeiterbefragungen

Die Mitarbeiterbefragung ist wie kein anderes Instrument geeignet, Informationen über die praktizierte Führung zu erhalten. Schließlich bewertet der Betroffene in der Mitarbeiterbefragung die Führungsleistung selbst.

Beispielhaft für die Inhalte einer Mitarbeiterbefragung seien die Hauptkategorien der European Foundation for Quality Management (EFQM) genannt. Danach umfasst die Mitarbeiterbefragung Fragen zur

- ➢ Führungskompetenz von Vorgesetzten,
- ➢ Transparenz und Kommunikation von Zielen,
- ➢ Zufriedenheit mit dem Weiterbildungsangebot,
- ➢ Zufriedenheit mit der Unternehmenskommunikation,
- ➢ Möglichkeit der Einbringung von Verbesserungsvorschlägen,
- ➢ Einschätzung der Kundenzufriedenheit,
- ➢ Steigerung der Mitarbeiterzufriedenheit,

> Zufriedenheit mit dem gesellschaftlich-sozialen Engagement der Unternehmung und zur
> Transparenz von Ergebnissen, Erfolgen und Gewinnen.[221]

Eine Mitarbeiterbefragung sollte grundsätzlich anonym erfolgen, um ehrliche Antworten zu erhalten. Selbst die Möglichkeit zur freiwilligen Angabe eines Namens sollte ausgeschlossen werden, damit die Mitarbeiter sich ungezwungen äußern können.

Neben leicht auswertbaren, geschlossenen Fragen sind auch offene Fragen vorzusehen, mit denen die Mitarbeiter Aspekte ansprechen können, die für sie wichtig sind, aber nicht abgefragt werden. Die Auswertbarkeit geschlossener Fragen ermöglicht quantitative Zeitreihenvergleiche, so dass auch die Entwicklung des Führungsverhaltens über die Jahre deutlich wird. Dieser Zeitreihenvergleich sollte in eine Beziehung zur Veränderung des Führungsgeschehens gestellt werden: Haben personelle Veränderungen in den Führungsebenen oder Weiterbildungsangebote für Führungskräfte zu einer höheren Führungskompetenz geführt?

Geschlossene und offene Fragen

Die Mitarbeiter erwarten, dass die Ergebnisse der Mitarbeiterbefragung bekannt gemacht werden. Weiterhin entspricht es nicht nur der Erwartungshaltung der Mitarbeiter, sondern auch dem Sinn einer Mitarbeiterbefragung, dass Maßnahmen eingeleitet werden, um erkannten Defiziten entgegenzuwirken.

Auch eine systematische, also regelmäßig zu wiederholende Mitarbeiterbefragung erscheint mir als Muss für diejenigen Unternehmen, die die Balanced Scorecard einsetzen. An dieser Stelle scheitern nach meiner Einschätzung in der Praxis noch mehr Scorecard-Projekte als an der Bereitschaft, eine Kundenbefragung durchzuführen. Nicht selten wird halt die Mitarbeiterperspektive ausgeklammert und eine ‚abgespeckte' Scorecard umgesetzt, wie ich in der Praxis immer wieder beobachte. Um es klar zu sagen: Eine Balanced Scorecard ohne Mitarbeiterperspektive ist keine ‚abgespeckte', schlanke Scorecard. Einer Balanced Scorecard ohne Mitarbeiterperspektive fehlt das Herz!

4.3.3 – Vorgesetzten-Beurteilung und 360°-Feedback

Während die Mitarbeiterbefragung auf beiderseitige Anonymität setzt und nur ein Stimmungsbild über das durchschnittliche Führungsverhalten abgibt, setzt die Vorgesetzten-Beurteilung auf einseitige Anonymität: Der anonyme Mitarbeiter beurteilt seinen namentlich bekannten Vorgesetzten.

Der brasilianische Unternehmer Ricardo Semler ist ein großer Fan solcher Vorgesetzten-Beurteilungen durch die direkt unterstellten Mitarbeiter. In Teilen seines Unternehmens Semco in Brasilien hat er dieses Prinzip sogar so weit ausgebaut, dass Mitarbeiter ihre Vorgesetzten wählen.[222] In gewohnter Weise wortgewaltig begründet er diesen Ansatz: „Im Zeitalter des Schlagworts von der neuen Weltordnung glaubt fast jeder, dass alle Menschen ein Recht darauf haben, die zu wählen, welche sie führen sollen, zumindest im öffentlichen Bereich. Aber noch hat die Demokratie nicht Einzug in der Arbeitswelt gehalten. Noch immer können in den Büros und Fabriken auf der ganzen Welt Diktatoren und Despoten schalten und walten. Die meisten Unternehmen und Mitarbeiter nehmen dies als unwandelbares Naturgesetz hin. Aber wir waren ganz und gar nicht der Ansicht, dass auch bei Semco ein System fortbestehen müsse, demzufolge eine Person eingestellt wird, die zwar ihren künftigen Boss beeindruckt, hingegen nicht die Achtung der Untergebenen genießt. Und wir hatten auch kein Verständnis dafür, warum wir einen Abteilungsleiter oder Vorarbeiter behalten sollten, der bei denen, die ihm folgen sollten, nicht besonders gut angesehen war. Also entwickelten wir ein Programm, um sicherzustellen, dass die Bosse von den Leuten, die unter ihnen arbeiteten, bestätigt würden."[223]

Gefahren der Vorgesetzten-Beurteilung

Zu Recht entgegnet Reinhard K. Sprenger: „Das Heikle an der Sache ist, dass am Ende die Anonymität doch aufgebrochen werden muss. Wenn das (..) Feedback überhaupt etwas bringen soll, müssen die Beteiligten irgendwann das Visier hochklappen. Vorbei ist die Anonymität. Das antizipieren die Mitarbeiter natürlich. Deshalb lautet der heimliche Vertrag: ‚Beurteile mich gut, bleibe ich freundlich!' Wer aber als Führungskraft mehrheitlich Mitarbeiter hat, die anonym bleiben wollen, hat als Führungskraft versagt. Den können Sie in Führungsseminaren siebenmal chemisch reinigen lassen; er wird niemals ein sozial warmes und ermutigendes Klima schaffen. Sparen Sie sich den Aufwand! Tauschen Sie die Führungskräfte aus! Und wenn eine Führungskraft meint, auch ein Feedback von seinen Mitarbeitern zu brauchen, dann sind erwachsene Menschen gefragt, die einander offen und ehrlich ihr Erleben schildern und um die Perspektivgebundenheit ihrer Wahrnehmung wissen. Dass das in der Praxis eher die Ausnahme ist, weiß ich. Aber dagegen hilft auch ein Instrument nicht. Im Gegenteil: Die Anonymität des Verfahrens erzeugt genau das, was zu beseitigen es angetreten war – eine Kultur des Verbergens."[224]

Mit Blick auf das Führungsinstrument ‚Mitarbeitergespräch' spricht ein weiteres Argument gegen Vorgesetzten-Beurteilungen: Nach dem Muster ‚Wie du mir, so ich dir' neigen Vorgesetzte dazu, Mitarbeitern ein positiveres Feedback zu geben, als sie es bei realistischer Betrachtung verdient hätten. Im Gegenzug fällt dann die Vorgesetzten-Beurteilung besser aus als es dem tatsächlichen Führungsverhalten entspricht. Gute Bewertungen schaukeln sich gegenseitig hoch, Glaubwürdigkeit wird verspielt, und die eigentliche Intention beider Instrumente, die Wirklichkeit zu verbessern, wird nicht erreicht.

Beim 360°-Feedback handelt es sich um ein Verfahren, mit dem ein Vorgesetzter aus mehreren Perspektiven heraus beurteilt wird: mindestens aus der Mitarbeiter-, der Kunden- und der Lieferantenperspektive sowie, soweit vorhanden, aus der Sicht des eigenen Vorgesetzten. Ganz abgesehen davon, dass der Aufwand für ein derartiges Verfahren erheblich ist, ist das 360°-Feedback insbesondere auf Grund der integrierten Vorgesetzten-Beurteilung höchst fragwürdig.

Reinhard K. Sprenger wird deutlich: „Bei der 360-Grad-Beurteilung handelt es sich (..) um eine entpersönlichte Strategie der Disziplinierung: Man ist gleichsam ‚umzingelt' von Punktrichtern. Überall könnte man anecken, überall könnte man jemandem auf die Füße treten, überall muss man mit Abstrafung rechnen. Das so erzeugte Einschließungsmilieu schreibt den Individuen eine hochaufmerksame, nach innen gerichtete Sensibilität vor. Die

Gefahren des 360°-Feedbacks

360-Grad-Beurteilung stellt das Individuum in ein Feld der Überwachung und verstrickt es gleichzeitig in ein Netz von Urteilen. So
wie man im Krankenhaus auf die ‚Beobachtungsstation' kommt.
Also lautet die Aufforderung: ‚Mach dir überall Freunde!'

Welche Spätwirkungen hat diese Totalüberwachung? Wenn Sie
sich lange beobachtet gefühlt haben, dann fühlen Sie sich auch
beobachtet, wenn Sie gar nicht beobachtet werden. Sie spüren
den prüfenden Blick der anderen, auch wenn Sie mit sich selbst
beschäftigt sind. (…)

Die Gestaltgeste der Organisation heißt: ‚Rechtfertige dich!'
Dieser Rechtfertigungsdruck hat sich nunmehr zu 360 Grad
abgerundet. Die Einkreisung des Menschen ist zu einem systematischen Abschluss gekommen. Es bewahrheitet sich endlich
Rousseaus infernalische Fantasie: Geboren sein heißt, vor Gericht
zu stehen. Unternehmen werden zu Gerichtssälen, in denen die
wichtigste Sache verteidigt wird, die es gibt: wir selbst. Unsere
Existenz wird zu einer einzigen Apologie."[225]

5 – Moderne Managementkonzepte vor dem Hintergrund einer guten Führung

„Die schönste Theorie hat erst Wert durch die Werke,
in denen sie sich erfüllt."

Romain Rolland, ausgezeichnet mit dem Nobelpreis für Literatur im Jahre 1915[226]

Unternehmensberatungen und Hochschulen mit wirtschaftswissenschaftlichen Fakultäten wetteifern untereinander und
miteinander um immer neue Managementkonzepte. Hermann
Simon („Das große Handbuch der Strategiekonzepte")[227] und Tim
Hindle („Die 100 wichtigsten Managementkonzepte")[228] geben
einen Überblick. In beiden Werken werden die Konzepte nach
und nach abgearbeitet, gelegentlich wird auf Gemeinsamkeiten
und Unterschiede hingewiesen.

Beide Werke erinnern an Kochbücher für Manager. Es findet sich
eine Fülle von Rezepten, die ganz nach Geschmack ausgewählt
und ausprobiert werden können. Die offensichtliche Gefahr, dass
sich die Konzepte bei gleichzeitiger Anwendung ausschließen
oder dass das Management sich bei sukzessiver Anwendung in
Widersprüche verstricken könnte, wird nicht thematisiert.

So verwundert es nicht, dass in der Praxis das von Alfred
Krupp bereits im Jahre 1888 entwickelte ‚Betriebliche Vorschlags-

Kochbücher für Manager?

wesen' (BVW) neben dem Konzept Total Quality Management (TQM) oder neben dem aus Japan stammenden Kaizen-Konzept eingeführt und regelmäßig unbefriedigend umgesetzt wird. Die Kruppsche Idee passt einfach nicht zu TQM und Kaizen! Denn letztere setzen auf kleine Schritte zur Verbesserung der Produktivität, was unter anderem besonders durch regelmäßige Teamgespräche erreicht werden soll. Selbst der Arbeiter am Fließband soll sich demnach mindestens einmal pro Woche mit seinen Kollegen und seinem Vorgesetzten zusammensetzen, um fernab der Produktion in einem Pausenraum oder sonstwo darüber nachzudenken und zu diskutieren, wie die tägliche Arbeit noch besser gestaltet werden kann. Es liegt doch auf der Hand, dass sich dieser Arbeiter in solchen Gesprächsrunden zurückhält, wenn er seine Ideen mit Aussicht auf eine Prämie auch im Rahmen des BVW einreichen kann.

Ein zweites Beispiel: Fragt man Unternehmer aus kleinen und mittleren Unternehmen, was sie sich für ihr Unternehmen wünschen, erhält man fast immer eine der beiden folgenden Antworten, oft sogar beide: Eine intensivere Teamarbeit und eine adäquate Form der leistungsorientierten Vergütung wünschen sich die meisten Unternehmer. Dass sich diese beiden Wünsche zumindest dann, wenn mit der leistungsorientierten Entlohnung ein individueller Leistungslohn gemeint ist, gegenseitig ausschließen, liegt ebenfalls auf der Hand: Der individuelle Leistungslohn fördert die Ellenbogenmentalität und läuft der Teamentwicklung diametral entgegen.

Diese einführenden Beispiele verdeutlichen, dass den Wechselwirkungen moderner Managementkonzepte eine größere Beachtung geschenkt werden sollte. Vor diesem Hintergrund wird nachfolgend versucht, ausgewählte Managementkonzepte im Hinblick auf eine faire Führung einzuordnen. Dabei wird sich herausstellen, dass bestimmte Managementkonzepte zwingend ein Bekenntnis des Managements zur humanen Führung erfordern, andere Managementkonzepte hingegen auch bei gegenteiligen Führungsvorstellungen funktionieren.

Nachfolgend werden die aus meiner Sicht wichtigsten Managementkonzepte diesen beiden Konzepttypen zugeordnet: Entsprechend werden ‚universell einsetzbare‘ Managementkonzepte von solchen Managementkonzepten unterschieden, die ein Bekenntnis zur fairen Führung voraussetzen. Solche Konzepte werden von mir als ‚alternative Managementkonzepte‘ bezeichnet. Mit dieser Begriffswahl möchte ich bereits an dieser Stelle andeuten, dass die Kombination von ‚alternativen‘ und ‚universell einsetzbaren‘ Managementkonzepten durchaus sinnvoll sein kann, jedoch sehr behutsam und vorsichtig anzugehen ist.

Aus der vorgenommenen Differenzierung und der damit verbundenen Einordnung ergibt sich, dass ein dunkles Management zweckmäßigerweise allein auf die ‚universell einsetzbaren‘ Managementkonzepte setzen kann. Zum Beispiel funktioniert ein modernes Change-Management, mit dem eine sich selbst verändernde und damit lernende Organisation angestrebt wird, in einem dunklen Umfeld nicht. Für ein faires Management ergeben sich demgegenüber zusätzliche Optionen.

In einem abschließenden Abschnitt soll untersucht werden, inwieweit die ausgewählten Managementkonzepte zueinander passen und ob sie die Möglichkeiten eines Unternehmens eher erweitern oder eher einengen.

5.1 – Universell einsetzbare Managementkonzepte

Universell einsetzbare Managementkonzepte können mit Blick auf die Motivationsforschung auch als extrinsische Managementkonzepte bezeichnet werden. Extrinsisch motiviert ist ein Mensch, wenn die Motivation von außen in Form von Geld, anderen Belohnungen, Angst vor Nachteilen und/oder durch Strafandrohungen geschürt wird. Als intrinsisch motiviert bezeichnet man hingegen einen Menschen, der von sich und aus seiner Aufgabe heraus motiviert ist.

Nachfolgend werden die älteren Konzepte zuerst behandelt. Trotz der im Vergleich zu Simon und Hindle vergleichsweise groben Zusammenfassung einzelner Managementkonzepte wird sich überwiegend zeigen lassen, dass einige der ‚universell einsetzbaren‘ Managementkonzepte inhaltlich aufeinander aufbauen und im Grunde Verfeinerungen der jeweiligen Vorgängerversion darstellen. Die Konzepte Projektmanagement und die Frühversion des Change-Management ‚tanzen' allerdings gewissermaßen aus der Reihe.

Prozess- und Qualitätsmanagement, Lean Management und Business Reengineering, Projektmanagement und Multiprojektmanagement sowie die Frühversion des Change-Managements können den Mitarbeitern gewissermaßen von außen – also durch die Führungskraft, ein Beratungsunternehmen, durch eine Behörde oder durch einen Kunden – auferlegt werden. Selbstverständlich ist es vernünftig, die Mitarbeiter bei Einführung eines solchen Konzeptes von dessen potenzieller Wirkung, die Produktivität zu erhöhen, zu überzeugen. Gelegentlich gelingt es sogar, den Mitarbeitern das Gefühl zu geben, dass sie das Konzept selbst er- bzw. gefunden haben. Manchmal kommt der Anstoß tatsächlich von den Mitarbeitern! Aber letztlich handelt es sich doch um Managementkonzepte, die *meistens* von außen übergestülpt werden und denen sich die Mitarbeiter schließlich *immer* zu unterwerfen haben.

Ein universell einsatzbares, allgemeines Managementkonzept ist ein *fixierter Soll-Zustand*, den es zu erreichen gilt. Prinzipiell können solche Konzepte ‚befohlen' werden.

5.1.1 – Prozess- und Qualitätsmanagement

Henri Fayol (1841–1925), Begründer der französischen Verwaltungslehre und Verfechter des Einlinienprinzips, nach dem die Einheit der Auftragserteilung dazu auffordert, jedem Mitarbeiter genau einen Vorgesetzten zuzuordnen, hat selbst auf die Grenzen dieser Organisationsform hingewiesen: Mit der nach ihm benannten Fayolschen Brücke fordert er Mitarbeiter auf, auch über Abteilungsgrenzen hinweg miteinander zu kommunizieren.

Weit verbreitet: Funktionsorientierter Unternehmensaufbau

Das Prozessmanagement greift diesen Gedanken auf, indem zunächst festgestellt wird, dass die meisten Prozesse mehrere, aufbauorganisatorisch voneinander getrennte Bereiche durchlaufen. Dies gilt insbesondere für Unternehmen, deren Aufbauorganisation von unterschiedlichen Funktionen (Verrichtungen) geprägt ist. Klassischerweise werden dort die Funktionen Einkauf, Verkauf, Verwaltung und in produzierenden Unternehmungen zusätzlich die Funktion Produktion voneinander unterschieden und verschiedenen Managern unterstellt. Es versteht sich von selbst, dass kein Bereich ohne den anderen existieren könnte; zur Befriedigung der Kundenwünsche ist ein gemeinsames Agieren notwendig. Dies gilt oft auch in objektorientierten Organisationen, obgleich deren Bereiche zwar theoretisch als Profit- oder Investment-Center allein existieren könnten, nicht selten dennoch eine starke innere Verbundenheit zueinander aufweisen. Diese Center selbst sind häufig verrichtungsorientiert organisiert, so dass zumindest innerhalb der Center bereichsübergreifende Prozesse festgestellt werden können.

Mit Hilfe des Prozessmanagements soll die Trennung der hierarchisch gestaffelten Funktionsbereiche aufgehoben und der Prozess und damit eine zeitliche Strukturierung der Wertschöpfung in den Mittelpunkt gerückt werden. Dabei umfasst das Prozessmanagement einen fortwährenden Zyklus mit den Schritten

Prozesse rücken in den Mittelpunkt!

➢ Prozessidentifikation und -analyse,
➢ Prozessdefinition,
➢ Prozesscontrolling und
➢ systematische Verbesserung von Prozessen.

Im Rahmen der Prozessidentifikation werden die Prozesse, die in einem Unternehmen ablaufen, aufgedeckt und analysiert. Dabei gilt es, wichtige von weniger wichtigen Prozessen mit dem Ziel zu unterscheiden, allein die wichtigen, auch als Kernprozesse bezeichneten Prozesse in Augenschein zu nehmen. Diese Prozesse zeichnen sich dadurch aus, dass sie besonders häufig wiederholt werden und einen großen Anteil an der Wertschöpfung besitzen.

In einem zweiten Schritt werden die Kernprozesse analysiert und standardisiert. Diese standardisierten Prozessdefinitionen gelten als Vorgabe, die die Mitarbeiter einzuhalten haben. Durch Übung und Wiederholung entsteht bei den Mitarbeitern eine gewisse Routine, so dass die Effizienz sukzessive gesteigert werden kann. Der impliziten Gefahr, dass Wiederholung auch zu Langeweile und Monotonie führen kann, lässt sich durch geeignete Maß-

Durchführung des Prozessmanagements

nahmen wie Job Rotation, Job Enlargement und Job Enrichment begegnen.[229]

Von Zeit zu Zeit werden die Prozesse im Rahmen des Prozesscontrollings dahingehend überprüft, ob sie tatsächlich entsprechend der Prozessdefinition abgearbeitet werden und ob sie noch zeitgemäß sind. Dabei wird gefragt, ob sich die definierten Prozesse mit Hilfe neuer Ideen und neuer Techniken noch besser und damit kostengünstiger und/oder kundenfreundlicher gestalten lassen.

Die systematische Verbesserung von Prozessen bildet also den letzten Schritt im fortwährenden Zyklus des Prozessmanagements. Dabei kann man sich externer Kräfte in Form von (Unternehmens-) Beratern, Anlagebauern oder IT-Fachleuten bedienen. Ebenso gut lässt sich auch das Expertenwissen der eigenen Mitarbeiter nutzen und in Teamgesprächen *oder(!)* im Rahmen des Betrieblichen Vorschlagswesens (BVW) aktivieren.

Unterstützt wird das Prozessmanagement durch spezielle Grafikwerkzeuge, die sowohl im Rahmen der Prozessanalyse als auch im Rahmen der Prozessdefinition eingesetzt werden. Diese Grafiken sollen den Zugang zum prozessualen Denken erleichtern, wie im Sprichwort ,Ein Bild sagt mehr als tausend Worte!' anklingt. In der Vergangenheit waren Programmablaufpläne (PAP), die auch Eingang in die DIN (Deutsche Industrienorm) gefunden haben, sehr beliebt. Mittlerweile werden sie gern von den sogenannten Ereignisgesteuerten Prozessketten (EPK) von der Unified Modeling Language (UML) oder der Business Process Modeling Notation (BPMN) abgelöst.[230]

Auch das Qualitätsmanagement basiert wie das Prozessmanagement auf dem Grundgedanken der Standardisierung von Prozessen. Insofern besteht das Ergebnis praktizierten Qualitätsmanagements aus der Definition von Prozessen und aus Routinen, mit denen eine systematische Verbesserung der Prozesse erreicht werden soll.

Qualitätsbegriff   In diesem Zusammenhang weicht der Begriff ,Qualität' vom ursprünglich verstandenen Qualitätsbegriff deutlich ab: Es geht nicht darum, eine möglichst hohe Güte von Produkten und Dienstleistungen zu erreichen, sondern es geht vielmehr darum, eine vom Kunden gewünschte und bezahlbare Qualität zu erreichen. Unter- und insbesondere auch die Übererfüllung der Qualität sollen vermieden werden, zumal letztere oft zu nicht notwendigen Mehrkosten führt.

Kennzeichnend für ein Qualitätsmanagement ist das Qualitätssicherungshandbuch, das die Darstellung der wichtigsten Prozesse mindestens in Form verbaler Beschreibungen, oft auch in Form ergänzender Prozessgrafiken enthält. Viele Unternehmen lassen das Qualitätsmanagement zertifizieren. Dabei überprüft ein externer Auditor, ob die im Qualitätssicherungshandbuch dokumentierten Abläufe im Tagesgeschäft von den Mitarbeitern eingehalten werden.

In der Praxis haben sowohl das Prozess- als auch das Qualitätsmanagement mit Blick auf die Aufbauorganisation bis heute kaum etwas verändert. Die radikale Veränderung, Funktionsmanager durch Prozessmanager zu ersetzen, lässt sich kaum erkennen. Auch die aufbauorganisatorische Variante, Prozessmanager im Stile der Matrixorganisation neben den vorhandenen Funktionsmanagern einzusetzen, findet sich nur selten. Vielmehr werden, wenn überhaupt, sogenannte Prozess- oder Qualitätsbeauftragte eingeführt, die auf einer meist niedrigeren Hierarchieebene den Prozessgedanken verkörpern. Häufig bleibt sogar gänzlich offen, wer für die abteilungsübergreifende Zusammenarbeit verantwortlich ist.

Aufbauorganisation in der Praxis

Wohl deshalb beschäftigt sich die Literatur zum Prozessmanagement recht intensiv mit der Rolle der obersten Leitung. Demnach ist Prozessmanagement zum Scheitern verurteilt, wenn die Geschäftsführung oder der Vorstand Prozessmanagement nur halbherzig unterstützt. Hermann J. Schmelzer und Wolfgang Sesselmann fordern deshalb in dem von ihnen selbst als ‚Standardwerk‘ bezeichneten Buch zum Geschäftsprozessmanagement: „Bevor Geschäftsprozessmanagement eingeführt wird, sind die Erfolgsfaktoren kritisch zu überprüfen. Dabei ist besonders die Geschäftsleitung gefordert. Sie hat die Anwendungsbreite und -tiefe des Geschäftsprozessmanagements festzulegen, die Voraussetzungen für eine erfolgreiche Implementierung zu schaffen und bei der Umsetzung Durchsetzungswillen und -fähigkeit zu beweisen."[231]

Vor diesem Hintergrund ist ein klares ‚Wenn schon, denn schon!' zu fordern: Entscheidet sich ein Unternehmen für ein professionelles Prozessmanagement, sollte es dies durch herausragende Positionen in der Aufbauorganisation sichtbar machen. Vor dem Hintergrund dieser Aussage wird besonders deutlich, dass die Einführung und Umsetzung von Prozess- und Qualitätsmanagement den einzelnen Mitarbeiter in extrinsischer Weise vereinnahmt und idealerweise ein Top-down-orientiertes Vorgehen bedeutet. Mit Blick auf den ethischen Kern eines fairen Managements ist ein solches Vorgehen allerdings bedenklich. Es mag Mitarbeiter geben, die Erfüllung finden, wenn sie extrinsisch vereinnahmt werden und sich Prozessen unterwerfen müssen. Ich kenne jedoch sehr viele Menschen, die eine solche Sichtweise nicht teilen.

Sollen sich Kunden und Mitarbeiter definierten Prozessen unterwerfen?

Ein professionelles Prozess- und Qualitätsmanagement hilft, die Funktionsbereichsgrenzen zu überwinden und produktive Leistungserstellungsprozesse zu gestalten. Allerdings stößt dieser Ansatz dort auf seine Grenzen, wo sich Mitarbeiter und Kunden nur ungern definierten Prozessen unterwerfen. Da hilft es dann auch nicht, die Prozesse gemeinsam mit den Mitarbeitern zu entwickeln. Zum Beispiel erscheint die Kundenberatung ‚nach Drehbuch', wie sie mittlerweile sogar bei Großunternehmen wie der Telekom und der Deutschen Bahn üblich geworden ist, äußerst bedenklich. Die in allen deutschen Bahnhöfen immer gleiche Schlussfrage „Haben Sie noch einen Reisewunsch?" erscheint aufgesetzt und überflüssig, zumal sie von den meisten Kunden ohnehin mit einem klaren „Nein, danke!" beantwortet wird.

Die Literatur fordert übereinstimmend, dass Prozessmanagement zur Strategie des Unternehmens passen muss. So führt Guido Fischermanns in seinem „Praxishandbuch Prozessmanagement" aus: „Prozesse sind der Hebel, Unternehmensstrategien umzusetzen. In Anlehnung an das Chandler-Credo ‚Structure follows strategy' könnte man auch sagen ‚Process follows strategy'."[232]

Diese Forderung erscheint überzogen, weil sie suggeriert, Unternehmen müssten grundsätzlich eine wie auch immer geartete Variante des Prozessmanagements praktizieren. Gleichzeitig erscheint diese Forderung aber auch nebulös, zumal der Begriff ,Strategie' äußerst vielfältige Inhalte impliziert, in jedem Fall aber ein äußerst umfassendes Konzept der Unternehmensführung darstellt. Mit Blick auf die Kontingenztheorie sei deshalb alternativ vorgeschlagen, dass ein Prozessmanagement grundsätzlich zum situativen Unternehmensumfeld passen muss. Voraussetzung für ein erfolgreiches Prozessmanagement ist dabei, dass insbesondere diese zwei Fragen mit einem klaren ,Ja!' beantwortet werden:

➢ Ist den Kunden ein fester Platz in einem standardisierten Prozess zuzumuten?

➢ Können die Mitarbeiter von der Notwendigkeit standardisierter Prozesse überzeugt werden? Wollen die Mitarbeiter in standardisierten Prozessen arbeiten?

Vor dem Hintergrund dieser Fragestellungen lässt sich zum Beispiel in einem medizinischen Umfeld zwecks Steigerung der Produktivität und Vermeidung von Risiken ein Prozessmanagement fordern, während dies in einem edukativen Umfeld kaum umzusetzen ist. Nur am Rande sei bemerkt: Genau deshalb versanden die meisten Bemühungen um eTeaching in der Praxis.

5.1.2 – Lean Management und Business Reengineering

Lean Management und Business Reengineering sind Weiterentwicklungen des Prozessmanagements: Durch Lean Management sollen komplizierte Prozesse radikal vereinfacht, sprich: schlanker gemacht werden. Der Begriff Lean Management kommt ursprünglich aus der Produktion, in der man erkannt hatte, dass viele Arbeiter in den Fabrikhallen neben dem Fließband unterwegs waren und die eigentliche Wertschöpfung behinderten und sogar unterbrachen: Reinigungskräfte, Reparatur- und Wartungskräfte, Nachschub-Versorger und so weiter. Mit Hilfe von Fotokameras, deren Bilder in Zeitraffer abgespielt wurden, konnte sichtbar gemacht werden, dass selbst in einer wohlgeordneten Fließband-

Lean Management beseitigt Unordnung

fertigung ein großes Durcheinander herrschte. Mit dem Konzept Lean Management sollte diesem Problem mit einer Trennung unterschiedlicher Aufgaben entgegengewirkt werden: Die Prozesse *Produktion, Reinigung, Wartung* und *Logistik* werden klar und deutlich voneinander getrennt, damit man sich nicht ins Gehege kommt. Mit Zeitrafferaufnahmen nach Durchführung einer solchen systematischen Trennung lässt sich zeigen, dass das vormalige Durcheinander einer erkennbaren Ordnung weicht.

Weitere Elemente des Lean Managements sind die Reduzierung der Schnittstellenanzahl zu externen Partnern (vor allem zu Lieferanten, d.h. Konzentration auf weniger Lieferanten) sowie die Komponentenfertigung (Standardisierung von Vorprodukten, die in unterschiedliche Produkte oder Produktgruppen Eingang finden) zwecks Reduzierung der Komplexität. Durch die Gestaltung der Prozesskette entlang der Wertschöpfungsstufen und durch die Übernahme von mehr Verantwortung durch die Mitarbeiter in den einzelnen Fertigungsstufen soll schließlich eine schlankere Produktion erreicht werden. Selbstverständlich lassen sich diese Gedanken auch auf kaufmännische Prozesse übertragen.

Business Reengineering : Erweiterung des Lean Management

Das Konzept ‚Business Reengineering‘ ist insofern eine Erweiterung des ‚Lean Management‘-Ansatzes, als es neben der Verschlankung von Prozessen darauf setzt, unter extremem Einsatz von Informationstechnologie (IT) vor allem die Kernprozesse des Unternehmens zu verschlanken. Michael Hammer und James Champy definieren dieses Konzept in ihrem Bestseller gleichen Namens als „fundamentales Überdenken und radikales Redesign von Unternehmen oder wesentlichen Unternehmensprozessen", damit „Verbesserungen um Größenordnungen"[233] hinsichtlich kritischer Kerngrößen wie Kosten, Qualität, Service und Geschwindigkeit erreicht werden.

In diesem Zusammenhang wird insbesondere auch die Frage gestellt, ob ein Unternehmen alle analysierten Aufgaben selbst erfüllen will. Mit ‚Outsourcing‘ bezeichnet man den Ansatz, ehemals selbst durchgeführte Aufgaben, die nicht zum Kerngeschäft gehören, an ein anderes Unternehmen zu übertragen. Auf der einen Seite kommen existierende Unternehmen in Betracht. Es ist aber möglich, im Rahmen eines sogenannten ‚Management-Buy-Outs' das in Frage kommende Aufgabenbündel eigenen Mitarbeitern mit der Auflage zu übertragen, sich selbstständig zu machen.

‚Lean Management' und ‚Business Reengineering' sind als spezielle Varianten des Prozessmanagements einzustufen. Noch deutlicher als beim Prozessmanagement sprechen sich Autoren wie Hammer und Champy dafür aus, dass die Initiative vom Top-Management ausgehen sollte: „Grundsätzlich gilt, dass Business Reengineering nie und nimmer von unten nach oben erreicht werden kann. (…) Nur starke Führung von oben kann (..) Menschen dazu bewegen, die Veränderungen zu akzeptieren, die Business Reengineering mit sich bringt."²³⁴ Gleichwohl sind vor Umsetzung dieser Konzepte die gleichen Fragen zu stellen, die auch mit Blick auf die Erfolgsaussichten einer Einführung und Umsetzung von Prozessmanagement vorgeschlagen wurden.

5.1.3 – Projektmanagement und Multiprojektmanagement

Ein Projekt wird aufgesetzt, wenn das Unternehmen etwas Neues ausprobieren will. Insofern ergänzen Projekte die herrschende Aufbau- und Ablauforganisation. Soweit Projekte erfolgreich sind, werden sie in die herrschende Aufbau- und Ablauforganisation übernommen. Projekte sind also einmalige Vorhaben, die einen innovativen Charakter haben.

In Projekten wird Neues ausprobiert

Mit Projektmanagement bezeichnet man eine umfassende Vorgehensweise, wie mit Projekten sinnvollerweise umzugehen ist. Insofern unterscheidet sich Projektmanagement vom Change-Management, weil in der Frühversion allein das spezielle Problem des Umgangs mit Widerständen problematisiert wird. Es unterscheidet sich aber auch von der modernen Fassung des Change-Managements und des Innovationsmanagements, weil dort nicht wie im Projektmanagement spezielle Vorgehensweisen und Werkzeuge im Mittelpunkt stehen, sondern die Selbstorganisation.

Mit Projekten verbindet sich im Allgemeinen ein höherer Grad der Unsicherheit bei der Aufgabenerledigung als dies üblicherweise bei der Erfüllung von Daueraufgaben der Fall ist. Ist der Innovationsgehalt der Projektaufgaben relativ gering und ihre

Komplexität wenig ausgeprägt, kann das Projekt sowohl seitens der Projektleitung als auch seitens der Projektmitarbeiter ‚neben dem Tagesgeschäft' durchgeführt werden. Im Falle mittleren Innovationsgehaltes und mittlerer Komplexität wird man dazu tendieren, eine hauptamtliche Projektleitung zu installieren, Projektmitarbeiter jedoch eher nebenamtlich arbeiten zu lassen. Projekte mit hohem Innovationsgehalt und großer Komplexität werden in aller Regel von hauptamtlichen Kräften durchgeführt.

In der Wirtschaftspraxis haben Projekte ihren Ausgangspunkt in

> ➢ erkannten Problemen,
> ➢ neuen Technologien (z.b. Teleworking, Einsatz eines Web-Shops im Rahmen von eBusiness) oder
> ➢ in besonderen wirtschaftlichen und rechtlichen Herausforderungen (Stichworte ‚Globalisierung', ‚Veränderung der Unternehmensbesteuerung').

Merkmale eines Projektes

Anregungen aus den Fachbereichen oder Ideen der Geschäftsführung bilden häufig den konkreten Auslöser für Projekte. Ein Projekt lässt sich mit den folgenden Merkmalen kennzeichnen:

> ➢ Ein Projekt stellt eine *umfassende Aufgabenstellung* mit *zeitlicher Befristung* dar: Es besitzt einen definierten Umfang, wobei zwischen definiertem Anfangs- und Endzeitpunkt ein relativ großer Abstand bestehen kann. Dies können mehrere Monate, aber auch mehrere Jahre sein.
> ➢ Unabhängig vom zu erreichenden Hauptziel (etwa die Entwicklung eines Produktes oder die Einführung eines neuen Verfahrens) existiert eine Gruppe von Teil-Projektzielen. Dies können Umsatzziele, Kostenziele und Qualitätsziele sein. Es empfiehlt sich, den Zusammenhang zwischen Hauptziel und Teilzielen zu reflektieren und bei Zielkonflikten zu priorisieren.
> ➢ Bei einem Projekt handelt es sich um eine vergleichsweise neue Aufgabe (gewisser Einmaligkeitscharakter, keine

Routineaufgabe). Damit verbunden ist stets auch ein Risiko hinsichtlich der Zielerreichung.

➤ Für die im Zusammenhang mit der Projektbearbeitung anfallenden Kosten und Investitionen wird ein Projektbudget aufgestellt. Dieser Kostenrahmen sollte möglichst nicht überschritten werden und führt gleichzeitig dazu, dass mit begrenzten Arbeitsmitteln gewirtschaftet werden muss.

➤ Aufgabenstellungen im Projekt werden im Regelfall fach- und bereichsübergreifend gelöst. Die Durchführung von Projekten erfordert vor diesem Hintergrund eine besondere, über die Sichtweise eines speziellen Tätigkeitsbereichs hinausgreifende Koordination. Hier wird einmal mehr deutlich, dass Projektarbeit typischerweise Teamarbeit ist.

Ein geordnetes Projektmanagement sorgt dafür, dass die anfallen-den Teilaufgaben überschaubar bleiben und Problemsituationen rechtzeitig erkannt werden. Zum Projektmanagement gehört insbesondere eine klare Aufteilung des Projektes. Jedes Projekt – egal, ob es sich um ein Bauprojekt, ein Organisationsprojekt oder ein Softwareentwicklungsprojekt handelt – lässt sich in verschie-dene Teilaktivitäten und damit in Arbeitspakete untergliedern. Gleichwohl sind die Zusammenhänge zwischen den Arbeitspa-keten im Blick zu behalten. Für jede Teilaktivität wird überlegt, welche Ressourcen (Material, Personal, Maschinen) einzusetzen sind sowie welche Kosten anfallen werden. Den Abschluss eines Arbeitspaketes nennt man in der Praxis *Meilenstein* (= erreichtes Teilziel innerhalb eines Projektes).

> Aufgaben des Projektmanagements

Erst recht, wenn die anfallenden Projekte einen gewissen Umfang annehmen, empfiehlt sich eine vorherige detaillierte Planung sowie eine fortlaufende Überwachung und Steuerung des Projektes. Bloßes ‚Draufloswerkeln' hat nämlich erhebliche Gefahren und Nachteile zur Folge: Zeitverzögerungen, unnötige Kostensteigerungen sowie Leerlauf auf Grund fehlender Verfüg-barkeit der notwendigen Personen und Ressourcen.

Das Projektmanagement lässt sich durch die Netzplantechnik unterstützen. Die Netzplantechnik geht auf die Grafentheorie zurück. Alle Verfahren der Netzplantechnik greifen auf ein grafisches Modell (Netzplan) zurück, das die einzelnen Aktivitäten in ihrer logischen Zeitfolge übersichtlich und eindeutig darstellt. Dieser *Strukturanalyse* folgen Untersuchungen, die sich auf das Zeitgerüst des Projektes beziehen. Mit Hilfe der *Zeitplanung* ermittelt man beispielsweise den kritischen Pfad, der all diejenigen Aktivitäten angibt, deren Verzögerung auch zu einer Verlängerung der gesamten Projektlaufzeit führen würde. Aktivitäten, die nicht auf dem kritischen Pfad liegen, können in gewissen Grenzen (Pufferzeiten) verschoben werden. Die Netzplantechnik unterstützt das Projektmanagement auch durch *Kapazitätsplanungen* (Maximierung der Kapazitätsauslastung unter Berücksichtigung der Einhaltung von Belegungsvorgaben) und *Kosten- und Gewinnplanungen*. Schon sehr früh war die Netzplantechnik auf Großrechnersystemen verfügbar, was die rasche Verbreitung beschleunigte. Mittlerweile existieren auch sehr leistungsfähige PC-basierte Systeme, zum Beispiel das von Microsoft angebotene MS-Project oder das frei verfügbare GanttProject.

Multiprojektmanagement   Mit Multiprojektmanagement bezeichnet man alle Anstrengungen, die verschiedenen Projekte in einem Unternehmen gleichzeitig im Auge zu behalten. Ziel des Multiprojektmanagements ist es, die Belastung des Unternehmens und seiner Mitarbeiter durch Projekte zu begrenzen. Dazu muss das Multiprojektmanagement über alle belastungsrelevanten Projektinformationen verfügen.

Das Multiprojektmanagement begleitet alle Unternehmensprojekte von der Projektidee bis zum Projektabschluss.

Projektideen werden an das Multiprojektmanagement gerichtet, dort bewertet, priorisiert und unter Berücksichtigung von Belastungsgrenzen zeitlich eingeplant. Den jeweiligen Projektleitern wird auferlegt, in regelmäßigen Abständen (in der Praxis ist das ca. einmal pro Monat) über den Projektfortschritt zu berichten und die Inanspruchnahme von Ressourcen zu prognostizieren. So kann das Multiprojektmanagement feststellen, ob die Projekte rechtzeitig fertiggestellt werden. Außerdem kann es Engpässen bei den Ressourcen (Mitarbeiter, Budget) begegnen. Sollten mehrere Projektleiter zum Beispiel erwägen, den Einsatz bestimmter Mitarbeiter übermäßig auszudehnen, steuert das Multiprojektmanagement entsprechend gegen. Das Gleiche gilt auch für künftige Ausgaben, insbesondere wenn sie die Liquidität des Unternehmens gefährden.

Darüber hinaus hat das Multiprojektmanagement die Aufgabe, in regelmäßigen Abständen eine Übersicht über den Stand aller Projekte anzufertigen und darüber in geeigneter Form zu berichten. Während des Projektes nimmt das Multiprojektmanagement auch die Rolle des Ansprechpartners und Unterstützers ein. Auf diese Weise können Projektleiter und Projektmitarbeiter die umfassenden Erfahrungen der Personen nutzen, die im Multiprojektmanagement tätig sind.

Schließlich verlangt das Multiprojektmanagement von jedem Projektleiter, dass das Projekt in Form eines Abschlussberichtes dokumentiert wird. Die Projektdokumentation trägt dazu bei, das Wissen um und über vergangene Unternehmensprojekte zu erhalten, und steht damit für künftige Projekte zur Verfügung.

In Unternehmen, in denen Projekten eine zentrale Bedeutung zukommt, liegt es nahe, dem Multiprojektmanagement eine hohe aufbauorganisatorische Bedeutung zu verleihen. Für diese aufbauorganisatorische Lösung scheint sich auch in Deutschland die englische Bezeichnung ‚Project Management Office (PMO)‘ durchzusetzen.[235] In kleineren Unternehmen ist es durchaus vorstellbar, dass sich die Unternehmensleitung vorbehält, das Multiprojektmanagement selbst zu übernehmen. In größeren Unternehmen ließe sich das Multiprojektmanagement als Stabsabteilung der Unternehmensleitung zuordnen. Soweit man zu dem Ergebnis kommt, das Multiprojektmanagement in die Linienorganisation neben den anderen operativen Bereichen einzuordnen, ergibt sich die Notwendigkeit, Dienstleistungs- und Entscheidungsaufgaben voneinander zu trennen. In diesem Falle würde das Multiprojektmanagement Entscheidungen nur vorbereiten, nicht aber treffen können. Zum Beispiel würde der Unternehmensleitung allenfalls ein Vorschlag unterbreitet, wie die eingereichten Projektideen priorisiert werden könnten.

5.1.4 – Change-Management im Sinne eines geplanten Wandels

Alle bisher vorgestellten Managementkonzepte stoßen in der Praxis regelmäßig an ihre Grenzen, wenn die Phase der Umsetzung anbricht. Einer Veränderung der Prozesslandschaft wird gern mit Killerphrasen (‚Das haben wir ja noch nie gemacht!‘) begegnet, Projekterfolge lassen sich nicht oder nur teilweise in die Dauerorganisation überführen. Als Grund für diese Probleme haben diesbezügliche Forschungen den Widerstand der Mitarbeiter entdeckt.

Widerstand

Dabei lässt sich der Widerstand gegen Veränderungen auf zwei Hauptgründe zurückführen: Einerseits ist es die Angst, die erworbene Sicherheit zu verlieren. Man will das Gewohnte und Vertraute nicht verlassen und gegen eine Situation der Ungewissheit eintauschen. Andererseits kann Veränderung auch Verschlechterung bedeuten: Nicht immer droht ein Einkommensverlust oder eine Einkommensreduzierung, auch die Furcht vor Kompetenz- und Prestigeverlusten bei einer neuen Arbeitsorganisation oder die Angst vor sozialen Verlusten bei neuen Gruppenzusammensetzungen kann die persönliche Situation zunächst einmal verschlechtern.

Bei einer *objektiven Verschlechterung* der Lebenssituation (z.B. bei einer Entlassung oder einer Abstufung) liegen die Gründe für eine Abwehrhaltung auf der Hand. „Hierfür gibt es im Rahmen des geltenden industriellen Beziehungssystems Plattformen zur Aushandlung von Kompromissen.“[236] Dazu gehört beispielsweise, dass Arbeits- und/oder Tarifverträge nachverhandelt, Sozialpläne ausgehandelt und Rationalisierungs-Schutzabkommen geschlossen werden. Dieser Aspekt ist nicht Gegenstand eines ‚Change-Managements‘ und wird deshalb nachfolgend nicht weiter vertieft.

„Wirklich erklärungsbedürftig werden die Änderungswiderstände erst dort, wo ein veränderungsbedingter objektiver Nachteil monetärer oder nicht-monetärer Art nicht erkennbar ist.“[237] Diese Möglichkeit wurde in der Vergangenheit von vielen Führungskräften häufig nicht gesehen oder sie wollte nicht gesehen werden. Genau hier setzt die Frühversion des Konzeptes ‚Change-Management‘ zur Bewältigung eines geplanten Wandels an.

Grundsätzlich sind zwei unterschiedliche Widerstandstypen zu berücksichtigen: Widerstände aus der Person und Widerstände aus der Organisation heraus. Personenbedingte Widerstände äußern sich vor allem in einer gewissen Verhaltensfixierung. Man will einmal eingeschliffene Gewohnheiten beibehalten, man räumt Ersterfahrungen einen Vorrang ein, man will die Vergangenheit nicht entwerten. Organisationsbedingte Widerstände haben etwas mit der herrschenden Unternehmens- bzw. Organisationskultur zu tun. „Je enthusiastischer (stärker) die Organisationskultur, um so ausgeprägter ist der zu erwartende Widerstand."[238]

Change-Management im Sinne eines geplanten Wandels fragt im Kern, wie das Management mit Widerständen umgehen sollte. Die betriebswirtschaftlich orientierte Forschung hält zwei Ansätze für den Umgang mit Widerständen bereit:

Erstens: Widerstand ist normal!

Widerstand ist normal

Wenn sich Vorschläge und Ideen nicht umsetzen lassen, wird in vielen Fällen zunächst das Konzept in Frage gestellt. Mit Akribie wird intensiv nachgebessert, obwohl es oft nichts nachzubessern gibt. Das Problem verbirgt sich eben nicht im neuen Konzept, sondern im ‚natürlichen' Widerstand betroffener Personen. Die banale Erklärung dafür lautet: Widerstand ist völlig normal. Dabei sind „unter Widerstand (..) mentale Barrieren zu verstehen, die sich in einer aktiven oder passiven Ablehnung von Veränderungen zeigen."[239]

Diese Erkenntnis hilft den Verantwortlichen, die Ursachen nicht an der falschen Stelle zu suchen. Wenn man weiß, dass Widerstand normal ist, kann man mit den eigenen Emotionen besser umgehen, die aus der Nichtakzeptanz einer neuen, besseren Lösung erwachsen. Statt die Betroffenen abzuqualifizieren („Mensch, sind die blöd, die kapieren es einfach nicht!") lautet die Botschaft wie im gleichnamigen Brettspiel: „Mensch, ärgere Dich nicht!"

Dietmar Vahs zeigt darüber hinaus, dass Menschen unterschiedlich mit Veränderungen umgehen: „Die Erfahrungen in der Praxis des Change-Managements zeigen, dass sich hinsichtlich der Reaktionen auf die geplante Veränderung mehrere Gruppen von Personen unterscheiden lassen: Etwa ein Drittel steht dem Wandel offen und positiv gegenüber, ein Drittel verhält sich neutral und abwartend, und das letzte Drittel lehnt die Veränderung vehement ab."[240]

Vor diesem Hintergrund sollten die Verantwortlichen versuchen, die Gruppe mit den Neutralen und Abwartenden zu identifizieren und mit geeigneten Maßnahmen von der Notwendigkeit der beabsichtigten Veränderung zu überzeugen.

Veränderung braucht Zeit!

Zweitens: Veränderung braucht Zeit!

Schon früh hat Kurt Lewin (1890–1947) darauf hingewiesen, dass Veränderungen von vielen ‚Aufs' und ‚Abs' begleitet werden. Euphorie und Enttäuschungen wechseln sich ständig ab. Die nachfolgende Abbildung verdeutlicht Lewins Drei-Schritte-Modell, nach dem einer Phase des Auftauens (Unfreezing) eine turbulente Phase der Veränderung (Moving) folgt. Schließlich wird in der Stabilisierungsphase (Freezing) das neue Niveau eingefroren:

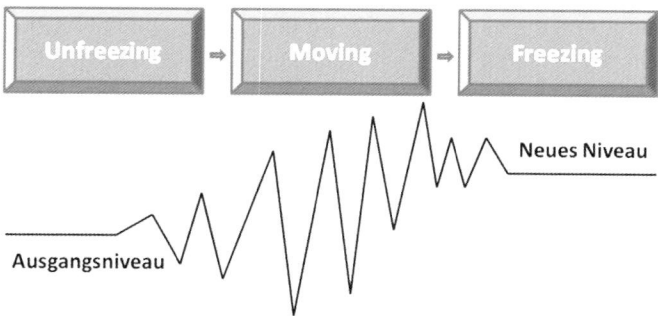

Abb. 12: Drei-Schritte-Modell der Organisationsänderung nach Kurt Lewin[241]

Die Betrachtung Lewins fordert dazu auf, sich bei Rückschlägen weder entmutigen zu lassen noch bei Momenterfolgen den Durchbruch zu feiern. Die Veränderung wird erst nach einiger Zeit ein stabiles, höheres Niveau erreichen. Oder auch nicht.

Richard K. Streich und Jens Brennholt fordern dazu auf, auch dem Faktor Zeit ausreichende Beachtung zu schenken. Sie beschreiben den Phasenverlauf eines Veränderungsprozesses aus der Sicht betroffener Personen mit dem Hinweis, dass sich positive und negative Gefühle im Zeitverlauf abwechseln. Ein adäquater Umgang mit diesen Gefühlen erscheint so als Schlüssel zu einem erfolgreichen Veränderungsprozess.[242]

Beachtenswert sind die normativen Aussagen, die in diesem Ansatz erkennbar werden. Zusammenfassend empfiehlt Dietmar Vahs, Veränderungsprozesse in dieser folgenden Reihenfolge zu begleiten[243]:

1. Die betroffenen Mitarbeiter informieren (Information).
2. Mit den betroffenen Mitarbeitern kommunizieren (Kommunikation).
3. Die Mitarbeiter ausbilden und üben lassen (Training).
4. Die Mitarbeiter individuell unterstützen (Coaching).
5. Die Mitarbeiter begleiten (Mentoring).

Darüber hinaus findet sich in der Literatur der Vorschlag, den Betroffenen bei Veränderungen eine angemessene Toleranzphase einzuräumen, in der zwischen den alten und neuen Lösungen gewählt werden darf.[244] Hierzu ist anzumerken, dass diese Möglichkeit heutzutage besonders bei technischen und computergestützten Veränderungsvorhaben kaum vorstellbar ist. Zum Beispiel ist es weder sinnvoll noch rechtlich zulässig, bei einer Softwareumstellung gleichzeitig mit zwei unterschiedlichen ERP-Systemen zu arbeiten.

5.2 – Alternative Managementkonzepte

Alternative Managementkonzepte setzen auf die intrinsische Motivation. Sie zeichnen sich dadurch aus, dass die Mitarbeiter selbst ein tiefes Interesse dafür entwickeln, dem Kerngedanken des jeweiligen Managementkonzeptes zum Durchbruch zu verhelfen.

Deshalb setzt ein alternatives Managementkonzept auf das *Wollen der Mitarbeiter*. Ein alternatives Managementkonzept kann nicht befohlen werden. Somit ist alternatives Management weniger direkt(iv); es setzt vielmehr einen Rahmen, in dem sich die Mitarbeiter entfalten können.

Das umfassendste und gleichzeitig älteste alternative Managementkonzept wird mit einem Change-Management im Sinne der ‚Lernenden Organisation' beschrieben. Dieser Ansatz geht insofern über die zuvor diskutierte Version im Sinne eines geplanten Wandels hinaus, als Widerstand nicht als ‚zu behandelndes' Problem aufgefasst wird. Vielmehr geht es darum, Rahmenbedingungen zu schaffen, in denen Widerstand an Relevanz verliert.

Die Managementkonzepte ‚Innovationsmanagement' und ‚Wissensmanagement' erweitern das Konzept des Change-Managements im Sinne der ‚Lernenden Organisation' um diejenigen spezifischen Inhalte, die dem jeweiligen Konzept ihren Namen gegeben haben. Gleichwohl ist darauf hinzuweisen, dass diese Konzepte in der Praxis oftmals auf mechanistische Führungspraktiken reduziert werden, die ihrer eigentlichen Intention, mehr Möglichkeiten zu schaffen, im Wege stehen. So werden in der Praxis Projekte zum ‚Innovationsmanagement' und zum ‚Wissensmanagement' aufgelegt, die deshalb scheitern, weil ihnen der ethische Kern einer alternativen Führung fehlt.

Nicht ‚Management' sondern ‚Support'!

Streng genommen ist der Begriff ‚Management', der sich im weitesten Sinne mit ‚Handhabung' oder auch ‚Behandlung' übersetzen lässt, nicht passend. Es geht ja gerade nicht um eine mechanistische Vorgehensweise im Sinne einer Wenn-Dann-Beziehung, bei der die ‚managende' Person nur den richtigen Knopf bei der ‚zu managenden' Person zu finden hat. ‚Begleitung' und ‚Ermöglichung', was zusammenfassend auch als ‚Unterstützung' bezeichnet werden könnte, treffen den Kern eines solches Ansatzes besser. Insofern könnten die nachfolgend dargestellten ‚Support'-Konzepte in englischer Übersetzung treffender als ‚Change Support', ‚Innovation Support' und ‚Knowledge Support' bezeichnet werden. Gleichwohl werden in den nachfolgenden Ausführungen die traditionellen Begriffe verwendet.

5.2.1 – Change-Management im Sinne einer ‚Lernenden Organisation‘

Change-Management im Sinne eines geplanten Wandels ist eine mechanistische Top-down-Aktivität. Change-Management mit dem Ziel, dass alle Mitarbeiter ständig wachsam auf der Suche nach Verbesserungsmöglichkeiten sind, wird in der englischsprachigen Literatur als ‚emergent change‘ bezeichnet.[245] Ziel ist es, eine ständig von sich aus ‚Lernende Organisation‘ zu erhalten.

Georg Schreyögg zeigt in einer Gegenüberstellung, dass sich der geplante organisatorische Wandel vom Konzept der ‚Lernenden Organisation‘ deutlich unterscheidet:

Gegenüberstellung unterschiedlicher ‚Change‘-Konzeptionen

Geplanter Wandel	Lernende Organisation
Der Wandel gilt als Sonderfall bzw. als Ausnahme.	Der Wandel gilt als Normalfall.
Der Wandel gilt als separates Problem.	Der Wandel ist endogen und Teil der Systemprozesse; Wandel gilt als natürlicher Bestandteil der Organisation.
Der Wandel wird direkt gesteuert.	Der Wandel wird indirekt gesteuert.
Der Wandel ist Sache von (oft externen) Experten; die Organisation ist der Klient.	Der Wandel gilt als generelle Kompetenz der Organisation.

Abb. 13: Wandelbegriffe im Vergleich in enger Anlehnung an Georg Schreyögg[246]

Die ‚Lernende Organisation‘ ist eine Idee, die Lernen mit positiver Veränderung gleichsetzt. Getreu dem Motto ‚Lernen hat noch niemandem geschadet‘ fordert ein Bekenntnis zur ‚Lernenden Organisation‘ dazu auf, dass alle Mitarbeiter ständig dazulernen und sich dadurch weiterentwickeln. Dieser individuelle Lernansatz wird um geeignete Maßnahmen ergänzt, die ein ‚organisationales Lernen‘ möglich machen. ‚Miteinander Lernen‘ lässt sich beispielsweise durch die richtige Anwendung des Führungsinstruments ‚Team-

Positive Veränderungen

gespräch' wirksam unterstützen. Ein weiteres Beispiel stellt die Förderung informaler Gruppen dar, die in einigen Unternehmen leider immer noch bekämpft werden, weil man befürchtet, dass das Organisationsmonopol der Unternehmensleitung ausgehebelt wird. In dem noch zu behandelnden Konzept ,Wissensmanagement' werden die Besonderheiten des ,organisationalen Lernens' eingehend erläutert.

Wandel als Normalfall bedeutet, dass sich ein Unternehmen ständig verändern muss. In diesem Zusammenhang ist zu fragen, für welche Unternehmen der Wandel ein Normalfall ist. Auf Unternehmen, die in einem turbulenten, sich schnell ändernden Umfeld ,unterwegs' sind, dürfte dies auf jeden Fall zutreffen. Aber auch Unternehmen, die von einem (noch) stabilen Umfeld umgeben sind, sollten wachsam sein.

Eine lernende Organisation zielt auf einen endogenen, also einen von innen einsetzenden Wandel ab. Damit ist gemeint, dass alle Mitarbeiter, ganz gleich in welcher Hierarchiestufe sie sich befinden, den Wandel bewirken. Jeder Mitarbeiter ist aufgefordert, ständig über notwendige, das Unternehmen verbessernde Veränderungen nachzudenken und diese zu kommunizieren. Die Organisation hat dabei sicherzustellen, dass die vorgeschlagenen Veränderungen ungeachtet der Position des Vorschlagenden auf Machbarkeit und Erfolgswahrscheinlichkeit geprüft und gegebenenfalls eingeleitet und umgesetzt werden. Dieser Aspekt wird in dem nachfolgend zu behandelnden Konzept ,Innovationsmanagement' vertieft.

,Lernenden Organisation'
und ethischer Kern

Eine ,Lernende Organisation' lässt sich nur indirekt steuern, während ein ,geplanter Wandel' angeblich direkt steuerbar ist. Wenig überzeugend betont Colin A. Carnall in seinem Lehrbuch zum Change-Management: „Whether or not they participated in the planning, once the changes take concrete form (..) [the employees] must learn to cope with them."[247] Es erscheint in der heutigen Zeit weltfremd und naiv, angehenden Führungskräften zu vermitteln, dass Mitarbeiter beschlossene Veränderungen in der Umsetzungsphase ,schlucken' werden und lernen, mit ihnen umzugehen. Insofern gewinnt der Ansatz, Mitarbeiter indirekt zu steuern, mindestens im Zusammenhang mit größeren Veränderungen an Bedeutung. Indirekte Steuerung gelingt beispielsweise, wenn Manager als Vorbilder anerkannt werden. Diese Vorbildfunktion muss sich der Manager erarbeiten. Dazu erscheint besonders geeignet, an der eigenen Einstellung zu arbeiten und dabei die Werte Nachhaltigkeit, Wertschätzung, Erfüllung und Vertrauen zu berücksichtigen: Wenn die Mitarbeiter

> wissen, dass Veränderungen der nachhaltigen Überlebensfähigkeit des Unternehmens dienen,
> im Veränderungsprozess als Mitgestalter Wertschätzung erfahren und Erfüllung finden,
> darauf vertrauen dürfen, dass die Veränderungen ihnen persönlich nicht schaden, sondern nutzen,

werden sie mit großer Wahrscheinlichkeit die betreffenden Vorhaben unterstützen.

Schließlich zeichnet sich eine ‚Lernende Organisation‘ durch eine hohe Wandlungs- und Anpassungsfähigkeit aus. Dazu bedarf es eben keiner Experten und Top-Manager, die den Wandel anstoßen. Auslöser des Wandels sind idealerweise die Mitarbeiter selbst, wobei diese die Unterstützung ihrer Manager als Coaches, Berater oder als Experten durchaus einfordern sollten. Das im Zusammenhang mit Change-Management in der Praxis häufig gehörte, in der Literatur vergleichsweise selten verwendete Schlagwort, „Betroffene zu Beteiligten machen", trifft den Kern der ‚Lernenden Organisation‘. Dabei geht es keineswegs darum, den Mitarbeitern nur das Gefühl zu geben, dass sie beteiligt würden. Dieser Trick, etwa in Rechtfertigungsworkshops Veränderungsvorhaben wie ‚Das neue Leitbild‘ auszurollen, wird eher früher als später von den meisten Mitarbeitern als schiere Manipulation durchschaut. Es geht darum, die Mitarbeiter wirklich und umfassend in Veränderungsprozesse einzubeziehen und Mitarbeiter als Quelle der Veränderung zu begreifen. Die Veränderung ist nicht allein Aufgabe von sogenannten Change Agents, Change Champions oder Change Managern, wie die Literatur zum Change-Management fast unisono suggeriert;[248] Veränderung im Sinne der ‚Lernenden Organisation‘ ist eine Aufgabe für alle Mitarbeiter.

Von den Mitarbeitern getragen

Eine entscheidende Voraussetzung für eine ‚Lernende Organisation' ist eine Kommunikationskultur, die Gespräche ‚auf Augenhöhe',
gerade auch über Hierarchiegrenzen hinweg, ermöglicht. In der
deutschsprachigen Literatur zum Change-Management findet
sich dazu eine Fülle von Hinweisen.[249] Georg Schreyögg betont:
„Gleichgültig welchen Aspekt des organisatorischen Lernens man
heranzieht, sei es die Aufnahme von Feedback, die Verarbeitung
von Erfahrungen oder die Korrektur von Systemstrategien, immer
sind die Kommunikationen die entscheidenden Systemprozesse,
die schließlich ein Lernen des Systems möglich machen."[250] Daraus
lässt sich die Forderung ableiten, dass Unternehmen auf dem Weg
zur ‚Lernenden Organisation' vor allen Dingen Kommunikationsentwicklung (KE) betreiben sollten. Das Kölner Institut für
Angewandte Kreativität (IAK) erläutert: Die bei KE zum Einsatz
kommenden „Kommunikationsentwicklungs-Tools verstehen sich
weniger als wissenschaftlich-objektive Diagnoseinstrumente, sondern vielmehr als Katalysatoren, die es den Beteiligten erlauben,
Kommunikation und Verständigung aus eigener Kraft zu entwickeln und auf die relevanten Punkte zu fokussieren."[251] Meiner
Ansicht nach kommt es darauf an, durch Kommunikationsentwicklung eine hierarchie- und damit angstfreie Kommunikation zu
erreichen. Führungskräfte, denen es wichtig ist, aus Selbstschutz
oder anderen Gründen eine Distanz zu den Mitarbeitern auf-
zubauen oder auch nur pflegen, werden niemals eine ‚Lernende
Organisation' erhalten. Ganz abgesehen davon ist die bewusste Distanz das Gegenteil von Wertschätzung und damit ein erkennbarer
Ausdruck ‚dunklen Managements'. Distanz führt bestenfalls dazu,
dass Mitarbeiter Vorschläge unterbreiten, die dem Vorgesetzten
gefallen (könnten). Gute Ideen und Vorschläge, die auch nur den
geringsten Widerstand beim Vorgesetzten erwarten lassen, fallen
in solchen Führungsbeziehungen unter den Tisch.

Der Abbau der hierarchischen Distanz durch Kommunikationsentwicklung dürfte zur Folge haben, dass sich Organisationsentwicklung im Sinne der ‚Lernenden Organisation' wie von selbst
einstellt: Der Schlüssel zur Organisationsentwicklung im Sinne der

,Lernenden Organisation' besteht darin, mit seinen Mitarbeitern ,auf Augenhöhe' zu kommunizieren.

5.2.2 – Innovationsmanagement

Innovationsmanagement im Sinne einer ,Lernenden Organisation' hat sicherzustellen, dass vorgeschlagene Veränderungen ungeachtet der Position des Vorschlagenden auf Machbarkeit und Erfolgswahrscheinlichkeit geprüft und gegebenenfalls zeitig eingeleitet und zügig umgesetzt werden.

Diesem Anspruch fühlte sich schon Alfred Krupp verpflichtet, als er vor über 120 Jahren das ,Betriebliche Vorschlagswesen' einführte. Seither werden in vielen Unternehmen und Verwaltungen die Ideen der Mitarbeiter gegen Honorierung, also Prämienzahlung, genutzt. Dem betrieblichen Vorschlagswesen, dessen angestaubt klingender Begriff vielerorts, etwa auch bei der BASF in Ludwigshafen durch modernere Wortschöpfungen wie ,Ideenmanagement' ersetzt wurde, lassen sich allerdings folgende Argumente entgegenhalten:

➢ „Das Verfahren ist zu aufwändig: Der Ablauf muss klar umrissen sein, die Zuständigkeiten sind unmissverständlich festzulegen.

➢ Die Mitarbeiter halten sich mit spontanen Verbesserungen zurück.

➢ Mitarbeiter, die ohnehin für ihre Kreativität bezahlt werden, benötigen keine Prämienanreize. Mithin eignet sich das betriebliche Vorschlagswesen nur für Bereiche, in denen Routinetätigkeiten vorherrschen. Damit wäre eine ,Zweiklassengesellschaft' im Unternehmen zementiert.

➢ Das Rationalisierungspotenzial und mithin die Prämie lassen sich nicht oder nur schwer ermitteln."[252]

Einige Unternehmen haben versucht, das ,Betriebliche Vorschlagswesen' zu modernisieren. Fast immer ging es darum, die Entscheidungsprozesse zu vereinfachen und damit zu beschleunigen, neue Begrifflichkeiten zu finden und internes Marketing für dieses Verfahren zu betreiben. Zum Leidwesen der Mitarbeiter wurden manchmal auch die Prämien von dem möglichen Rationalisierungspotenzial abgekoppelt und durch pauschale Sachprämien (Bücher, Elektrogeräte, Reisen) ersetzt.

Modernes Innovationsmanagement

Ein modernes Innovationsmanagement im Sinne einer ‚Lernenden Organisation‘ müsste sich von dem Bürokratismus, der mit dem ‚Betrieblichen Vorschlagswesen‘ verbunden ist, befreien. Im Kern müsste ein modernes Innovationsmanagement auf zwei Fragen Antworten finden:
1. Wie lässt sich ein Klima schaffen, in dem Mitarbeiter gern und bereitwillig Innovationen einbringen und an Innovationen mitarbeiten?
2. Welche Unterstützungsformen lassen sich im Unternehmen institutionalisieren, damit Innovationen zum Durchbruch kommen?

Die erste Frage wurde bereits in den Ausführungen zur ‚Lernenden Organisation‘ im vorangehenden Abschnitt beantwortet: Innovationsmanagement ist eine Frage der Führung! Wenn Mitarbeiter Wertschätzung genießen, in einem von Nachhaltigkeit und Vertrauen geprägten Unternehmen arbeiten dürfen und Erfüllung in ihrer Tätigkeit erfahren, ist Innovation ein Selbstläufer und kaum zu verhindern.

Ausgestaltung

Was die Unterstützung und Absicherung von Innovationen in der zweiten Frage anbelangt, lassen sich einige Möglichkeiten aufzählen:
➢ *Erstens:* Die im vorangehenden Abschnitt angesprochenen ‚Change Agents‘ finden genau hier als ‚Geburtshelfer‘ und ‚Begleiter‘, und nicht als ‚Change Manager‘ oder ‚Change Champions‘ ihren Platz. ‚Change Agents‘ in diesem Sinne sind Dienstleister, die Personen und Gruppen mit Innovationsambitionen mit Rat und Tat zur Seite stehen. Mit Champions, also Leuten, die besser sind als andere, hat das wenig zu tun. Und mit Managern, also Leuten, die andere

‚handhaben', behandeln oder manipulieren, hat das genauso wenig zu tun.

> *Zweitens:* Größere Innovationen sind häufig mit finanziellen Vorleistungen verbunden. Deshalb sollte ein Unternehmen in jedem Jahr einen ‚Forschungstopf' vorsehen, aus dem Innovationen finanziert werden. Sollte ein Forschungstopf nicht ausreichen, um allen Innovationen nachgehen zu können, ließe sich Eugen Schmalenbachs Gedanke von der pretialen Lenkung aufgreifen, indem der Preis für die Inanspruchnahme von Fördergeldern so lange angehoben wird, bis sich Angebot und Nachfrage ausgleichen.[253] Nachteilig an diesem ‚pretialen' Ansatz ist allerdings, dass im Unternehmen auf diese Weise eher ein Gegeneinander als ein Miteinander gefördert wird. Eine bessere Alternative dazu besteht meiner Ansicht nach aus der Installierung einer Expertenkommission im Sinne des beschriebenen Multiprojektmanagements, die über die Vergabe des ‚Forschungstopfes' befindet.

> *Drittens:* Innovationen sollten dokumentiert werden, damit aus den Erfahrungen, die gemacht wurden, gelernt werden kann. Dieser Aspekt wird im nachfolgenden Abschnitt zum Wissensmanagement im Rahmen der technischen Ausgestaltung solcher Systeme vertieft.

5.2.3 – Wissensmanagement

Ein Wissensmanagement im Sinne einer ‚Lernenden Organisation' stellt das ‚organisationale Lernen' in den Mittelpunkt. In diesem Zusammenhang weist Georg Schreyögg darauf hin, dass bereits das individuelle Lernen in einem oder für ein Unternehmen einen Organisationsbezug aufweist: „Es wird [..] keinesfalls – wie häufig zu hören – erst individuell gelernt, um dann den Lernerfolg sukzessive zu einem organisatorischen zu machen. Vielmehr ist es so, dass der organisatorische Bezug Rahmen und Anlass für das individuelle Lernen gibt. Das Organisationsmitglied lernt also so gesehen von vornherein organisatorisch."[254]

Organisationales Lernen lässt sich in vier Formen unterteilen: (1.) Erfahrungslernen ist das Resultat von Experimenten und aktiven Suchprozessen ('learning by doing'). (2.) Vermitteltes Lernen greift das Wissen einer anderen Organisation auf. (3.) Die Inkorporation neuer Wissensbestände kann durch die Einstellung von Experten oder durch Akquisition oder Fusion erfolgen. (4.) Schließlich gibt es die Möglichkeit, neues Wissen insbesondere durch kollektive Lernprozesse zu generieren.[255] Mit dem Konzept Wissensmanagement soll genau dieser Aspekt aufgegriffen werden.

Wissensmanagement stellt zwei elementare Probleme bei der kollektiven Generierung neuen Wissens in den Mittelpunkt:

- Problem 1: Mitarbeiter halten sich mit Beiträgen zurück, um sich unentbehrlich oder auch nur nicht lächerlich zu machen.
- Problem 2: Mitarbeiter sind oftmals nicht in der Lage, ihr Wissen miteinander zu teilen.

Das erste Problem betrifft die Psyche des Menschen und ist deshalb schwerer zu lösen als die technischen Schwierigkeiten, die im zweiten Problem angesprochen werden. Dieser Aspekt sei zuerst behandelt:

1. Aufgabe: Implizites Wissen explizieren!

Eine japanische Forschungsgruppe um Ikujiro Nonaka hat darauf hingewiesen, dass es manchmal richtig schwer ist, implizites Wissen in explizites Wissen zu transformieren.[256] Es geht darum, Wissen, das bei einer Person oder einer Gruppe von Personen vorhanden ist, anderen Personen überhaupt zur Verfügung zu stellen. So taten sich Elektroingenieure lange Zeit schwer, das Wissen von Bäckern anzuzapfen. Dies führte dazu, dass der Brotbackautomat im Vergleich zu anderen, sogar deutlich komplizierteren technischen Innovationen erst sehr spät erfunden wurde. Nachdem die Ingenieure der Fa. Matsushita in Osaka auf die Idee gekommen waren, nicht den Teig und seine Rezeptur in aller Tiefe zu analysieren, sondern den alles entscheidenden Knetprozess zu beobachten und selbst durchzuführen, wurde ihnen klar, dass die Zutaten nicht nur gemischt werden müssen, sondern dass sie auch gedreht, gezogen, gedehnt und gepresst werden müssen.[257]

Die Fähigkeit, Wissen miteinander zu teilen, lässt sich durch Übung und durch Einsatz multimedialer und multididaktischer Werkzeuge verbessern. Das Wissen darüber, wie man Fahrrad fährt oder schwimmt, lässt sich kaum über Bücher und Vorträge, die klassischen didaktischen Werkzeuge, vermitteln. Es empfiehlt sich, dem Nichtschwimmer und dem Fahranfänger dieses Wissen ggfs. auch über Videos, Simulatoren, persönliches Vormachen bis hin zur persönlichen Bewegungsunterstützung zu vermitteln. Insofern ist Wissensmanagement ein Ansatz, den Wissenstransfer mit den richtigen ‚Transportmitteln' zu unterstützen. Dabei sollte die Auswahl der ‚Transportmittel' nicht von Effizienzüberlegungen dominiert werden, sondern den Adressaten als denkenden und fühlenden Menschen in den Mittelpunkt stellen. Eine wertschätzende Einstellung erscheint in diesem Zusammenhang als sehr hilfreich.

Eine ganz besondere Herausforderung ist es, psychische Barrieren beim Wissenstransfer zu überwinden. Einem Mitarbeiter, der sich nicht lächerlich machen möchte und aus Angst sein Wissen für sich behält, lässt sich vielleicht mit positiven Verstärkern wie Lob und Anerkennung begegnen. Idealerweise sind Lob und Anerkennung von echter Wertschätzung geprägt. Mitarbeiter hingegen, die der Organisation Wissen vorenthalten, um sich wichtig und für die Organisation unentbehrlich zu machen, sind unsozial, inhuman und zerstören ein gutes Klima; letztlich fehlt ihnen das Vertrauen in die Organisation und ihre Führung: Wieder einmal schließt sich der Kreis, indem auf die Kraft der alternativen Werte wie *Wertschätzung, Nachhaltigkeit, Erfüllung* und *Vertrauen* verwiesen wird, die die Einstellung von Managern prägen sollten. Eine vorbildliche, humane Mitarbeiterführung dürfte dazu führen, dass es weniger unsoziale, inhumane Mitarbeiter im Unternehmen gibt.

2. Aufgabe: Psychologische Barrieren überwinden!

Schließlich ist über die eigentliche Ausgestaltung des Wissensmanagements zu befinden. Dabei können insbesondere Datenverarbeitungssysteme (Datenbanken, Intranet) wirksame Unterstützung leisten. Solche Lösungen lassen sich im weitesten Sinne auch als Dokumentenmanagement-Systeme bezeichnen. „Wenn Siemens wüsste, was Siemens weiß", ist eine in diesem Zusammenhang oft verwendete Floskel. Gemeint ist damit, dass Unternehmen das vorhandene Wissen eines Unternehmens so aufbereiten sollten, dass der Anwender zu jeder Zeit an jedem Ort der Welt auf dieses Wissen zurückgreifen kann.

Ein solches System sollte folgende Aspekte berücksichtigen:

➢ Das Angebot ist nach unterschiedlichen Kriterien zu strukturieren.

➢ Der Anwender sollte auf scharfe und nichtscharfe Suchfunktionen zurückgreifen können.

➢ Die Inhalte sollten dort, wo es möglich ist, miteinander verknüpft (= verlinkt) werden.

➢ Die Möglichkeit einer Bewertung des genutzten Angebots sollte geprüft werden. Beachte: Daraus entwickelbare Rankings oder gar eine mögliche Verknüpfung mit leistungsbezogenen Vergütungsmodellen könnte mit Blick auf eine angestrebte faire Führung kontraproduktiv wirken!

➢ Es ist eine Abschottung gegen unberechtigten Zugriff (Berechtigungskonzept) einzurichten.

5.3 – Einengung oder Erweiterung der Möglichkeiten durch Managementkonzepte?

Alle universell einsetzbaren Managementkonzepte gehen letztlich zurück auf das Organisations-Grundprinzip ‚Arbeitsteilung und Spezialisierung‘, das Adam Smith bereits im Jahre 1776 in seiner Arbeit „An Inquiry into the Nature and Causes of the Wealth of Nations" formulierte.[258] Tomáš Sedláček zeigt, dass der griechische Gelehrte Xenophon dieses Grundprinzip bereits vor 2500 Jahren sehr genau und anschaulich beschrieben hat, obgleich er auf die Arbeitsteilung zwischen den Unternehmen (= Handwerkern) und nicht in den Unternehmen abstellte.[259] 140 Jahre nach Smith bauten Frederic Winslow Taylor als ‚Vater der wissenschaftlichen Betriebsführung‘ (‚Scientific Management‘)[260] und Henry Ford diesen Gedanken weiter aus. So gelang es Ford ab 1913, sein berühmtes Automobilmodell T (‚Tin Lizzy‘) in sehr fein zergliederten und dennoch miteinander verbundenen Arbeitsschritten mit weitgehend ungelernten Mitarbeitern zu bauen. Auch wenn Ford die Erfindung dieser später als Fließbandarbeit (‚Assembly

Line') bezeichneten Arbeitsform zugeschrieben wird, hatte er die Verbindung der Arbeitsschritte doch in großen Schlachthäusern beobachtet und auf sein Metier übertragen.[261]

Ob in der Politik oder in der Wirtschaft: Henry Ford erscheint als Antisemit und Erzkapitalist als Sinnbild der Einengung. In seiner Biographie schreibt er den berühmten Satz: „Jeder Kunde kann ein Auto in jeder gewünschten Farbe haben, solange es schwarz ist."[262] Einengung in der Gestalt hochspezialisierter Arbeitsplätze war also nicht nur ein Organisationsprinzip, sondern es bezog sich auch auf das Absatzprogramm und seine politische Einstellung.

Prozessmanagement, Business Reengineering, Projektmanagement und auch Change-Management im Sinne eines geplanten Wandels erscheinen vor diesem Hintergrund als Konzepte, die auf Verdichtung und Einengung der Möglichkeiten abzielen: Mit den Konzepten Prozessmanagement, Qualitätsmanagement, Lean Management und Business Reengineering werden Abläufe standardisiert. Sich wiederholende Prozesse werden strukturiert, damit sie nicht willkürlich, sondern gleichartig und planvoll ablaufen. Die positiven Effekte dieser Standardisierung bestehen aus

Standardisierung ist Einengung

> „der Entlastung durch Arbeitsvereinfachung,
> der Produktivitätssteigerung durch Routinisierung,
> einer gesteigerten Transparenz,
> einer verbesserten sachlichen und zeitlichen Vorauskoordination zwischen den Mitarbeitern,
> der Objektivierung und der Dokumentation von Entscheidungen und
> aus verbesserten Kontrollmöglichkeiten."[263]

Mit Projekt- und Multiprojektmanagement soll erreicht werden, dass sich Innovationen planen lassen und in ‚geordneten Bahnen' bewegen. Auch dies ist eine Form der Einengung, weil sie einer Spontaneität und einer Kreativität entgegenwirken. Für ein geordnetes Projektmanagement spricht jedoch, dass damit erhebliche Zeit- und Kosteneinsparungen verbunden sein können.[264]

Ein Change-Management im Sinne eines geplanten Wandels engt die Entwicklung ebenso ein: Die Planung gilt als Weg, der nur in Ausnahmefällen verlassen wird. Und dennoch gilt auch hier, dass sich durch ein Change-Management im Sinne eines geplanten Wandels die Veränderung bei gleichzeitigen Kosteneinsparungen beschleunigen lässt.

Die Einengung der Möglichkeiten kennzeichnet also alle universell einsetzbaren Managementkonzepte!

Eine Einengung der Möglichkeiten entspricht auch der Grundphilosophie eines dunklen, reduktionistischen und mechanistischen Managements. Wohl deshalb sind gerade diese Managementkonzepte relativ weit verbreitet.

Aber auch ein faires Management sollte den Gedanken der Einengung der Möglichkeiten nicht grundsätzlich von sich weisen. Besonders bei allen Routinetätigkeiten, in denen zunehmend menschliche Arbeit durch Maschinen ersetzt wird, kann Einengung neue Freiräume für kreative Tätigkeiten schaffen. Oder in Krisensituationen kann ein stringentes Projektmanagement, das um ein Change-Management im Sinne des geplanten Wandels ergänzt wird, dazu führen, dass verschlafene Entwicklungen rasch nachgeholt werden können.

Ein Plädoyer für die Erweiterung der Möglichkeiten

Die alternativen Managementkonzepte stehen – den universellen Konzepten gegenüber – ganz im Zeichen der Erweiterung der Möglichkeiten. Sie sind mit einem dunklen, reduktionstischen und mechanistischen Management völlig unvereinbar. Eine ‚Lernende Organisation' im vorgestellten Sinne kann nach meiner Überzeugung allein auf einer Philosophie, die von Werten wie *Wertschätzung, Nachhaltigkeit, Vertrauen* und *Erfüllung* geprägt ist, Realität werden.

Ein faires, humanes Management kann also prinzipiell auf alle vorgestellten Managementkonzepte zurückgreifen, auch auf die universell einsetzbaren, einengenden Konzepte. Dabei ist bei der Anwendung universell einsetzbarer, einengender Managementkonzepte allerdings Vorsicht geboten: Eine begründete, behutsame, beteiligende und vor allem transparente Anwendung hat zu berücksichtigen, dass sie von den Mitarbeitern nicht als

Widerspruch zu alternativen Managementkonzepten empfunden wird, sondern vielmehr als Entlastung.

Gustav Bergmann und Jürgen Daub setzen Entwicklung mit dem Zuwachs an Möglichkeiten gleich und beschreiben sehr anschaulich die Ansatzpunkte für ein humanes Management: Es „geht (..) darum, Situationen zu schaffen, die Entwicklungen in neuen Dimensionen möglich machen. Wo man sich ausprobieren, experimentieren kann und in neuen Versuchen bestärkt wird. Bei Kindern und jungen Menschen in der Ausbildung geht es um die Stärkung des Selbstbewusstseins, Erprobung der Selbstwirksamkeit, um Orientierungswissen und Talententdeckung. In der Mitte des Arbeitslebens steht neben der beruflichen Weiterbildung die persönliche Weiterentwicklung im Mittelpunkt. Später stehen die Neuorientierung, die Wandlung von Kompetenzen und die Sinnfindung im Zentrum."[265]

Weiter führen die beiden Autoren aus: „Veränderungen und Entwicklungen in sozialen Systemen sind besonders dann wahrscheinlich, wenn die betroffenen Personen intensiv mitwirken dürfen. Es gibt kaum eine bessere Motivationsmethode als die eigene Entscheidung zum Engagement. Der Mensch ist interessiert (inter-esse), wenn ‚er' oder ‚sie' dazwischen ist. Das heißt Akteure bestimmen die Themen, Ziele und Wege, die Methoden und Vorgehensweisen mit. Eine angemessene Vorgehensweise dafür sind Großgruppenveranstaltungen [wie Veranstaltungen nach der Methode ‚Open Space'], die weitgehend auf Selbstorganisation beruhen, wo es also kaum Einwirkungen von Hierarchieebenen gibt und die Mitwirkenden ihre Fähigkeiten erproben, ihre Meinungen einbringen und Entscheidungen mit vorbereiten können."[266]

Bergmann und Daub identifizieren zutreffend auch die politischen Voraussetzungen für ein humanes Management und die Umsetzung der ‚Lernenden Organisation': „Der Mensch braucht eine Freiheit *von* und weniger Freiheit *zu*. Soll heißen, wenn wir alles tun und lassen dürfen (Freiheit *zu!*), geraten wir in eine wölfische Gesellschaft, in der wir uns gegenseitig das Leben schwerer machen, Raubbau an der Natur betreiben, Gemeinschaften zerstören und Elend erzeugen. Was wir aber brauchen, ist die Freiheit *von*

Belastung, Unterdrückung, Angst, Einsamkeit und Ausbeutung. Es ist dringend notwendig, diese fundamentale Neuorientierung zu einer lebensbejahenden Entwicklung zu verstärken. Das wäre der Wechsel zum Paradigma der guten Beziehungen und des Miteinanders von Menschen und unserer natürlichen Mitwelt."[267]

Schließlich widmen sich die Autoren der entscheidenden Frage aller Entwicklungen: „Wie kommen sie in Gang? Es ist in jedem Fall entscheidend, die Einzelperson oder auch Akteure in Systemen für die Veränderung zu gewinnen, so dass erste konkrete Schritte unternommen werden. Es sind immer gemeinsame Kontrakte zu Beginn notwendig, die Selbstorganisation in Gang setzen, um dann die Phasenübergänge und die sogenannte Erstverschlimmerung zu überwinden. Denn bei allen Neuerungen lauern die Unsicherheit und das Scheitern. Wenn in sozialen Systemen gemeinsam Entwicklungen initiiert werden sollen, dann sind die dominanten Akteure zu gewinnen, diesen Prozess im Ganzen abzusichern."[268] Zu den dominanten Akteuren gehört in den meisten Fällen sicher das Top-Management, so dass nicht nur für die universellen Managementkonzepte, sondern auch für die alternativen Managementkonzepte gilt, das Top-Management als Initiator und Unterstützer zu gewinnen.

6 – Fallbeispiele guter Führung

„Das gute Beispiel ist nicht nur eine Möglichkeit,
andere Menschen zu beeinflussen, es ist die einzige."

Albert Schweitzer[269] (1875–1965), Arzt und Theologe

Und auch Erich Kästner pflegte bekanntlich zu sagen: „Es gibt nichts Gutes, außer, man tut es."[270] Die nachfolgenden Fallbeispiele sind im Wesentlichen von sehr einfacher Natur. Humane Führung zeigt sich nämlich im Alltag, an jedem Tag, oft in ganz einfachen, aber durchaus typischen Situationen. Ursprünglich war an dieser Stelle vorgesehen, die ganz großen Geschichten zu erzählen. Der so oft zitierte brasilianische Unternehmer Ricardo Semler hätte erwähnt werden können, ebenso wie der ebenfalls mehrfach genannte dm-Gründer Götz Werner. Nicht zu vergessen ist auch der uns häufig begegnete Autor Detlef Lohmann, der in seinem mittelständischen Unternehmen eine Führung praktiziert, die auf einer humanen Einstellung gründet. Diesen Beispielen, die diese Arbeit bereits bereichert haben, ließe sich auch Michael Otto, Chef des gleichnamigen Versandhandels hinzufügen, der als ein „Vordenker der Nachhaltigkeit"[271] gilt. Gustav Bergmann und Jürgen Daub erwähnen in ihrem Buch „Das menschliche Maß" darüber hinaus Unternehmen wie „Wholefood, Gore, Ritter und manufactum", die ihren „Kunden faire, ökologische und werthaltige Produkte und Dienstleistungen"[272] anbieten. All diese Beispiele sind ohnehin in der Literatur, im Internet oder durch Funk und Fernsehen veröffentlicht worden, so dass auf eine Vertiefung an dieser Stelle verzichtet wird.

Auswahl der Beispiele

Für diese Arbeit werden bewusst deutlich kleinere, zum größten Teil wenig spektakuläre Beispiele ausgewählt, um dem Leser zu zeigen, dass eine humane Führung wirklich vor der eigenen Haustür beginnen kann. Um die Wirkung dieser Beispiele zu erhöhen, erzähle ich sie ganz bewusst ohne Bezug zum theoretischen Bezugsrahmen eines fairen Managements. Der Leser wird selbst erkennen, dass in jedem Beispiel mehr oder weniger alle vier Dimensionen des ethischen Kerns, nämlich *Wertschätzung*, *Nachhaltigkeit*, *Erfüllung* und *Vertrauen*, angesprochen werden.

Bis auf eine Ausnahme wird darauf verzichtet, ganze Lebensleistungen zu beschreiben. Vielmehr wird im Sinne der Aktionsforschung Wert darauf gelegt, einfache und doch spezifische Situationen zu beschreiben, in denen humane Führung besonders spürbar wird.

Die Ausnahme bildet das Beispiel des ‚Skateboard-Königs' Titus Dittmann[273], dessen Lebensführung auf Grund seiner nicht selten übertriebenen Neigung zur Selbstdarstellung sicher nur mit Einschränkungen als vorbildlich zu bezeichnen ist. Bewundernswert erscheint mir jedoch, dass er sich bei entscheidenden Veränderungen in seinem Unternehmen und in seinem Leben stets von einem tief empfundenen sozialen Engagement, mithin von Fairness im weitesten Sinne leiten ließ.

6.1 – Miteinander: Der Betriebsrat als Controller

Der Distributionsleitung eines Tiefkühlkostherstellers sind mehrere regionale Niederlassungen unterstellt. Ziel ist es, die Vertragspartner im Handel und in der Gastronomie pünktlich mit tiefgefrorenen Lebensmitteln zu versorgen. Selbstverständlich soll diese Aufgabe ressourcenschonend erbracht werden. Dabei ist es eine besondere logistische Herausforderung, die Tiefkühlkette geschlossen zu halten, um die hohe Qualität der Produkte sicherzustellen und die Gesundheit der Verbraucher nicht zu gefährden.

Ein junger Student der Betriebswirtschaftslehre erhält die Gelegenheit, im Rahmen eines Praktikums die Aufgaben der Distributionsleitung kennenzulernen.[274] Er hätte sich spannendere Themen als die Logistik vorstellen können und hätte auch ein Praktikum in einer Werbeagentur absolvieren können. Er hatte sich dann aber doch für den Tiefkühlkosthersteller entschieden, weil ihn die Größe des Konzerns, zu dem das Unternehmen gehörte, schwer beeindruckt hatte.

Zunächst wird er in der Zentrale mit allerlei Schreibkram, Kopier- und Hilfsarbeiten betraut. Nach einigen Tagen folgen Kontrollarbeiten und einfache Auswertungen, die die Logistikleistung anbetrifft. Auf seinem Schreibtisch stapeln sich die Tachoscheiben, die Hinweise auf die Produktivität der Niederlassungen liefern sollen.

Nach seiner Einarbeitung bekommt er die Chance, drei Niederlassungen jeweils eine Woche lang zu besuchen, um sich ein Bild von den Aufgaben und Herausforderungen vor Ort zu machen.

Die beiden Niederlassungen in Hamburg sind gut für ihn zu erreichen, da auch die Distributionsleitung ihren Dienstsitz in Hamburg hat. Der Tiefkühlkosthersteller hatte dem aus Münster stammenden Studenten ein Zimmer zur Verfügung gestellt, das in unmittelbarer Nähe zum Dienstsitz gelegen war und ihm für die Dauer seines Praktikums kostenlos zur Verfügung stand. Die letzte Niederlassung sollte Hannover sein; allerdings müsse sich der Student um eine Bleibe selbst kümmern, da das Unternehmen keine Aufwendungen für die Unterkunft übernehmen wollte. Man stellte dem Studenten frei, von dem einwöchigen Aufenthalt abzusehen und ihn in der Zentrale zu beschäftigen, wenn er keine Übernachtungsmöglichkeit finden würde.

Nach einigen Telefonaten hatte er die Zusage, bei den Eltern einer Bekannten unterzukommen, die er aus seinem Studentenwohnheim kannte. Sonntags reiste er an und wurde von den Eltern seiner Bekannten mit einem Abendessen empfangen. Montags meldete er sich im Sekretariat der Niederlassungsleitung Hannover. Nach ein paar Minuten empfing ihn der Chef persönlich, was ihn sehr wunderte. Die Niederlassungsleiter der beiden Hamburger Außenstellen hatte er entweder überhaupt nicht oder nur ganz kurz zum Schluss seines Teilpraktikums kennengelernt. Der Niederlassungsleiter nahm sich zu seinem Erstaunen fast drei Stunden Zeit, um ihm den Betrieb mit mehr als 200 Mitarbeitern zu erklären und schließlich auch zu zeigen: Die mächtigen, eiskalten Tiefkühlhallen und der beachtliche Fuhrpark mit großen Lkw und kleinen Transportern beeindruckten ihn sehr; bis dahin hatte er nur Büros und Schreibtische gesehen. Mit den Worten: „Heute Nachmittag werden Sie eine kleine Tour mit einem Transporter begleiten, und morgen früh melden Sie sich wieder bei mir!" verabschiedete sich der Niederlassungsleiter.

Zum großen Erstaunen des Praktikanten hatte der Niederlassungsleiter, den alle Mitarbeiter ‚den Boss' nannten, am nächsten Morgen wieder viel Zeit für ihn; er fragte nach dem Werdegang seines Schützlings, nach seinen Hobbies und seiner Familie; die Unterhaltung wurde von Minute zu Minute privater. Plötzlich wurde der Boss ganz ernst: „Bevor Sie es aus dem Flurfunk erfahren: Meine Frau ist sehr schwer krank. Es fällt mir schwer, darüber zu sprechen, aber es ist wichtig, dass Sie das wissen." Der Student begann zu ahnen, warum der Niederlassungsleiter so viel Zeit für ihn aufbrachte; aber der Niederlassungsleiter riss ihn mit fester Stimme aus seinen Fantasien: „Nicht, dass Sie denken, Sie müssten als Praktikant für mich den Seelentröster spielen. Ich habe erwachsene Kinder, die mir und meiner Frau viel Kraft geben. Glauben Sie mir: Für neue Mitarbeiter in meinem Umfeld nehme ich mir immer viel Zeit! Dieser Grundsatz ist mir gerade bei jungen Menschen sehr wichtig, selbst wenn sie nur kurze Zeit für uns arbeiten."

In der einen Woche in Hannover wiederholte sich an jedem Morgen das gleiche Spiel: Der Boss und sein Praktikant unterhielten sich zwei bis drei Stunden, bevor beide an ihre eigentliche Arbeit gingen. Zum Schluss der Unterhaltung erhielt der Praktikant eines Morgens einen irritierenden Auftrag: „Ich möchte gern, dass Sie dafür sorgen, dass im Besprechungsraum heute Abend um 18 Uhr eine gekühlte Kiste Bier steht. Für Brötchen und andere Kaltgetränke ist bereits gesorgt, ich möchte nur nicht, dass die Kiste Bier über die Firma abgerechnet wird." Der Niederlassungsleiter zückte sein Portemonnaie und verabschiedete sich von seinem Schützling.

Abends erzählte der Student seinen Gasteltern, welchen merkwürdigen Auftrag er erhalten hatte. Niemand konnte sich einen Reim darauf machen.

„Da haben Sie aber gestern komisch aus der Wäsche geguckt!", begrüßte der Boss seinen Praktikanten am nächsten Morgen. Er erläuterte, dass der Auftrag dem Betriebsrat galt. „Die Jungs und Mädels sind richtig gut, und ich möchte, dass es dabei bleibt. Ich glaube kaum, dass die die Kiste gestern Abend aufgetrunken haben, aber ich möchte mich nicht lumpen lassen. Was übrig ist, können Sie mir gleich in meinen Kofferraum stellen." Tatsächlich waren nur wenige Flaschen getrunken worden, und der Niederlassungsleiter durfte sich auf das eine oder andere Fläschchen freuen.

Auf der Uni war das Thema Betriebsrat nur als Randnotiz behandelt worden. Irgendwie hatte sich bei dem Studenten eingeprägt, ein Betriebsrat sei etwas Lästiges. Von seinem Onkel, der selbst ein kleines Unternehmen leitete, wusste er, dass der alles dafür tat, um einen Betriebsrat zu verhindern. Und auch der Teil seiner Kommilitonen, die später einmal das elterliche Unternehmen übernehmen sollten, rümpfte mehrheitlich die Nase, wenn vom Betriebsrat die Rede war. Umso erstaunter war er über das Vorgehen seines Niederlassungsleiters.

„Wissen Sie eigentlich, was die Aufgabe eines Betriebsrates ist?", fragte der Niederlassungsleiter. „Ja klar, äh … Interessenvertreter oder so", stotterte der Student. „Das sagen die meisten. Für mich ist der Betriebsrat ein Controlling-Gremium. Ach, was sage ich da, es ist *das* Controlling-Gremium!", entgegnete der Niederlassungsleiter im Brustton der Überzeugung. So etwas hatte der Student noch nie gehört und zog fragend die Augenbrauen hoch. Der Boss fuhr fort: „Sie haben doch sicher in der Zentrale die Benchmarking-Listen gesehen, oder? Unsere Niederlassung in Hannover steht seit Jahren fast in jedem Monat auf Platz Nr. 1. Da kommen die anderen einfach nicht dran! Unsere Produktivität ist nicht zu überbieten. Haben Sie sich nie gefragt, woran das liegt?" „Doch, doch!", antwortete der Student: „Um ehrlich zu sein, genau diese Frage hat mir der Distributionsleiter mit auf den Weg gegeben. Er hat aber auch gesagt: Machen Sie sich keine Hoffnungen, da finden Sie nix!"

„Der Kollege hat das noch nie verstanden!" entgegnete der Niederlassungsleiter und erläuterte seinen Ansatz ausführlich: „Ein guter Betriebsrat weiß ganz genau, was im Betrieb läuft, was gut und was schlecht läuft. Da muss man sich nicht über einen Betriebsrat ärgern, wie es die meisten Kollegen in den anderen Niederlassungen tun, sondern man muss den Betriebsrat nutzen! Wenn Sie einen guten Betriebsrat haben, brauchen Sie keinen Niederlassungs-Controller; diesen Teil der Personalkosten können Sie sich schlicht sparen! Dass man allein dadurch die Personalproduktivität steigert, ist Ihnen doch bekannt?

Was nicht gut läuft, bespricht der Betriebsrat oder auch der einzelne Mitarbeiter mit mir; das höre ich mir gerne an und dann stellen wir die Probleme ab. Ganz einfach! Wichtig dabei: Ich bin für jeden hier zu sprechen, ausnahmslos! Das nenne ich ‚Politik der offenen Türen'. Die Tür zu meinem Büro ist tatsächlich meistens offen, nur bei wichtigen Gesprächen schließe ich sie." Der Student schaute zur geschlossenen Tür und ein Gemisch aus Freude und Stolz wuchs in ihm: Offensichtlich befand er sich in einem wichtigen Gespräch! Nach kurzer Pause schüttelte sein Chef den Kopf und fuhr fort: „Man muss sich das einmal vorstellen: Da zerbrechen sich unsere Leute, die demokratisch gewählt sind, also eine breite Unterstützung der Mitarbeiter haben, oft sogar in der Freizeit den Kopf darüber, wie es bei uns besser laufen könnte … Und da gibt es Kollegen, die diese Möglichkeit nicht nutzen, sondern bekämpfen. Die gehen auf Seminare, um etwas darüber zu lernen, wie man den Betriebsrat in Schach hält. Sie stellen dem Betriebsrat ein Bein, wo sie nur können. Für mich ist *das* völlig unverständlich."

Der Boss war überhaupt nicht mehr zu bremsen: „Meine Aufgabe ist es, den Betriebsrat in seiner Arbeit zu unterstützen; die Kiste Bier und die Brötchen sind nur ein kleines Zeichen meiner Aufmerksamkeit, aber solche Zeichen sind enorm wichtig. Noch wichtiger ist es aber, zuzuhören, die Probleme ernst zu nehmen und dann tatsächlich auch abzustellen. Hört sich einfach an, aber meine Kollegen kriegen das nicht auf die Reihe! Im Gegenteil: Einer kam im letzten Monat ganz aufgeregt in unsere Niederlassungsleiter-Sitzung und versuchte mit Kennzahlen nachzuweisen, dass er nun produktiver geworden sei, weil der Betriebsrat sich auf Grund von Streitereien aufgelöst hatte. Wenn man einen Betriebsrat schlecht behandelt, gehen die Zahlen logischerweise in den Keller; dann ist es tatsächlich besser, wenn man sich nicht mit einem Betriebsrat herumschlagen muss. Ein guter Betriebsrat ist jedoch ganz nah am Geschehen und sorgt tagtäglich für bessere Zahlen. Das beweisen wir hier im Betrieb seit Jahren." Dem Student fiel auf, dass der Niederlassungsleiter nur selten das Wort ‚Ich' benutzte, sondern fast immer ‚Wir' sagte: „Das ist nicht ‚mein' Betrieb, sondern ‚unser' Betrieb!", hatte er nicht nur einmal betont.

Diese Erfahrungen waren dem Studenten so wichtig, dass er seiner Bekannten, bei deren Eltern er übernachtet hatte, die ganze Geschichte ausführlich und mit großer Begeisterung vortrug. Sie verstand sofort, was der Distributionsleiter aus Hamburg nicht verstehen konnte oder wollte. Denn für den Distributionsleiter war der Niederlassungsleiter in Hannover ein ‚verrückter Typ', der es mit irgendwelchen Tricks, mit Glück oder auf Grund der lokalen Besonderheiten immer wieder schaffte, dass sein Betrieb ein bisschen besser dastand als alle anderen. „So funktioniert das nur in Hannover, auf andere Standorte ist das nicht übertragbar, das wurde alles schon versucht!", würgte der Distributionsleiter den begeisterten Studenten beim 5-minütigen Abschiedsgespräch ab, um mit diesen Worten zu schließen: „Ach, ich schreibe Ihnen trotzdem ein gutes Zeugnis! Sie sind ja eigentlich ein ganz netter Kerl! Vielleicht ein bisschen zu nett, aber das gibt sich hoffentlich noch!"

6.2 – Diversity: Offen für Neues und für Neue

Bekanntermaßen muss man zunächst eine Marktlücke entdecken, bevor man ein Unternehmen gründet. Tatsächlich gehen viele Unternehmensgründungen auf Enttäuschungen zurück, die der Gründer zuvor erlebt hat. Die Enttäuschung darüber, dass der Verkauf von Hardware eine größere Rolle spielte als die systematische

Entwicklung von Software, veranlasste fünf Mitarbeiter von IBM, das Systemhaus SAP zu gründen. Die Ablehnung des Vorschlags, einen Discount-Drogerie-Markt zu eröffnen, veranlasste den dm-Gründer Götz Werner, seinem Chef den Rücken zu kehren und ein eigenes Unternehmen auf die Beine zu stellen.

Eine Enttäuschung der etwas anderen Art hatten Daniel und Stefan erlebt, als sie sich eines Abends auf ein Bier in einer Bochumer Kneipe im Bermuda-Dreieck trafen.[275] Die beiden Studenten hatten gerade ihr Praktikum in unterschiedlichen, renommierten Firmen absolviert und kamen zum gleichen Ergebnis: Das Zeugnis war o.k., ein Lernerfolg war praktisch nicht erkennbar, die acht Wochen verliefen stinklangweilig. Getreu dem Motto ‚Was geht über studieren? Kopieren!' hatten sie ausschließlich Hilfstätigkeiten wie Botengänge und Kopierarbeiten erledigt. Für den durchaus anspruchsvollen Praktikumsbericht, den sie in ihrer Freizeit für ihren Dozenten anfertigen sollten, hatte sich eh niemand in der Firma interessiert. „So ein Mist, so eine Zeitverschwendung! Man müsste die Studienkollegen vor solchen Arbeitgebern warnen!" Daniel wirkte sichtlich resigniert. Zynisch bemerkte Stefan: „Wie denn? Sollen wir uns ein Schild um den Hals hängen und krakeelend über den Campus laufen?" Beiden war klar, dass es heutzutage wirkungsvoller wäre, sich in ‚sozialen Netzwerken' zu äußern. Aber: „Wenn ich so was auf Facebook poste, findet mich doch keiner mehr cool!" „Und das mit dem Schild geht schon mal gar nicht. Stell dir mal vor, wie die Mädels reagieren!", ergänzte Daniel. Das Gespräch plätscherte weiter vor sich hin; nach dem vierten Bier verabschiedeten sich die beiden voneinander, ohne dass sie eine gute Idee entwickelt hätten.

Am nächsten Tag trafen sich die beiden in der Vorlesung: Sie verfolgten mehr oder weniger aufmerksam ein müdes Gequatsche zum Thema Innovationsmanagement. Wie schon bei anderen Vorlesungen wurden zunächst langweilige Definitionen gepredigt, dann wurde das Ganze in Phasen zerlegt. Zu guter Letzt folgten angebliche Diskussionen über Chancen und Risiken, Möglichkeiten und Grenzen und so weiter und so fort. Wirkliche Diskussion waren das nicht, der Professor ließ sich von seinem Monolog nicht abbringen. Immerhin ließ das Praxisbeispiel ‚amazon.com' zum

Schluss aufhorchen, obwohl der Dozent offensichtlich weniger Bescheid über den Internetanbieter wusste als seine Studenten. Ihm war noch nicht einmal aufgefallen, dass Kunden neuerdings die Möglichkeit eingeräumt wurde, die erworbenen Produkte zu bewerten und Kommentare abzugeben. „Das ist es doch!", platzte es aus Daniel heraus. „Wie bitte?", entrüstet sich der Professor, der die Störung seiner Vorlesung bemerkt hatte. „Schon gut, ich habe nur laut gedacht", entschuldigte sich Daniel kleinlaut.

„Du hast Recht, Daniel. Es müsste eine Plattform geben, auf der Studenten wie wir ihr Praktikum bewerten können. Wir müssen mal gucken, ob es so etwas schon gibt. Dann können wir unsere Erfahrungen dort einstellen", flüsterte Stefan. In der nächsten Pause vertieften sie diesen Gedanken, ihre Begeisterung wuchs, bis das Läuten der Glocke die nächste Vorlesung ankündigte. Schon am selben Abend trafen sie sich in Stefans Zimmer und recherchierten stundenlang im Internet. Gegen Mitternacht ließen allerdings die Kräfte nach; Daniel fasste müde das Ergebnis ihrer Nachtschicht zusammen: „Fehlanzeige, da gibt es nichts. Wenn wir das Thema weiter verfolgen wollen, müssen wir so eine Plattform wohl selbst basteln! Was meinst du?"

18 Monate später steht die Plattform. Daniel und Stefan sind geschäftsführende Gesellschafter einer GmbH, die mittlerweile sechs Personen Vollzeit beschäftigt und zwei Teilzeitbeschäftigten einen festen Arbeitsplatz bietet. Daneben werden ständig drei bis vier Praktikanten eingesetzt, sowohl im IT-Bereich als auch im Bereich Marketing. Vor Stellenanfragen können sich Stefan und Daniel kaum retten: Es hat sich herumgesprochen, dass ihr Laden sehr gut läuft. Fast alle Angestellten sind ehemalige Praktikanten, die die Plattform auch selbst nutzen. Nur ein etwas älterer Mitarbeiter, Hans, stammt aus einem eher etablierten Umfeld, in dem er als kaufmännischer Leiter das interne und externe Rechnungswesen für ein Industrie-Unternehmen mit über 120 Mitarbeitern verantwortet hatte. Stefan über Hans, den sie im Unternehmen nur ‚den Buchhalter' nennen: „Ohne Hans hätten wir das so nicht hinbekommen. Der Hans hat dafür gesorgt, dass wir uns um die technischen Besonderheiten der Plattform und um unsere Kun-

den kümmern konnten, während er uns den Rücken von allem anderen freigehalten hat: Bankengespräche, Verhandlungen mit Geschäftspartnern, Notartermine, Meetings mit dem Steuerberater. Alles das hat der Hans völlig selbstständig gemacht, wir mussten meistens nur noch die Unterschriften leisten."

In allen Belangen geht es steil bergauf mit der Firma von Daniel und Stefan: Die Benutzerzahlen wachsen zur Zeit unglaublich schnell, Rechnungen und Gehälter werden pünktlich gezahlt, Zinsen und Tilgung können locker aufgebracht werden und am Ende des Jahres steht den beiden Gesellschaftern ein ordentlicher Betrag als Gewinn zur Verfügung. Im Schnitt wird sogar alle zwei Monate ein neuer Mitarbeiter eingestellt, um das ständig wachsende Arbeitspensum erledigen zu können.

„Wir haben eine wunderbare Firma, aber mir ist aufgefallen, dass wir, bis auf Hans, alle gleich sind!", eröffnet Stefan eines Abends das Routine-Gespräch, das die Geschäftsführer alle 14 Tage miteinander führen. „Das ist auch gut so, ich könnte mir nichts Besseres vorstellen! Was wollen wir mehr?", antwortet Daniel. „Also, was willst du, Stefan?" „Ich meine, ich habe den Eindruck … schau doch mal: Im Grunde klonen wir uns doch selbst. Ich habe große Sorge, dass das auf die Dauer nicht gut geht! Wir sehen alle gleich aus, haben fast die gleichen Hobbies, wir sprechen gleich und wir denken gleich." „Auf welchem Trip bist du denn? Du hast wohl im letzten Semester zu genau hingehört, als der Dozent das Thema Diversity-Management angesprochen hat. Vergiss es!"

„Erinnerst du dich noch an die junge Französin, Denise, die vor einem Monat ihr Praktikum beendet hat, Daniel?" „Klar, nicht zu übersehen, die sah wirklich gut aus!" „Quatsch, darum geht es doch gar nicht. Übrigens war sie auch nicht zu überhören! Denise hat meiner Meinung nach eine Menge frischen Wind hier hineingebracht." „So manches Mal zu frisch, finde ich. Die wollte doch tatsächlich eine längere Mittagspause wie in Südfrankreich; überhaupt wollte die ein ganz anderes Arbeitszeitmodell. Das gibt doch nur Unruhe. Die anderen ziehen bei so etwas doch nicht mit! Die erwarten zu Recht, dass Leute wie Denise sich anpassen." Stefan: „Immerhin verdanken wir Denise, dass wir ein Konzept für

Telearbeit entwickelt haben; es ist zwar noch nicht umgesetzt, aber unsere Mitarbeiter erwarten, dass endlich etwas passiert!"

Stefan lässt nicht locker: „Und erinnerst du Dich noch an den jungen Türken, ich meine, er hieß Bülent? Ein richtiger IT-Freak! Ihm haben wir es zu verdanken, dass wir mittlerweile eine deutlich leistungsfähigere und kostengünstigere Datenbank einsetzen. Open Source war für uns vorher nie ein Thema gewesen, aber der Bülent hatte uns schnell überzeugt. Die Umstellung war zwar ein riesiger Kraftakt, aber sie hat sich wirklich gelohnt." „Stimmt, bei den Mitarbeitern war er nicht unbedingt beliebt, manchmal war er ein richtiger Besserwisser, aber der Bülent konnte wirklich was am Computer. Richtig gut, der Mann! Schade, dass er nicht zu uns gekommen ist, sondern das Angebot eines großen Softwareanbieters genutzt hat." „Siehst du, Daniel, das ist das, was ich meine: Wir müssen offener werden, wenn wir richtig gut bleiben wollen!"

Daniel überlegt ein Weile und antwortet: „Irgendwie stimmt das wohl. Der Chris, der gerade sein Praktikum bei uns absolviert, ist auch so ein Vogel. Mann, ist der schräg drauf! Der nervt zwar, aber er kommt auch ständig mit neuen, oft richtig verrückten Ideen. Man kann nicht alles gebrauchen, aber seine Idee, andere Unternehmen als Partner einzubinden, ist einfach genial. Wir rennen bei vielen Unternehmen offene Türen ein! Und das Engagement bringt richtig Geld in die Kasse!"

Den beiden Unternehmern wird klar, dass ihr Unternehmen als innovatives Unternehmen wahrgenommen wird; um erfolgreich zu bleiben, ist Innovation unerlässlich, sie ist Teil des Tagesgeschäfts. Die beiden Unternehmer sehen ein, dass ihr Geschäft vor diesem Hintergrund für Impulse von außen offener werden muss. Noch am selben Abend einigen sie sich auf den Spruch: „Vielfalt statt Einfalt!", ohne dass sie beabsichtigen, diesen Slogan nach außen zu tragen. Dieser Leitsatz soll vor allem den eigenen Mitarbeitern zeigen, dass Andersartigkeit nicht nur toleriert wird, sondern die Basis des künftigen Erfolgs darstellt und deshalb unbedingt erwünscht ist.

Daniel und Stefan beschließen, es nicht bei einem Leitsatz zu belassen, sondern Maßnahmen zu ergreifen, die die Sinnhaftigkeit dieses Leitsatzes unterstreichen. Als Erstes wollen sie die

Geschichten von Chris, Bülent und Denise aufschreiben und ihren Mitarbeitern erzählen. Sie sind der Meinung, dass es mit Hilfe von Beispielen aus dem eigenen Unternehmen am leichtesten gelingt, die Mitarbeiter für „Vielfalt statt Einfalt!" zu gewinnen. Als Zweites wollen sie die Mitarbeiter bitten, selbst auf Beispiele zu achten und diese im Intranet zu dokumentieren.

Gleich morgen wollen Daniel und Stefan mit Hans sprechen, der auch für das Personalwesen einschließlich Personalakquise zuständig ist. Nicht, dass Hans das letzte Wort hätte, wer eingestellt wird und wer nicht. Gleichwohl hat Hans einen erheblichen Einfluss: Er ist es, der die Stellenausschreibungen formuliert und veröffentlicht, er wählt Kandidaten aus und lädt sie zu Vorstellungsgesprächen ein, er führt die Erstgespräche und Hans ist es auch, der darauf achtet, dass das Gehaltsgefüge passt. Deshalb muss Hans unbedingt von dem neuen Plan, den Daniel und Stefan ausgeheckt haben, überzeugt werden: Von nun an sollen die Stellen nicht mehr mit Leuten besetzt werden, die den aktuellen Mitarbeitern und Geschäftsführern möglichst ähnlich sind. „Wir entscheiden uns in Zukunft bewusst für denjenigen, der anders tickt als wir!", lautet stattdessen die Devise.

Stefan und Daniel treffen sich mit Hans am nächsten Morgen zu einem Gespräch. Noch während sie ihm ihren Plan erläutern, legt Hans seinen Kopf schief: „Ob das mal gut geht, wenn wir nur noch grundverschiedene Leute einstellen?" Fast unisono machen die beiden Geschäftsführer dem Buchhalter klar: „Aber Hans, du bist doch das beste Beispiel!"

Den drei Führungskräften ist klar, dass noch viel Arbeit vor ihnen liegt, um die Mitarbeiter vom Grundsatz „Vielfalt statt Einfalt!" zu überzeugen.

6.3 – Die neue Schulleitung

Wie immer betrat Barbara pünktlich um 7:30 Uhr das Lehrerzimmer. Ein rascher Blick in den Spiegel: Wie aus dem Ei gepellt. Ein gepflegtes Äußeres war Barbara immer wichtig gewesen. Als Schulleiterin hatte sie sich auferlegt, grundsätzlich vor den Kolleginnen und Kollegen die Schule zu betreten. Und am späten Nachmittag verließ sie grundsätzlich als Letzte das Schulgebäude. Auf ihr lastete schließlich die ganze Verantwortung![276]

Schulgebäude und Schulgelände waren ebenso tip-top gepflegt. Barbara konnte sich gut erinnern, wie schlimm es hier ausgesehen hatte, als sie Schulleiterin geworden war. Ihrer Vorgängerin, der sie diesen Job verdankte, war das Äußere nie wichtig gewesen. Barbara hatte das nie bemängelt, sie wollte sich nicht gegen ihre Chefin stellen. Aber die ungepflegte Schule nervte sie schon, all die vielen Jahre. Nun war alles anders, alles war sauber. Den Schulträger hatte sie im Griff, den Hausmeister sowieso. Von den übrigen Lehrerinnen und Lehrern an ihrer Schule erwartete sie, dass diese ebenso gut funktionierten.

Barbara konnte sich nicht vorstellen, dass irgendjemand an ihren Chefqualitäten zweifelte. So, wie sie all die Jahre nicht aufgemuckt hatte, wollte sie selbstverständlich auch von ihren Untergebenen behandelt werden. Auch wenn sie ihre Untergebenen trotz ihrer Position als Kollegen anredete, war sie schließlich die Chefin; sie sagte, wo es lang ging, und gut. Allerdings klappte das nicht immer. Während die Lehrer, die noch mit Barbara zusammen unter der alten Schulleitung Dienst geschoben hatten, ein oberflächlich freundliches Verhältnis vorgaben, schienen einige neue Kollegen zumindest versteckt aufzumucken. Des Öfteren wurden Entscheidungen mit verdrehten Augen quittiert. Nach einer gewissen Warmlaufphase wagten es einige ‚junge Wilde‘ sogar, in Konferenzen eine konträre Meinung zu äußern. Barbara ging das erkennbar gegen den Strich: Seltsame Zuckungen in den Mundwinkeln verrieten den älteren Kollegen, dass Barbara ungehalten war. Barbara reagierte wie immer rhetorisch brillant, aber irgendetwas schien nicht zu stimmen. Nach wenigen Konferenzen konnten auch die ‚jungen Wilden‘ erkennen, wann Barbara genervt war. Während die älteren Kollegen solche Situationen in aller Regel zu entschärfen suchten und Barbaras Sicht unterstützten, kam für die ‚jungen Wilden‘ ein Zurückrudern überhaupt nicht in Frage. Mit der Zeit entwickelte sich deshalb eine Zweiklassengesellschaft an Barbaras Schule: Unterstützer und Gegner der Schulleitung.

Robert, einer der neuen Kollegen, äußerte im kleinen Kreis nach Feierabend, dass nun die Gelegenheit gekommen sei, die Chefin vom Thron zu stürzen: „Wenn das weiter oben jemand mitbekommt, wie es hier abgeht, ist die Furie weg vom Fenster!" „Keine Chance, Robert", gab ihm Anna zu verstehen. „Dafür sind wir zu wenige. Wir müssen das geschickter angehen." Anna erläuterte ihren Plan: Barbara müsse ‚hochgelobt‘ werden. Wenn Besuch von oben, also vom Landrat oder von der Schulaufsicht komme, müsse Barbara ‚über den grünen Klee‘ gelobt werden. Selbst in Evaluationen sollten alle Kollegen nur Bestnoten vergeben. „Die alten Kollegen machen das sowieso, diese Schleimer. Wir brauchen uns nur anzuschließen. Was glaubt ihr, wie schnell die hier weg ist!", beendete Anna ihren Vortrag. Robert pflichtete ihr bei: „Du hast Recht. Schließlich will Barbara ja selbst unbedingt noch Karriere machen. Sie besucht von uns allen die meisten Fortbildungsveranstaltungen!"

Es dauerte zwar noch knapp zwei Jahre, bis Barbara der Posten der Schulrätin angeboten wurde. Die Kollegen atmeten durch, als sie erfuhren, dass Barbara als Schulrätin in einer anderen Region eingesetzt wurde. „Da haben wir ja noch mal Glück gehabt!", meinte Robert. „Selbst wenn Barbara unsere Schulrätin geworden wäre, hätte sie doch nur einen Bruchteil ihrer Zeit auf unsere Schule verwenden können. Allemal besser, als sie zur Schulleiterin zu haben!", schloss Anna.

Es kommt häufig vor, dass an kleinen Schulen Schulleiter aus dem Kollegium rekrutiert werden. So war es bei Barbara gewesen, und so war es auch in diesem Fall, obwohl eine zwar formal wenig aussichtsreiche, aber von politischer Seite stark protegierte Bewerbung vorlag: Zur neuen Schulleiterin wurde nach einigem Hin und Her Sabrina bestellt, die frühere Stellvertreterin von Barbara. Wie bereits Barbara im Traum nicht daran dachte, die Gewohnheiten ihrer Vorgängerin zu übernehmen, so wollte auch Sabrina die Sache anders angehen. Sabrina gehörte zwar vom Dienstalter her zu den ‚jungen Wilden‘, hatte sich als stellvertretende Schulleiterin Barbara gegenüber aber stets loyal verhalten. In ihrer Antrittsrede griff sie diesen Punkt auf und warb um Verständnis. Sie sagte offen, wie sehr sie unter der Situation gelitten habe, einerseits der Schulleitung gegenüber unbedingte Loyalität erwiesen, andererseits aber inhaltlich oft auf der anderen Seite gestanden zu haben. Diese Zerreißprobe habe sie so manches Mal richtig fertig gemacht und einige Nächte Schlaf gekostet.

Sabrina beendete ihre Ansprache schließlich mit einem Appell, der die veränderte Führungssituation deutlich machte: „Ich möchte gern, dass sich jeder einbringt. Es darf keine Denkverbote mehr geben. Gemeinsam können wir dafür sorgen, dass Schüler, Eltern und wir Lehrer viel Freude an unserer Schule haben. Die Leistung, da bin ich ganz sicher, kommt in einem intakten, freundlichen Umfeld von ganz allein."

Bereits am nächsten Tag meldete sich Sabrina krank. Die letzten Jahre mit Barbara hatten sie so sehr mitgenommen, dass sie ständig ärztliche Hilfe in Anspruch genommen hatte. Die darauf folgende Bewerbungsprozedur hatte ihr offenbar den Rest gegeben. Sie war die mit Abstand geeignetste Kandidatin gewesen und trotzdem hatte die Mehrheitspartei im Stadtrat zunächst eine völlig ungeeignete Kandidatin durchsetzen wollen. Ausgerechnet in dem Moment, als alles in trockenen Tüchern war, als sie endlich Schulleiterin wurde, verließen sie die Kräfte.

Drei Monate hatte es gedauert, bis Sabrina wieder an Bord war. Lange Monate, hätte man meinen können, zumal nicht einmal die Position des stellvertretenden Schulleiters besetzt worden war. Aber der Schulbetrieb verlief in dieser Zeit völlig problemlos: Alle Lehrer machten ihren Job nun völlig eigenverantwortlich, und sie machten ihn gut. Die Lehrer unterstützten sich, wo sie nur konnten. Zusätzliche und gemeinsame Aufgaben wurden in gegenseitiger Abstimmung auf alle Schultern verteilt. Die Selbstorganisation funktionierte perfekt. Sabrinas Antrittsrede hatte offenbar eine überzeugende und nachhaltige Wirkung gehabt.

Als Sabrina nach längerer Krankheit nun wieder zur Stelle war, musste sie feststellen, dass einige Aufgaben liegen geblieben waren: Rechnungen mussten abgezeichnet werden und Statistiken wollten gepflegt werden. Außerdem gab es einen kleinen Investitions- und Reparaturstau: Der Kopierer, ein uraltes Schätzchen, funktionierte nur bei gutem Wetter; das Dienstfahrrad des Hausmeisters war in der Mitte durchgebrochen; und eine Regenrinne war verstopft. Aber alles in allem waren das nur Kleinigkeiten, stellte Sabrina zufrieden fest: „Hauptsache, die Schüler haben in meiner Abwesenheit etwas gelernt und das Kollegium arbeitet miteinander statt gegeneinander!"

Sabrina hatte sich vorgenommen, dass eine ihrer wichtigen Aufgabe darin bestand, die Kollegen zu entlasten. Entsprechend entwarf sie einen Arbeitsplan, um die liegen gebliebenen Dinge abzuarbeiten. Außerdem führte sie die regelmäßigen Dienstbesprechungen, die während ihrer Abwesenheit schlicht ausgefallen waren, wieder ein. Zunächst stöhnten die Kollegen, aber bald erkannten sie, dass der Informationsaustausch ungeheuer wichtig war, weil die Schüler nicht nur von einem einzigen Lehrer unterrichtet wurden. Nicht zuletzt verstand es Sabrina, ihren Kollegen deutlich zu machen, dass die Besprechungen sich hervorragend eignen, voneinander zu lernen.

Insgesamt hatte sich die Schule unter Sabrinas Leitung völlig verändert. Alles schien einfach mehr Spaß zu machen. Schüler, Eltern und Lehrer waren deutlich zufriedener, ohne dass man auf die Idee kam, diese erfreuliche Entwicklung zu messen. Es war einfach so und jeder spürte das.

Messbar war allerdings, dass sowohl die Fluktuation als auch die Fehlzeiten drastisch zurückgingen. In den folgenden Jahren wurde Sabrina nur noch ein einziges Mal krank, weil sie sich irgendwo angesteckt hatte. Sabrinas regelmäßige Arztbesuche entfielen vollständig, sie konnte die Nächte wieder durchschlafen. Der gleiche Effekt ließ sich im ganzen Kollegium beobachten, so dass die Fehlzeiten schließlich nur noch 35 % des ursprünglichen Niveaus betrugen. Es kommt noch besser: Unter der 5-jährigen Ägide von Barbara hatten sich drei Kollegen gesundheitsbedingt in den vorzeitigen Ruhestand verabschiedet, Sabrina verlor in zwei Jahren keinen einzigen Kollegen.

Schließlich verbesserte sich auch das Engagement aller Beteiligten. Die Eltern hatten zum Beispiel erkannt, dass das Schulgelände immer mal wieder eine Auffrischung benötigte. Der Schulgarten war zwar längst nicht mehr so gezirkelt, wie es unter Barbara der

Fall gewesen war. Aber das war für niemanden wirklich wichtig. Wie von selbst gründete sich eine Elterninitiative, die sich zweimal im Jahr des Schulhofs annahm. Den Abschluss bildete jedes Mal ein gemütliches Beisammensein.

Und auch die Lehrer legten ein Verhalten an den Tag, das unter Barbara undenkbar gewesen wäre: Schulfahrten, insbesondere diejenigen mit Übernachtungen, wurden kaum noch als lästige Pflichtübungen betrachtet, sondern als sinnvolle pädagogische Maßnahmen, die den Schulalltag bereichern. Für die meisten Lehrer war die Arbeit mit dem Ende der Schulstunden keineswegs erledigt. Für sie stellten außerschulische Absprachen mit Ärzten, Erziehern und Lehrern weiterführender Schulen vielmehr einen integralen Bestandteil des Lehrerberufs dar.

Selbstverständlich profitierten nicht zuletzt die Schüler vom besseren Klima und dem gestärkten Engagement der beteiligten Erwachsenen. Ob die Schulleistungen gesteigert wurden, ist nicht überliefert, aber wahrscheinlich.

6.4 – Do it yourself: Theater!

Zufällig treffen sich Bernd Julius und Gerd nach der Vorstellung in einer Künstlerkneipe. Sie hatten beide in großen Musical-Produktionen mitgewirkt, Bernd Julius als Darsteller und Gerd als Leiter des Kinderchors. „Ich bin immer wieder erstaunt, dass das Publikum nach so vielen Vorstellungen noch so mitgeht. Klar, die meisten Leute sehen die Show zum ersten Mal, aber mir hängt's zum Hals raus, keinen Bock mehr", beginnt Bernd Julius frustriert das Gespräch. „Bei mir ist es nicht ganz so schlimm, weil wir Musiklehrer uns abwechseln, aber ich verstehe, was du meinst", antwortet Gerd.

Bernd Julius ist ausgebildeter Musicaldarsteller und verdient sein Geld bei der ‚Company', wie er seinen Arbeitgeber nennt, nicht nur mit Auftritten. Leidenschaftlich gern übersetzt er amerikanische Produktionen ins Deutsche. Gerd ist Musiklehrer und eigentlich sehr stolz, mit ‚seinen' Kindern bei solchen Events mitwirken zu dürfen.

Bernd Julius regt sich darüber auf, dass die großen Musical-Produktionen immer nach dem gleichen Muster ‚ausgelutscht‘ werden. Die erste Staffel wird bombastisch besetzt: Großes Orchester, großer Chor, jede Rolle wird doppelt besetzt. Weil alle Produktionen bereits auf dem Broadway oder jedenfalls in New York getestet sind und von einer gigantischen Werbekampagne begleitet werden, ist ein grandioses Presseecho schon fast garantiert. Die erste Staffel ist auf Grund der großen Ausstattung meistens ein Zuschuss-Geschäft, das jedoch in den Folgestaffeln mehr als kompensiert wird: Das große Orchester mutiert zu einer kleinen Combo, der Chor wird auf ein Drittel gestutzt. Und von den Schauspielern wird erwartet, dass sie mehrere Rollen im Wechsel spielen können. „Am meisten nervt mich dies: Als Künstler willst du einzigartig sein, stattdessen fordern die Bosse, dass wir uns gegenseitig ersetzen müssen. Mit Kunst hat das überhaupt nichts zu tun!“, beklagt sich Bernd Julius. „Na, bei uns läuft es auch nicht gerade besser. Zuerst durfte ich den ganzen Chor mitbringen, jetzt nur noch die 12 besten Kinder. Du kannst dir ja vorstellen, wie die übrigen 30 Kinder das finden …“, stimmt Gerd ein. „Aber was soll's, dieses Musical läuft ohnehin bald aus und in der nächsten Produktion wird kein Kinderchor gebraucht!“

Gerd erzählt, dass er immer schon ein Faible fürs Theater hatte. „Nicht nur auf der Bühne, sondern auch hinter der Bühne“, erzählt er Bernd Julius. „Bereits als Schüler war ich immer für die Technik zuständig: Licht und Ton. Und wenn man heute sieht, welche Möglichkeiten man hat, wenn man einen Computer und aktuelle Technik einsetzt, dann komme ich richtig ins Schwärmen!“ „Das ist ja interessant“, bemerkt Bernd Julius. „Ich trage mich nämlich mit dem Gedanken, ein kleines Theater zu eröffnen. Ich muss einfach raus aus dieser Mühle, mal was anderes machen. Wenn du Lust hast, könntest du mir dabei helfen.“ „Echt, willst du wirklich bei der Company aufhören?“ „Ganz sicher, ich muss nur eine vernünftige Alternative haben!“ Bernd Julius scheint fest entschlossen zu sein.

Sechs Monate später liest man in der Zeitung: „Das KATiELLi Theater ist ein ehemaliges Kino, hat 114 Plätze, ist urgemütlich und wird mit sehr viel Liebe und Herzblut von Bernd Julius A., gebürtigem Dattelner und Musicaldarsteller (u.a. „Die Schöne und das Biest" und „Spamalot"), betrieben. In diesem Theater kann man sich wirklich wohlfühlen, es herrscht eine sehr persönliche Atmosphäre und es hat einen (..) [unglaublichen] Charme. Die Mutter des Besitzers kümmert sich um den Kartenverkauf, sowohl an der Abendkasse als auch am Kartentelefon, der Theaterbetreiber selber reißt am Eingang die Karten ein, wünscht jedem Gast viel Spaß und steht Minuten später selber auf der Bühne."[277] Dass Gerd seit der ersten Stunde die Fäden im Hintergrund zieht, ist für die Presse nicht so wichtig. Er kümmert sich um das Licht, die Akustik und um tausend andere Dinge. Bernd Julius übernimmt den künstlerischen Teil: Er übersetzt nach wie vor amerikanische Musicals, von denen er solche, die auf einer kleinen Bühne Platz finden, in das KATiELLi Theater als Eigenproduktion übernimmt. Für sein KATiELLi kauft Bernd Julius auch Fremdproduktionen ein, die nach Datteln passen. Von Comedy über kleine Musicals bis hin zu Chanson-Abenden und klassischen Theaterstücken ist eigentlich alles dabei.

Das Theater wird in Datteln und Umgebung fantastisch angenommen. Auch wenn nicht jede Veranstaltung ausverkauft ist, lässt es die ökonomische Situation zu, dass Bernd Julius von seinem Theater leben kann. Und Gerd, der überhaupt nicht daran denkt, seinen Hauptberuf als Lehrer aufzugeben, freut sich über die schöne Aufgabe und fühlt sich gebraucht.

In der Regel gibt es Abendvorstellungen am Freitag, am Samstag und am Sonntag. Für große Namen aus der Theater- und Musical-Szene, die in Datteln gern ihre Pre-Premiere, also eine bessere Generalprobe vor kleinem Publikum feiern, wird das Theater auch schon mal unter der Woche geöffnet. Das lohnt sich immer, weil diese Künstler in aller Regel auch ihren eigenen Tross an Zuschauern mitbringen. Weil diese Veranstaltungen so gut ankommen, versucht Bernd Julius neuerdings, jeweils zwei Abende auszuhandeln, damit auch das Dattelner Publikum in den Genuss dieser Veranstaltungen kommt.

Als Nächstes haben sich Bernd Julius und Gerd vorgenommen, jüngere Zielgruppen zu erschließen, um die Zukunft des Theaters auch längerfristig zu sichern. Ihnen war aufgefallen, dass die Altersgruppe ‚50 plus‘ die eigentliche Klientel ihres Theaters darstellt. Deshalb arbeiten Bernd Julius und Gerd an einem Konzept, das sich an Jugendliche und junge Erwachsene wendet. Ihnen ist klar, dass sie dieser Klientel preislich deutlich entgegenkommen müssen; immerhin bietet sich aber auch die Chance, das Theater an Wochentagen zu füllen; und am Wochenende sind demnächst vielleicht sogar zwei Veranstaltungen am Tag möglich. Man wird sehen!

6.5 – Filiale geschlossen, der Chef geht auch!

In den 1960er Jahren hatte das alteingesessene Holzhandelsunternehmen aus dem Münsterland eine Marktchance im Ruhrgebiet erkannt und genutzt. Die als ‚Beton-Uni‘ bezeichnete Ruhr-Universität in Bochum benötigte Unmengen an Schalbrettern, um dem Hauptwerkstoff Beton Form zu geben. Also gründete das Unternehmen kurzerhand eine Außenstelle in unmittelbarer Nähe. Schon bald zeigten sich auch die umliegenden Schreiner und Zimmerleute interessiert und orderten ihren Bedarf in der nahe gelegenen Filiale.

Das Geschäft trug bis in 1990er Jahre, obwohl zu diesem Zeitpunkt kein einziges Schalbrett mehr verkauft wurde. Überhaupt hatte sich in den vergangenen 20 Jahren das Geschäft stark verändert. Bezogen die Schreiner früher sogenannte Rohlinge, aus denen sie Türen fertigten, wurden mittlerweile fast ausschließlich furnierte oder folierte Fertigtüren verkauft. Im Plattenbereich hatte es die gleiche Entwicklung gegeben: Der Anteil von Rohspanplatten war deutlich zurückgegangen, furnierte und folierte Spanplatten in den verschiedensten Ausführungen mussten vorgehalten werden. Abgerundet wurde das Sortiment mittlerweile durch allerlei ‚Schnickschnack‘: Fertigparkett, Holzdielen, Zierlatten, Farben und Lacke, sogar ‚Holz im Garten‘ war ins Programm aufgenommen worden.[278]

Das Problem bestand darin, dass der Standort im Ruhrgebiet diese Sortimentsvielfalt nicht fassen konnte. So beschränkte man sich aus Platzgründen auf die sogenannten ‚Schnelldreher'. Fertigtüren waren beispielsweise nur in zwei Maßen vorrätig, während die Betriebsstätte im Münsterland alle 8 Maße bevorratete. Man richtete zwar eine Art ‚Shuttle-Service' ein, der einen täglichen Austausch der Ware beider Lager sicherstellte. Da sich aber der Standort im Ruhrgebiet hauptsächlich an selbstabholende Schreiner wendete, war Ärger vorprogrammiert: Irgendetwas fehlte immer, und es konnte frühestens am nächsten Tag ausgeliefert werden. Zu allem Überfluss wurde dem Schreiner im Ruhrgebiet der Aufwand, der mit dem ‚Shuttle' verbunden war, zumindest versteckt in Rechnung gestellt. Kein Wunder, dass sich die Kunden um alternative Bezugsquellen bemühten.

Die betriebswirtschaftlichen Zahlen der Filiale brachen zusehends ein, während die Hauptbetriebsstätte im Münsterland ein glänzendes Ergebnis vorweisen konnte. Entsprechend wurde der angestellte Geschäftsführer von den Eigentümern aufgefordert, Stellung zu beziehen und ein zukunftsfähiges Konzept vorzustellen.

Nach einigen Wochen präsentierte der Geschäftsführer zwei Alternativen: Alternative 1 sah vor, den gemieteten Ruhrgebietsstandort zu schließen. Damit würde man zwar die Abholkunden verlieren; diejenigen Kunden, die sich die Ware anliefern lassen, könnte man allerdings auch aus dem Münsterland bedienen, indem die zwei Lkw der Filiale dem Standort im Münsterland zugeordnet werden. Alternative 2 sah den Ausbau des Ruhrgebietsstandortes vor. Mit Engelszungen erläuterte der Geschäftsführer die Chancen, die sich aus einem vergrößerten Angebot ergeben würden. Außerdem seien die damit verbundenen Kosten zwar ein Unsicherheitsfaktor, aber angesichts diverser Ruhrgebietsförderungen durch die öffentliche Hand leicht zu stemmen. Zwei vielversprechende Mietobjekte, aus denen nur noch ausgewählt werden müsse, seien auch schon gefunden. Der Geschäftsführer musste zwar zugeben, dass Alternative 2 die unsicherere Variante war; aber er war sich sicher, dass das ungeheure Potenzial, das mit einem neuen Standort verbunden wäre, die Unsicherheit mehr als ausglich.

Es kam, wie es kommen musste: Die Eigentümer entschieden sich für Variante 1. Die Eigentümer entschieden sich dafür, den

Mietvertrag für den Ruhrgebietsstandort zu kündigen und 8 Mitarbeiter zu entlassen. Nur die 2 Lkw-Fahrer durften bleiben, wenn sie wollten. Immerhin war ihr neuer Arbeitsplatz fast 100 km weiter nördlich gelegen.

Da die Filiale in den 1960er Jahren gegründet worden war und immer ein recht angenehmes Betriebsklima geherrscht hatte, war in der Zeit niemand ausgeschieden. Man hatte auch niemanden zusätzlich eingestellt, da der Umsatz größtenteils stagnierte, zuletzt bekanntlich rückläufig war. Entsprechend befand sich die Belegschaft in einem fortgeschrittenen Alter, welches ihre Chancen auf dem Arbeitsmarkt nicht gerade vergrößerte. Der Geschäftsführer wusste, dass eine Kündigung für jeden Einzelnen einen schweren, persönlichen Schlag bedeuten würde. Lange überlegte er, wie er diese schwere Aufgabe angehen sollte. Sollte er eine Versammlung einberufen, oder sollte er Einzelgespräche führen? Wie sollte er selbst mit dieser Situation umgehen? Er hatte sich eigentlich ein expandierendes Unternehmen vorgestellt, zumal er in beiden Standorten ein gut funktionierendes Kundenbindungsprogramm eingeführt hatte, das in der Holzhandelsszene für Furore gesorgt und ihm einen Auftritt auf dem vielbeachteten Holzhandelstag in Wiesbaden beschert hatte. Seither war er nicht nur im Holzhandel, sondern selbst in der Holzindustrie bekannt wie ein ‚bunter Hund‘.

So kam er auf die Idee, dass er nicht weiter Geschäftsführer sein müsse, wenn er es nicht wollte. Alternative Jobs für ihn gab es reichlich, aber wie sollte er nun mit seinen betroffenen Mitarbeitern umgehen? Zumindest wäre es schon mal viel leichter, einem Mitarbeiter zu kündigen, wenn man selbst auch geht. Nachdem er nun für sich die persönliche Entscheidung getroffen hatte, das Unternehmen selbst auch zu verlassen, fasste er einen Plan: Einer Versammlung, in der alle Hintergründe der durch die Eigentümer gefällten Entscheidung beleuchtet würden, sollte das Angebot für Einzelgespräche folgen. Mit jedem Einzelnen wollte er überlegen, wie es für ihn weitergeht.

Die anberaumte Versammlung wurde trotz ihres traurigen Anlasses ein großer Erfolg: Der Geschäftsführer erläuterte sämtliche Hintergründe der Entscheidung, er wählte einfühlsame Worte für seine Mitarbeiter und machte ihnen klar, dass auch er keine

Zukunft in diesem Unternehmen haben würde. Selbstverständlich waren die Mitarbeiter zunächst geschockt; nach und nach machte sich aber auch Verständnis breit und noch in der Versammlung wurde überlegt, wie es weitergehen könnte. Die erste Idee, den Laden in Eigenregie weiterzuführen, wurde zwar schnell verworfen. Aber es entwickelten sich zumindest erste Perspektiven. Erstaunt musste der Geschäftsführer feststellen, dass unmittelbar nach der Veranstaltung kein einziger Mitarbeiter das angebotene Einzelgespräch in Anspruch nahm.

Die folgenden Tage waren geprägt von einem kreativen Durcheinander. Alle wussten: Wir sind noch einige Wochen in diesem Betrieb zusammen; in dieser Zeit können wir versuchen, Ideen zu entwickeln und uns dadurch gegenseitig helfen. So ergab es sich, dass zwei Arbeitsplätze bei Kunden gefunden wurden: In beiden Fällen handelte es sich um Schreinereien, die in den letzten Jahren expandiert waren und jemanden fürs Büro benötigten. Ein weiterer Mitarbeiter erfüllte sich den Traum vom eigenen Unternehmen: Er gründete ein kleines Handelsunternehmen, das sich an Bastler und Heimwerker wenden sollte, die von Baumärkten enttäuscht waren. Dieses Unternehmen warf in der Folge immerhin so viel ab, dass er gut davon leben konnten. Bis auf einen Mitarbeiter, der den Vorruhestand bevorzugte, stand die Belegschaft nach kurzer Zeit wieder in Lohn und Brot. Besonders gut lief es für den Geschäftsführer: Sein Kundenbindungskonzept wurde so populär, dass er zusammen mit einem seiner ehemaligen Mitarbeiter in die Spitze eines Einkaufsverbandes mit 1.100 angeschlossenen Großhändlern berufen wurde.

6.6 – Ein Leben auf dem Skateboard: Mal rauf, mal runter, und wieder rauf!

Titus Dittmann war fasziniert von der Idee, Skateboards im Schulsport einzusetzen. Er probierte es aus, schrieb seine Examensarbeit darüber und wunderte sich über die Ergebnisse, auf die er insgeheim gehofft hatte: Gerade die etwas schwierigeren Jugendlichen, die sich gern in Raucherecken versteckten, um dort nicht nur

Zigaretten zu konsumieren, wurden neugierig. 6 Jahre lang prägte Titus, zunächst als Referendar und später als Gymnasiallehrer, das Freizeitverhalten und die Orientierung dieser Jugendlichen.

Dazu bedurfte es Anfang der 1980er Jahre eines erheblichen Engagements. So reiste Titus zusammen mit seiner Frau Brigitta eigens in die USA und kombinierte seinen Urlaub mit dem Import von billigen Skateboards für seine Schüler. Als sich die Reisen wiederholten, die importierten Skateboards hinsichtlich ihrer Menge und der von den Jugendlichen gewünschten Qualität ständig steigerten, traf Titus eine weitreichende Entscheidung: Er hängte seinen Lehrerberuf an den Nagel und beschloss, sich fortan nur noch mit Skateboards zu beschäftigen. Entsprechend gründete er eine Firma, die seinen Namen trug und 20 Jahre später in der ganzen Bundesrepublik und im angrenzenden Ausland bekannt war.

Angelockt von Titus' Erfolg laufen ihm zu diesem Zeitpunkt Investoren über den Weg, die ihre Mitarbeit anbieten. Sie schlagen vor, eine AG zu gründen und mit dem mitgebrachten Geld die Umsatzzuwächse in ungeahnte Höhen zu treiben. Nach ein paar Jahren, so der Plan, solle das ganze Unternehmen an die Börse gebracht werden. Dort würde man ein Vielfaches des eingesetzten Kapitals mit Hinweis auf das gigantische Umsatzwachstum wieder einsammeln.

Im Rückblick erzählt Titus, wie die Sache Anfang des Jahres 2000 gelaufen ist: „Die Investoren hatten keine Ahnung von unserem Markt. Die interessierte in erster Linie ihr Investment. Die wollten nur für ein, zwei Jahre drinbleiben und dann mit dem Börsengang ihren Gewinn reinholen. Das war so besprochen, und ich war auch einverstanden. Aber dann kollabierte die Börse, und wir hatten plötzlich Mitinhaber, die keinen Plan B hatten und null Interesse an diesem Unternehmen, das mit Herzblut geführt worden war. Die haben nur über eines nachgedacht: Wie kommen wir hier schnell wieder raus, ohne Kohle zu verlieren?"[279]

Entsprechend beschloss der Aufsichtsrat, in dem die Investoren das Sagen hatten, Titus und Brigitta drei weitere Vorstände zur Seite zu stellen, um zu retten, was zu retten ist. Dazu sollte die Firma zerlegt und die so entstehenden Filetstücke und Lizenzen verkauft werden. Titus: „Und damit die Rechnung aufging, mussten Brigitta und ich leer ausgehen. Deshalb waren die neuen Vorstände immer schon vor uns in der Firma und haben in kleinen Runden beraten, was man Brigitta und mir anhängen könnte, um uns legal und ohne Abfindung aus der eigenen Firma zu werfen."[280]

Die Rechnung ging nicht auf! Die neuen Vorstände stellten Titus und Brigitta zwar kalt, entwickelten jedoch ohne jeden Erfolg einen Sanierungsplan nach dem anderen. Nach wenigen Jahren verloren auch die Banken, die mit Fremdkapital ausgeholfen hatten, die Geduld und schickten einen Interimsmanager. Diesem gelang es zwar, den operativen Verlust zu drücken, aber Verlust blieb Verlust.

Im November 2006 beschließen Brigitta und Titus, alles auf eine Karte zu setzen: Sie kratzen aus ihrem Privatvermögen all das, was sich zu Liquidität machen lässt, zusammen und kaufen die Firma zurück. Titus' Begründung für diesen Schritt: „Wir haben uns freigekauft. Ohne die Aktion wären wir überhaupt nicht handlungsfähig gewesen, selbst als wir wieder allein im Vorstand waren. Wir waren erpressbar, zuerst durch die Investoren, dann durch die Banken. Und zwar nicht, weil wir irgendwas angestellt hatten – wir waren erpressbar, weil wir mit einem existenziellen Risiko dasaßen und Angst davor hatten, dass es eintrat. Die Bank sagt: Kusch, sonst ziehen wir den Stecker! Bis wir gesagt haben: Gut, dann lieber alles oder nichts."[281]

Durch einige geschickte Manöver und seine nach wie vor guten Kontakte zu Lieferanten in den USA gelingt es Titus, die wichtigsten der bereits verloren geglaubten Vertriebsrechte zu sichern. Schon im Jahre 2007 ist der Turnaround geschafft: Einem Jahresverlust von fast 4 Millionen Euro im Jahre 2006 steht im Jahre 2007 ein Gewinn von 2,5 Millionen gegenüber.

Titus selbst führt diesen Turnaround insbesondere auf das bodenlose Missmanagement seiner ehemaligen Vorstandskollegen und Interimsmanager zurück: „Man muss sich das so vorstellen: Die Investoren suchten nur nach Tafelsilber, das sie verkaufen konnten. Als wir dann die Banken um Hilfe baten, schickten die uns einen Berater, der die Entscheidungen übernahm und vor allem ein Problem hatte: Wie krieg ich pro Jahr die eine Million Euro Liquidität aus dem Laden, mit der mein Honorar bezahlt werden kann? Dafür hat er dann zum Beispiel Waren im Einkaufswert von 1,6 Millionen Euro aus unserem Lager für eine Million Euro an einen Powerseller bei ebay verkaufen und ihn dafür noch 220.000 Euro Provision kassieren lassen."[282]

Über fünf Jahre war die Firma gnadenlos ausgeschlachtet worden. Welch ein Wunder, dass sie das überhaupt überlebt hat. Tatsächlich waren es wohl weniger Titus' geniale Managementfähigkeiten, die dem neuerlichen Erfolg zu Grunde liegen. Wenn schon, dann sind diese Fähigkeiten wohl eher seiner Frau Brigitta zuzuschreiben, die die Ressorts Finanzen und Controlling verantwortet.

Vielmehr versteht sich das Stehauf-Männchen Titus darauf, mit Menschen umzugehen. Zusammen mit seinen unglaublich engagierten Mitarbeitern konnte dieser Kraftakt gelingen. Und: Die Jugendlichen liegen ihm immer noch am Herzen. Mit großer Leidenschaft unterstützt er das Projekt Skate-Aid in Afghanistan, wo insbesondere Mädchen mit diesem Sport konfrontiert werden und eine ergänzende Lebensperspektive erhalten. Titus: „Kinder, die skaten, schießen nicht!"[283]

Titus ist zutiefst davon überzeugt, dass das Skateboard nicht nur eine Freizeitbeschäftigung für Kinder und Jugendliche ist, sondern auch die Entwicklung des Jugendlichen entscheidend prägt und fördert. Jahr für Jahr veranstaltet er die legendäre Skate-Night in seinem ‚Skaters Palace' in Münster. Der Erlös kommt ausschließlich Jugendprojekten zugute. Wer Titus und Brigitta in ihrer Firma besucht, spürt bereits im Eingangsbereich, dass es nicht zuerst um das Geldverdienen geht, sondern dass das soziale Engagement im Vordergrund steht: Container mit gebrauchten Skateboards, für die Jugendlichen in Afghanistan bestimmt, fordern zum Geben auf. Der Kauf eines neuen Skateboards oder neuer Kleidung folgt bewusst erst an zweiter Stelle.

6.7 – Ausgezeichnet: Unterstützung durch unternehmensübergreifende Initiativen

Die Initiativen ‚Great Place to Work' und ‚TOP JOB' zeichnen seit einigen Jahren die besten Arbeitgeber in Deutschland aus. Während ‚TOP JOB' national ausgerichtet ist und sich an den Mittelstand wendet, ist ‚Great Place to Work' eine internationale Initiative, wendet sich an Unternehmen ab 50 Mitarbeitern und bezieht auch Konzerne mit ein. Darüber hinaus gibt es auch regionale Initiativen, wie etwa der vom ‚Sozialinstitut Kommende Dortmund' und der ‚Bank für Kirche und Caritas Paderborn' gestiftete Unternehmerpreis: „Der Unternehmerpreis ‚erfolgreich nachhaltig' wird (...) an Unternehmen verliehen, die in innovativer Weise unternehmerisches Handeln mit ethischer Verantwortung verbinden."[284]

‚Great Place to Work' beschreibt sein Anliegen wie folgt: „Die Gewinnung, Bindung und Förderung hoch qualifizierter und engagierter Mitarbeiter stellt heute eine der zentralen Aufgaben erfolgreicher Unternehmensentwicklung dar. Am besten gelingt dies in einer Arbeitsumgebung, die von den Beschäftigten als besonders vertrauenswürdig, wertschätzend und motivierend erlebt wird. Die Teilnahme an der bundesweiten Great Place to Work' Benchmarkstudie und dem angeschlossenen Wettbewerb ‚Deutschlands Beste Arbeitgeber' bietet Ihrem Unternehmen daher drei zentrale Vorteile:

1. Fundierte Standortbestimmung der Qualität und Attraktivität Ihres Unternehmens als Arbeitgeber,
2. Unterstützung der mitarbeiterorientierten Weiterentwicklung der Arbeitsplatzkultur,
3. Chance auf Auszeichnung und Veröffentlichung als besonders attraktiver Arbeitgeber."[285]

Der Ansatz von ‚TOP JOB' geht insofern noch einen Schritt weiter, als neben dem Ranking und den damit verbundenen Preisen auch eine Zertifizierung für die Einhaltung von Mindeststandards angeboten wird: „TOP JOB' steht für hervorragende Arbeitgeberqualitäten. Seit 2002 bewerten wir mit wissenschaftlicher Unterstützung

die Personalarbeit deutscher Mittelständler und zeichnen diese mit
dem Qualitätssiegel TOP JOB˙ aus. Unabhängig und kompetent.
Das TOP JOB˙-Qualitätssiegel umfasst zwei Stufen: Die TOP
JOB˙ Zertifizierung und den TOP JOB˙ Award. Für die Zertifizierung gelten von der Universität St. Gallen festgelegte Kriterien,
die ein Bewerber erfüllen muss. Erreicht Ihr Unternehmen bei
der Untersuchung diesen Standard, werden Sie zum zertifizierten TOP JOB˙ Arbeitgeber und erhalten im August das begehrte
Qualitätssiegel.

Aufbauend auf die Zertifizierung können Sie im gleichen
Durchgang mit Ihrem Unternehmen am TOP JOB˙ Award – Die
100 besten Arbeitgeber im Mittelstand – teilnehmen.“[286]

Die Unternehmerpreise, die in sämtlichen Initiativen vergeben
werden, stellen sicher einen Anreiz dar, Unternehmen in dieser
frühen Phase zu bewegen, den Weg einer humanen Führung zu
gehen. Insofern sind alle diesbezüglichen Initiativen zu begrüßen,
auch wenn der Wettbewerbsgedanke und damit ein Gegeneinander
evoziert wird.

Die Zertifikatslösung, die bereits im Rahmen der Initiative
‚TOP JOB‘ umgesetzt wird, erscheint als ein Ansatz, der zu einem
breiteren Durchbruch von humaner Führung in der Praxis beitragen dürfte. Wenn die zertifizierten Unternehmen in Zukunft dazu
übergehen werden, ihre Produkte und Dienstleistungen mit dem
Zertifikat zu schmücken, wird auch der Kunde erkennen können,
mit welchem ethischen Anspruch das Gut produziert wird. Bleibt
zu hoffen, dass die Kundensouveränität dazu führt, dass die zertifizierten Produkte und Dienstleistungen bevorzugt werden.

7 – Hoffnung: Politische Unterstützung für ein faires Management

Den Ausgangspunkt der Reise zu einem ethisch fundierten, fairen Führungshandeln bildete ein eher düsterer Befund über den aktuellen Zustand der Wirtschaft und der Wirtschaftswissenschaften. Mit dem in dieser Arbeit entwickelten, wertebasierten Führungsmodell möchte ich Sie, lieber Leser, dazu einladen, selbst einen wichtigen Beitrag zur Verbesserung der Zustände zu leisten. Gleichwohl stellt sich auch mir die Frage, wie viele Manager auf diesem Weg erreicht werden und wie viele Manager das eigene Führungshandeln nachhaltig ändern wollen. Wenn es nur wenige sind, ist das zwar besser als nichts, jedoch ist mit Gustav Bergmann und Jürgen Daub in der Tat zu befürchten, dass „die Altruisten zum Aussterben tendieren"[287]. Deshalb soll abschließend die Aufmerksamkeit auf einige grundlegende Systemveränderungen gerichtet werden, die den Druck auf die Wirtschaft erhöhen könnten, sich einem humanen Ansatz zuzuwenden:

➢ Die Einführung eines bedingungslosen Grundeinkommens,
➢ die Zulassung von Parallelwährungen und
➢ die Sicherstellung einer persönlichen Haftung der Verantwortlichen.

Es soll keinesfalls der Eindruck erweckt werden, dass die Führungskraft getrost darauf warten soll, bis diese Systemveränderungen stattgefunden haben, damit sich ein faires Management durchsetzen kann. Ein alternatives Management mit einer fundierten, humanen Einstellung muss sich jeder Manager ohnehin selbst erarbeiten, egal ob Druck von außen hinzukommt oder nicht. Wer also von diesem humanen Ansatz überzeugt ist, sollte sofort damit anfangen. Eine ‚Hannemann, geh du voran!'-Einstellung verschiebt den Nutzen und die Freude, die ein faires Management hervorruft, unnötig in die Zukunft.

Bedingungsloses Grundeinkommen

Das *bedingungslose Grundeinkommen* fordert, jedem Bürger ohne Ansehen seiner Leistung und seiner Person ein Einkommen zur Verfügung zu stellen, das ihm ermöglicht, zu überleben und am gesellschaftlichen Leben teilzunehmen. Recht plakativ fordern Götz Werner und Adrienne Goehler in ihrem Buch pro Monat „1.000 € für jeden"[288]. In welcher Höhe das Grundeinkommen tatsächlich zu beziffern ist und ob dieses Grundeinkommen nach Altersschichten zu differenzieren ist, muss sicher noch im Detail geklärt werden. Auch die politische Machbarkeit spielt eine Rolle, wobei die grundsätzliche Finanzierbarkeit selbst für einen der prominentesten Gegner eines bedingungslosen Grundeinkommens, Bundesinnenminister Wolfgang Schäuble, außer Frage steht.[289]

Gegen das bedingungslose Grundeinkommen wird immer wieder vorgetragen, dass zu viele Menschen unter solchen Bedingungen überhaupt nicht mehr bereit seien, arbeiten zu gehen. Umfragen und Untersuchungen zu ‚plötzlichen Millionären', also Menschen, die plötzlich zu viel Geld gekommen sind, zeigen allerdings, dass sich zwar einige wenige Menschen der Arbeit entziehen. Aber Menschen, die nicht arbeiten wollen, gelingt es auch heute schon, die sozialen Sicherungssysteme auszunutzen und sich von der Arbeit fernzuhalten. Die meisten Menschen würden auch dann, wenn es ein bedingungsloses Grundeinkommen geben würde, weiter wie bisher einer Beschäftigung nachgehen, soweit die Arbeit zumutbar ist.

Das bedingungslose Grundeinkommen nimmt allerdings jedem einzelnen Bürger den Druck, in Existenzangst zu leben. Es befreit jeden Bürger davon, jedwede Arbeit anzunehmen, nur um das nackte Überleben sicherzustellen. In einem solchen Umfeld dürfte es Ausbeutern schwer fallen, überhaupt Arbeitskräfte zu gewinnen. Arbeitgeber wären in einem solchen Umfeld gewissermaßen gezwungen, zumutbare Arbeitsplätze anzubieten. Nach und nach würden in einem Umfeld des bedingungslosen Grundeinkommens Arbeitsplätze entstehen, die von Menschen geschaffen und geleitet werden, die ein faires Management praktizieren.

Ein völlig anderer Ansatz bezieht sich auf unsere Währungssysteme. Zentrale Währungen wie der Euro und der Dollar beschleunigen die negativen Auswirkungen der Globalisierung und tragen erheblich dazu bei, dass Unternehmenslenker ein dunkles, fragwürdiges Management betreiben. Der Internationale Währungsfond (IWF) und die Ländergemeinschaft, die den Euro als Gemeinschaftswährung eingeführt hat, kennen offensichtlich nur ein einziges Rezept, in Not geratenen Staaten zu helfen: In kurzer Frist müssen

Die Problematik zentraler Währungen

a) die Einnahmen erhöht werden, was leider nur selten gelingt,
b) die Ausgaben verringert werden, was auf Kosten der Ärmsten und sozial Schwachen immer gelingt, und
c) staatliche Betriebe privatisiert werden, was unter dem Strich einigen Reichen nützt und wiederum den Armen und Ärmsten schadet.

Das globale Finanz- und Währungssystem ist, wie seit der Krise im Jahre 2008 bekannt ist, völlig aus den Fugen geraten, weil die durch die neoliberale Politik à la Thatcher und Reagan entfesselten Märkte verrückt spielten.[290] Dies räumt auch der renommierte Nobelpreisträger Joseph Stiglitz seit einiger Zeit ein. Während er in seiner Doktorarbeit noch zu dem Schluss kam, dass ein neoliberaler Ansatz, der sich im Wesentlichen mit den Forderungen nach Privatisierung von Staatsbetrieben und völliger Freiheit der Märkte beschreiben lässt, zu einer Angleichung von armen und reichen Schichten führt, behauptet er seit einiger Zeit das glatte Gegenteil: Die Schere zwischen Arm und Reich weitet sich durch

Der Neoliberalismus als Irrweg

eine neoliberale Politik zusehends.[291] Leider trauen sich die Politiker (noch) nicht, die guten Vorschläge Stiglitz' zur Reformierung des Finanzsystems umzusetzen.

Dabei gehen die wirklichen Veränderungen noch bedeutend weiter. Schon fast vergessen sind die theoretischen Grundlagen, die Silvio Gesell in Bezug auf alternative Währungssysteme erarbeitet hat. Ihm ging es darum, das Geld von Zinsen zu befreien und es auf seine Tauschfunktion zu reduzieren. Auf diese Weise wollte er „die Beseitigung des arbeitslosen Einkommens, des sog. Mehrwertes, auch Zins und Rente genannt"[292], erreichen. Joseph Stiglitz wendet sich heute genauso vehement gegen dieses ‚Rent-Seeking', auch wenn er den Einsatz anderer Instrumente vorschlägt.

Obwohl Silvio Gesell für eine staatlich geordnete Monopolwährung eintrat,[293] wird er dennoch gern mit dem „Wunder in Wörgl" in Zusammenhang gebracht: Diesem ‚Wunder' liegt zwar das von Gesell beschriebene ‚Schwundgeld' bzw. ‚Freigeld' mit negativem Zins zu Grunde; besonders interessant ist aber auch, dass es entgegen dem Vorschlag Gesells als zusätzliche, parallele Regionalwährung eingeführt wurde, um die Mitbürger wieder in Brot und Arbeit zu bringen: „Während Anfang der 1930er-Jahre die Weltwirtschaftskrise Millionen von Menschen in den Ruin trieb, dachte sich der Bürgermeister des kleinen Dorfes Wörgl in Tirol, Michael Unterguggenberger, etwas ganz Besonderes aus: Er ließ den Lohn in Arbeitswertscheinen ausbezahlen, deren Wert mit jedem Monat abnahm. Dadurch waren sie als Geldanlage unattraktiv. Das sogenannte ‚Schwundgeld' kreiste vom Arbeiter zum Kaufmann und landete als Steuergeld wieder in der Gemeindekasse. Ein kleines Dorf in Österreich schaffte es 13 Monate lang, in diesen turbulenten Zeiten nicht nur von der Weltwirtschaftskrise verschont zu bleiben, sondern sogar in seine Zukunft zu investieren."[294] „Das Wörgler Freigeld ist im Schnitt neun- bis zehnmal schneller zirkuliert, als der Nationalbank-Schilling", berichtet Veronika Spielbichler, Obfrau am Unterguggenberger Institut Wörgl[295], in der WDR-Sendung „Quarks" am 5.6.2012.

Beispiele für Parallelwährungen Einen ähnlichen Weg gehen seit einiger Zeit auch einige Regionen in Brasilien. Besonders bekannt wurde das „Wunder von Curitiba", bei dem nicht einmal ein Tauschmittel mit Umlaufsicherung durch eine bestimmte Gebühr eingesetzt wurde: „Und trotzdem hatte das (…) Projekt einfach dadurch riesigen Erfolg, dass das Ersatzgeld, das geschaffen wurde, in der Region verblieb und nicht zu den Banken verschwand, wodurch ja das Geld normalerweise irgendwohin wandert und nur in Form von Krediten wieder in Umlauf kommt."[296] Die Bevölkerung von Curitiba profitierte in einem nicht vermuteten Umfang von der Parallelwährung: „Zwischen 1975 und 1995 wuchs das Bruttosozialprodukt pro Kopf in Curitiba um 75 Prozent schneller als im ganzen Land."[297] Ein ähnliches Projekt stellte Bernard Lietaer, ein belgischer Finanzexperte, am Beispiel der brasilianischen Banco Palmas in der Sendung „Geld: Der Schein trügt" im Bayerischen Rundfunk am 26.10.2009 vor.

Lietaer wendet sich gegen staatliche Währungsmonopole, die seiner Meinung zwar ein Höchstmaß an Effizienz, aber einen Mangel an Widerstandsfähigkeit aufweisen. Er tritt für Komplementärwährungen ein, die diesen Mangel auszugleichen vermögen, nachhaltiges Wirtschaften unterstützen und auch Monopolen in der Realwirtschaft entgegenwirken. Im Übrigen gibt es seit einiger Zeit auch in Japan verstärkte Bemühungen, mit komplementären Währungssystemen zu experimentieren.[298]

Zum Schluss möchte ich noch auf Unzulänglichkeiten eingehen, die dem Gesellschaftsrecht entstammen. Kapitalgesellschaften und Genossenschaften unterscheiden sich von Personengesellschaften vor allem durch eine beschränkte Haftung. Bei der deutschen Gesellschaft mit beschränkter Haftung (GmbH), der französischen Societé à responsabilité limité (Sàrl) und der englischen Limited Company (Ltd.) kommt dies sogar in der Namensgebung zum Ausdruck. Im Falle eines Konkurses können die Gläubiger allein auf das Gesellschaftsvermögen zurückgreifen, das Privatvermögen der Gesellschafter bleibt unangetastet. Im Gegensatz dazu müssen Gesellschafter von Personengesellschaften auch mit ihrem Privatvermögen haften, wenn das Gesellschaftsvermögen nicht ausreicht. Diese Ungerechtigkeit hat nicht nur eine Wettbewerbsverzerrung zur Folge; vielmehr besteht die Gefahr, dass Kapitalgesellschaften

Unzulänglichkeiten im Gesellschaftsrecht

Risiken eingehen, die nicht beherrschbar sind. Die Finanzkrise seit 2008 hat gezeigt, dass solche Risiken schließlich dem Staat und somit der Allgemeinheit aufgebürdet werden. Dabei sind nicht beherrschbare Risiken in der Finanzwelt noch vergleichsweise harmlos. Ein Tsunami vor der japanischen Küste hat der ganzen Welt am 11. März 2011 gezeigt, welche Gefahren von nicht beherrschbaren Risiken in der Realwirtschaft ausgehen. Die japanischen Kernkraftwerksbetreiber sind nicht annähernd in der Lage, für den angerichteten Schaden aufzukommen.

Persönliche Haftung: Grundvoraussetzung einer freiheitlichen Marktordnung

Adam Smith und seine ‚unsichtbare Hand des Marktes‘[299] mussten zur Begründung neoliberaler Politik, die mit den Namen Thatcher, Reagan und Bush jr. eng verbunden ist, immer wieder herhalten. Dabei hätte sich Smith vermutlich im Grabe umgedreht, wenn er hätte hören müssen, dass die Lehre Milton Friedmans aus Chicago in einem Atemzug mit seinem Namen verknüpft wird. Denn die *persönliche Haftung* war für Adam Smith die Grundvoraussetzung einer freiheitlichen Marktordnung. Dieser Aspekt wird bei Friedman und seinen Schülern und den von ihnen massiv beeinflussten Politikern vollständig ausgeblendet. Adam Smith hat nämlich unmissverständlich gefordert, „dass die Akteure in der marktwirtschaftlichen Ordnung für ihre Engagements voll haften. Es dürfte nach Adam Smith also gar keine Konzerne geben mit angestellten Managern, die nur ihre Prämien im Kopf haben – und es dürfte auch keine GmbHs geben.[300]

Aufforderung an die Politik!

Werden die Politiker mutig genug sein, die hier beschriebenen ‚heißen Eisen‘ anzufassen? Nach meiner Auffassung handelt es sich dabei nicht einmal um Tabuthemen wie etwa die Reform des Bodenrechts oder die Wiederentdeckung und Modifizierung des Kommunismus. Und trotzdem kommen solche Themen nur selten auf die Tagesordnung, weder in der Politik noch in der Wissenschaft.

Es ist erstaunlich, dass sich die im Deutschen Bundestag vertretenen Parteien kaum um Fragestellungen kümmern, die das marktwirtschaftliche System verbessern helfen. Stattdessen kurieren die Politiker Symptome und sehen zu, wie sich die Schere zwischen armen und reichen Bürgern immer weiter öffnet. Noch mehr: Sie stützen sich auf die Lobbyisten der Reichen und fördern ein System der Ungleichheit und der Ungerechtigkeit.

Es bleibt zu hoffen, dass Sie, lieber Leser, in diesem Buch Begleitung und Unterstützung auf dem Weg zum fairen Management finden. Verbreiten Sie die Argumente, gern auch an die Adresse der Politik, für ein besseres Leben.

Danksagung

Im Frühjahr 2007 überraschte mich meine Studentin Daniela Schade mit einem Referat über den brasilianischen Unternehmer Ricardo Semler, der in diesem Buch des Öfteren erwähnt wird. Dieser Impuls setzte in mir den Wunsch frei, guter Führung nicht allein bloßes Interesse entgegenzubringen; die systematische Beschäftigung mit guter Führung lässt mich seither nicht mehr los. Neben Frau Schade möchte ich den vielen, vielen Begleitern, die mir in den vergangenen sechs Jahren unendlich viel Input gegeben haben, danken: Kollegen, Studierende, Unternehmer, Betriebsräte, Verwandte und Bekannte haben einen erheblichen Anteil daran, dass ich dieses Buch mit so vielen unterschiedlichen und doch zusammenhängenden Inhalten füllen durfte. Ein herzliches Dankeschön Euch und Ihnen allen.

Im Frühjahr 2012 gab mir Herr Wilhelm Terhörst, früherer Geschäftsführer der Fa. Parador (hülsta-Gruppe), als Erster die Gelegenheit, meine Gedanken zum fairen Management auf einer Veranstaltung außerhalb des Hochschul-Campus vorzutragen. Die überaus positive Reaktion der anwesenden Unternehmer aus meinem Heimatdorf Legden und die steigende Nachfrage nach Vorträgen dieser Art hat mir gezeigt, dass gute Führung ein aktuelles Thema ist, das auf ein ungeheuer großes Interesse stößt. Ich danke allen Zuhörern und besonders Dir, Wilhelm.

Bedanken möchte ich mich auch bei meiner Frau Ulla und unseren Söhnen Jan, Max und Ben, dass sie meine Arbeit an diesem Buch sowohl emotional als auch inhaltlich unterstützt haben. Ulla möchte ich darüber hinaus ganz besonders für die Übernahme des Lektorats der ersten Fassung danken. Das Lektorat der zweiten Fassung übernahm Gerd Beckmann, der das Buch insbesondere mit sprachlichen und philosophischen Feinheiten verbesserte. Danke, Gerd. Bedanken möchte ich mich auch bei meinem dritten Lektor Dr. Swen Wagner, der nicht nur textliche Schwächen aufdeckte, sondern darüber hinaus eine Fülle inhaltlicher Ergänzungen einbrachte.

Schließlich möchte ich auch meinen Betreuern vom Tectum-Verlag danken, die sich rührend um mich gekümmert haben. Frau Ina Beneke stellte den Kontakt her, während Frau Heike Amthor als Betreuerin diesem Buch den letzten Feinschliff gab; Herrn Heinz-Werner Kubitza danke ich für die weitsichtige und hoffentlich auch unternehmerisch richtige Entscheidung, dieses Buch zu verlegen.

Last but not least möchte ich Herrn Prof. Götz Werner für die Unterstützung danken, die er mit seinem großartigen Geleitwort leistet.

Literatur

Ackoff, Russell L.: Creating the Corporate Future – Plan or Be Planned for, New York 1981

Ahlert, Dieter/Franz, Klaus-Peter/Kaefer, Wolfgang: Grundlagen und Grundbegriffe der Betriebswirtschaftslehre, 5. Aufl., Düsseldorf 1989

Babiak, Paul/Hare, Robert D.: Snakes in Suits, When Psychopaths go to Work, dt. Übersetzung: Menschenschinder oder Manager, Psychopathen bei der Arbeit, München 2007

Berger, Roland: Kulturelle Vielfalt als Wettbewerbsvorteil nutzen, in: Voigt, Connie (Hrsg.): Interkulturell Führen, Diversity 2.0 als Wettbewerbsvorteil, Zürich 2009, S. 9–11

Berger, Wolfgang: Die Welt braucht fließendes Geld, in: Humane Wirtschaft 03/2012, S. 4–7

Bergmann, Gustav/Daub, Jürgen: Systemisches Innovations- und Kompetenzmanagement, 2. Aufl., Wiesbaden 2008

Bergmann, Gustav/Daub, Jürgen: Das menschliche Maß, Entwurf einer Mitweltökonomie, München 2012

Berkel, Karl: Konflikttraining, 7. Aufl., Heidelberg 2002

Bilgri, Anselm: Ethisches Führen in Betrieben, Radio-Interview in der Sendung Theo.Logik, Bayern 2 vom 22.10.2012

Blanchard, Ken u.a.: Whale done!, München 2005

Blech, Jörg: Stress, Burnout, Depression, Schwermut ohne Scham, in: *Der Spiegel* Nr. 6 vom 6.2.2012, S. 122–131

Bleicher, Knut: Das Konzept Integriertes Management, 4. Aufl., Frankfurt/New York 1996

Bleicher, Knut: Organisation, Strategien – Strukturen – Kulturen, 2. Aufl., Wiesbaden 1991

Breitscheidel, Markus: Arm durch Arbeit, Düsseldorf u.a. 2008

Brzoska, Maike: Unzufriedene Mitarbeiter: Null Bock auf den Job, in: *Focus online* vom 23.9.2011, http://www.focus.de/finanzen/karriere/berufsleben/tid-23711/unzufriedene-mitarbeiter-null-bock-auf-den-job_aid_668000.html, abgerufen am 26.4.2012

Burnes, Bernard: Managing Change, A Strategic Approach to Organisational Dynamics, 3. Aufl., Harlow u.a. 2000

Butterwegge, Christoph: Armut in einem reichen Land: Wie das Problem verharmlost und verdrängt wird, 3. Aufl., Frankfurt/Main 2012

Carnall, Colin A.: Managing Change in Organizations, 4. Aufl., Harlow u.a. 2003

Cichy, Uwe/Matul, Christian/Rochow, Michael: Vertrauen gewinnt, Die bessere Art, in Unternehmen zu führen, Stuttgart 2011

Crisand, Ekkehard: Methodik der Konfliktlösung, 2. Aufl., Heidelberg 1999

Csikszentmihalyi, Mihaly: Flow im Beruf, Das Geheimnis des Glücks am Arbeitsplatz, 2. Aufl., Stuttgart 2004

Dahlkamp, Silvia u.a.: Wenn Kollegen Feinde sind – rund zwei Millionen Deutsche leiden unter Mobbing, in: *Der Spiegel*, Nr. 16 vom 16.4.2012, S. 56–64

Dettmer, Markus/Tietz, Janko: Wie Unternehmen ihre Beschäftigten vorm Burnout bewahren wollen, Jetzt mal langsam!, in: *Der Spiegel* Nr. 30 vom 25.7.2011, S. 55–68

Dittmann, Titus/Matthiass, Michael: Brett für die Welt, Köln 2012

Doppler, Klaus/Lauterburg, Christoph: Change Management, Den Unternehmenswandel gestalten, Frankfurt 1994

Doppler, Klaus/Lauterburg, Christoph: Change Management, in: Simon, Hermann (Hrsg.): Das große Handbuch der Strategiekonzepte, Ideen, die die Businesswelt verändert haben, 2. Aufl., Frankfurt 2000

Dorfer, Tobias/Waldermann, Anselm: Nokias Fluchtgründe, Run auf Rendite, Rendite, Rendite, in: *Der Spiegel* vom 17.1.2008, http://www.spiegel.de/wirtschaft/0,1518,529294,00.html, abgerufen am 18.11.20012

Dowe, Reinhard: Muda: Grundlage für ein anderes Managementkonzept, Wien 1995

Dudas, Andreas: Herausragende Führungspersönlichkeiten benötigen Authentizität, http://www.business-wissen.de/mitarbeiterfuehrung/persoenlichkeit-herausragende-fuehrungspersoenlichkeiten-benoetigen-authentizitaet/, abgerufen am 7.6.2012

Eyer, Eckard/Haussmann, Thomas: Zielvereinbarung und variable Vergütung, Nachdruck der 3. Aufl., Wiesbaden 2007

Feess, Eberhard: Ökobilanz, http://wirtschaftslexikon.gabler.de/Definition/oekobilanz.html, abgerufen am 17.6.2012

Feldenkirchen, Markus: Das Schicksal ist doof, Interview mit Philippe Pozzo de Borgo und Samuel Koch, in: *Der Spiegel*, Nr. 29 vom 16.7.2012, S. 110–118

Fischer, Gabriele: „Ich kann mich unglaublich gut selber bescheißen.", Interview mit Titus Dittmann, *brand eins*, Heft 8/2008, S. 80–85

Fischermanns, Guido: Praxishandbuch Prozessmanagement, ibo Schriftenreihe Organisation, Band 9, 7. Aufl., Gießen 2008

Gabler Wirtschaftslexikon: Online-Version, http://wirtschaftslexikon.gabler.de, abgerufen am 14.6.2012

Gamma, Anna: Vertrauen als Führungsinstrument – Aus Überzeugung handeln, gefunden in: Cichy, Uwe/Matul, Christian/Rochow, Michael, Vertrauen gewinnt, Die bessere Art, in Unternehmen zu führen, Stuttgart 2011, S. 52

Gesell, Silvio: Die Natürliche Wirtschaftsordnung, Band 11, Reprint 4. Aufl. 1920, Halle (Saale) 2007

Gladwell, Malcom: BLINK!, Die Macht des Moments, Frankfurt/New York 2005

Goeudevert, Daniel: Das Seerosen-Prinzip, Wie uns die Gier ruiniert, Köln 2008

Graeber, David: Schulden, Die ersten 5.000 Jahre, Stuttgart 2012

Greutter, Barbara: Der dritte Raum: Transkulturelle Teamentwicklung, in: Voigt, Connie (Hrsg.): Interkulturell Führen, Diversity 2.0 als Wettbewerbsvorteil, Zürich 2009, S. 229–237

Groß, Michael: Interview bei der Vorstellung seines Buches „Siegen kann jeder" auf der
  Frankfurter Buchmesse am 15.10.2011, http://www.rp-online.de abgerufen
  am 17.10.2011

Grün, Anselm: Führen mit Werten, Ethisch handeln – Herausforderungen bewältigen,
  München 2006

Grün, Anselm: Menschen führen – Leben wecken, 4. Aufl., München 2007

Grün, Anselm/Altmann, Petra: Klarheit, Ordnung, Stille, Was wir vom Leben im Kloster
  lernen können, München 2007

Gutenberg, Erich: Einführung in die Betriebswirtschaftslehre, Wiesbaden 1958

Hammer, Michael/Champy, James: Business Reengineering, Die Radikalkur für das Unternehmen, Frankfurt/New York 1994

Hardt, Christian: Erhard – Der qualmende Engel, in: Wunder, Pleiten und Vision, Hrsg.: Jörg
  Lichter und Christoph Neßhöver, Berlin 2007, S. 119–124

Hartwig, Roland: Gesetzmäßiges und verantwortungsbewusstes Handeln bei der Bayer AG,
  Interview, in: Zeitschrift *Führung + Organisation*, Nr. 3/2008, S. 150–152

Hellmeyer, Folker, im Interview: Bosse, Börsen und Bilanzen, ausgestrahlt auf arte am
  7.10.2008, 21:00 Uhr

Hindle, Tim: Die 100 wichtigsten Managementkonzepte, München 2001

Hoffmann, Margit (Hrsg.): Der Schlüssel zur Gelassenheit, Germering 2007

http://de.wikipedia.org/wiki/Liste_der_gr%C3%B6%C3%9Ften_Unternehmen_der_
  Welt vom 10.7.2012

http://eu.gallup.com/Berlin/118645/Gallup-Engagement-Index.aspx vom 29.8.2012

http://wirtschaftslexikon.gabler.de/Definition/unternehmensverfassung.html vom
  14.6.2012

http://www.benediktiner.de/index.php/die-ordensregel-des-hl-benedikt/gemeinschaft-
  unter-regel-und-abt/die-einberufung-der-brueder-zum-rat.html vom
  7.6.2012

http://www.bundesregierung.de/nn_1500/Content/DE/Interview/2010/01/2010-01-25-
  interview-schaeuble-welt.html vom 25.1.2010, abgerufen am 7.11.2012

http://www.cbw-online.de/zeit-online/zeit-online.htm vom 14.2.2003

http://www.gratis-spruch.de/spruch/thema/sprueche/Positives+Denken/tid/45/ vom
     6.6.2012

http://www.gratis-spruch.de/spruch/thema/sprueche/Zuverl%C3%A4ssigkeit/tid/227/
     vom 7.6.2012

http://www.greatplacetowork.de/dba-initiative vom 20.9.2012

http://www.iak.de/index.php?id=175 vom 26.10.2012

http://www.kommende-dortmund.de/kommende_dortmund/5-Fachbereiche/43-
     Wirtschaftsethik/45-Unternehmerpreis.html vom 20.9.2012

http://www.mittelstandswiki.de/2010/06/konjunktur-unternehmen-setzen-wieder-auf-
     wachstum/ vom 1.8.2011

http://www.musicalradio.de/Berichte-und-Rezensionen/603-tick-tick...-BOOM-in-
     Datteln.html vom 9.7.2012

http://www.sozialekompetenz.info/a_16_15_16_0_-Zitate-_301_Ziel-Konfuzius.html
     vom 13.1.2013

http://www.spiegel.de/wirtschaft/unternehmen/hohe-gehaelter-manager-raten-dax-
     unternehmen-zu-obergrenzen-a-829108.html vom 10.7.2012

http://www.topjob.de/projekt/top-job/index.html vom 20.9.2012

http://www.wahrheitssuche.org/curitiba.html vom 18.11.2012

http://www.wdr.de/tv/quarks/sendungsbeitraege/2012/0605/geld_3_008.jsp vom
     18.11.2012

http://www.zitate.de/kategorie/St%C3%A4rke/ vom 13.1.2013

http://www.zitate.de/kategorie/Wachstum vom 24.11.2011

http://zitate.net/geiz:2.html vom 25.4.2012

Jäger, Roland: Selbstmanagement und persönliche Arbeitstechniken, 4. Aufl., Wettenberg
     2008

Jonas, Hans: Das Prinzip Verantwortung, Versuch einer Ethik für die technologische
     Zivilisation, Frankfurt 1979

Kafka, Franz: Gesammelte Werke, Briefe 1902–1924, Frankfurt 1958

Kahneman, Daniel: Als wären wir gespalten, Spiegel-Gespräch, in: *Der Spiegel* vom 21.5.2012, Nr. 21/2012, S. 108–112

Kaplan, Robert S./Norton, David P.: Die strategiefokussierte Organisation: Führen mit der Balanced Scorecard, Stuttgart 2001

Kästner, Erich; Zeitgenossen, haufenweise Gedichte, Hrsg. Harald Hartung. Nicola Brinkmann, München 1998

Klink, Daniel: Diplomarbeit „Der ehrbare Kaufmann", geschrieben am Institut für Management der Wirtschaftswissenschaftlichen Fakultät der Humboldt-Universität zu Berlin, eingereicht am 01. September 2007, http://www.der-ehrbare-kaufmann.de/fileadmin/Gemeinsame_Dateien/der-ehrbare-kaufmann.de/PDFs/der-ehrbare-kaufmann.pdf, abgerufen am 9.8.2011

Koch, Helmut: Integrierte Unternehmensplanung, Wiesbaden 1982

Königswieser, Roswita/Exner, Alexander: Systemische Intervention, Stuttgart 1998

Krause, Diana E./Simon, Juliane: Achieve Mission Impossible?, Ethische Führung als Anforderung an Führungskräfte in Politik und Wirtschaft, in: Zeitschrift *Führung + Organisation*, Nr. 1/2013, S. 31–39

Kreitling, Holger: Das Vorbild des Fließbands ist der Schlachthof, in: *Die Welt* vom 13.7.2011, http://www.welt.de/kultur/history/article13416694/Das-Vorbild-des-Fliessbands-ist-der-Schlachthof.html, abgerufen am 30.10.2012

Küng, Hans: Anständig wirtschaften, Warum Ökonomie Moral braucht, München 2010

Kutscher, Michael/Schmid, Stefan: Internationales Management, 6. Aufl., München 2008

Lewin, Kurt: Group Decision and Social Change, in: Readings in Social Psychology by Theodore M. Newcomb and Eugene L. Hartley, New York 1947, pp. 340–44, http://www.crossroad.to/Quotes/brainwashing/kurt-lewin-change.htm, abgerufen am 1.3.2013

Liebl, Franz: Vision Impossible, http://www.brandeins.de/magazin/archiv/2001/ausgabe_10/was_unternehmen_nuetzt/artikel2.html, abgerufen am 7.10.2003

Lietaer, Bernard: Complementary Currencies in Japan Today: History, Originality and Relevance, in: http://www.regiogeld-mv.de/media/document/20/IJCCR_8no1.pdf, abgerufen am 18.11.2012

Lohmann, Detlef: … und mittags geh ich heim, Die völlig andere Art, ein Unternehmen zum Erfolg zu führen, Wien 2012

Lotter, Wolf: Verschwendung – Wirtschaft braucht Überfluss, München/Wien 2006

Luft, Joseph: Einführung in die Gruppendynamik, Stuttgart 1971

Luhmann, Niklas: Vertrauen: Ein Mechanismus der Reduktion sozialer Komplexität, 3. Aufl., Stuttgart 1989

Lundin, Stephen C./Paul, Harry/Christensen, John: FiSH! Ein ungewöhnliches Motivationsbuch, München 2003

Machatschke, Michael: Hall of Fame, Götz Werner und Michael Otto aufgenommen, manager magazin online vom 14.6.2012, http://www.manager-magazin.de/unternehmen/artikel/0,2828,838933,00.html, abgerufen am 12.1.2013

Malik, Fredmund: Führen, Leisten, Leben, Wirksames Management für eine neue Zeit, 8. Aufl., Stuttgart/München 2000

Malik, Fredmund: Konzentration auf Weniges, manager magazin online vom 19.6.2002, http://www.manager-magazin.de/unternehmen/karriere/a-201192.html, abgerufen am 6.6.2012

Meadows, Dennis L./Meadows, Donella H./Zahn, Erich: Die Grenzen des Wachstums, Bericht des Club of Rome zur Lage der Menschheit, München 1972

Meffert, Heribert: Corporate Social Responsibility – mehr als eine Modewelle, in: Zeitschrift *Führung + Organisation*, Nr. 3/2008, S. 381–383

Meffert, Heribert: Marketing, Einführung in die Absatzpolitik, 6. Aufl., Wiesbaden 1982

Menzies, Christof/Tüllner, Jörg/Martin, Alan: Compliance Management, in: Zeitschrift *Führung + Organisation*, Nr. 3/2008, S. 136–142

Mihalcea, Radu: Selbstmanagement, Eine Einführung, o.O. 2005

Niedereichholz, Christel: Die Praxis professioneller Mitglieder-Betriebsberatung, Seminarunterlage Akademie Deutscher Genossenschaften, Schloss Montabaur 1996

Nonaka, Ikujiro/Konno, Noboru: The Concept of „Ba", Building a Foundation for Knowledge Creation, in: *California Management Review*, Vol. 40, No. 3/1998, S. 40–54, http://km.camt.cmu.ac.th/mskm/952701/Extra%20materials/Nonaka%20 1998.pdf, abgerufen am 9.5.2013

Nonaka, Ikujiru/Takeuchi, Hirotaka: Die Organisation des Wissens: Wie japanische Unternehmen eine brachliegende Ressource nutzbar machen, Frankfurt 1997

O.V.: Authentische Führung, Hrsg.: CTS Group, http://www.ctsgroup.ch/fileadmin/Dateien/ Publikationen/Authentische_Fuehrung.pdf, abgerufen am 7.6.2012

O.V.: Erfolg auf Befehl, *Zeit online*, Februar 2012, http://www.zeit.de/2012/08/Weltmacht-Samsung/, abgerufen am 10.7.2012

O.V.: Fannie Mae zahlt 60 Milliarden zurück, http://www.tagesschau.de/wirtschaft/ fannie-mae100.html, abgerufen am 16.5.2013

O.V.: Kinder, die skaten, schießen nicht, in: *Online-Ausgabe Die Welt* vom 8.9.2012, http:// www.welt.de/regionales/duesseldorf/article109015468/Kinder-die-skaten-schiessen-nicht.html, abgerufen am 9.5.2013.

O.V.: Kommunikationsentwicklung im Team, http://www.iak.de/index.php?id=175, abgerufen am 26.10.2012

O.V.: Max Weber, in: http://de.wikipedia.org/wiki/Max_Weber, abgerufen am 13.1.2013

O.V.: Mitarbeiter vermissen Lob vom Chef, in: *Zeit online* vom 20.3.2012, http://www.zeit. de/karriere/beruf/2012-03/gallup-studie-mitarbeiterzufriedenheit, abgerufen am 29.8.2012

O.V.: Shakespeare und Goethe für dm-Lehrlinge, dm vom 18.4.2011, http://www.dm.de/ cms/servlet/segment/de_homepage/unternehmen/werte-kultur/erantwort-lich_leben/5494/abenteuer_kultur.html; jsessionid=07E881BC3371C527472C 88458AE4A12A, abgerufen am 28.6.2012

O.V.: Top-Manager fordern Obergrenze für ihr Gehalt, NDR vom 23.4.2012, http://www.ndr. de/regional/niedersachsen/harz/gehalt103.html, abgerufen am 10.7.2012

O.V.: Top-Manager rät Kollegen zu weniger Gehalt, *Spiegel Online* vom 23.4.2012, http:// www.spiegel.de/wirtschaft/unternehmen/hohe-gehaelter-manager-raten-dax-unternehmen-zu-obergrenzen-a-829108.html, abgerufen am 10.7.2012

O.V.: UnternehmerEnergie, Strategisches Management für moderne Unternehmensfüh-rung, 6. Aufl. im SchmidtColleg, Bayreuth 1995

Ogger, Günter: Nieten in Nadelstreifen, Deutschlands Manager im Zwielicht, München 1992

Paul, Michael/Scheuch, Michael/Zinöcker, Richard: So entwickeln Sie Ihre Unternehmens-strategie, Hrsg.: Michael Paul, Frankfurt/Wien 2002

Petrella, Riccardo: Kritik des Wettbewerbs: Die Ideologie des Wirtschaftskrieges und des sozialen Überlebens der Besten im Lichte des 11. Septembers, Brüssel 2001, gefunden in: http://www.staytuned.at/sig/0020/32912.html am 25.4.2012

Peukert, Stefan: Der Mittelstand als attraktiver Arbeitgeber – der kleine Unterschied macht es! Von der Personalauswahl zur Mitarbeiterbindung, in: Ringvorlesung Hochschule Bochum, Fachbereich Wirtschaft am 15.5.2012

Pfläging, Niels: Führen mit flexiblen Zielen, Beyond Budgeting in der Praxis, Frankfurt 2006

Pinchot, Gifford III: Intrapreneuring, New York u.a. 1985

Pinnow, Daniel F.: Elite ohne Ethik, Frankfurt 2007

Pozzo di Borgo, Philippe: Ziemlich beste Freunde: Ein zweites Leben, Berlin 2012

Prinzen, Die (Musikgruppe): Schweine, Audio CD, Columbia (Sony Music) 1995

Reinker, Susanne: Rache am Chef, Berlin 2006

Rieger, Jacqueline: Der Spaßfaktor – Warum Arbeit und Spaß zusammengehören, 2. Aufl., Offenbach 1999

Robbins, Stephen P.: Organisation der Unternehmung, 9. Aufl., München 2001

Schewietzek, R.: Kommentar zu ‚Mitarbeiter vermissen Lob vom Chef', in: *Zeit online* vom 20.3.2012, http://www.zeit.de/karriere/beruf/2012-03/gallup-studie-mitarbeiterzufriedenheit, abgerufen am 29.8.2012

Schiff, Peter / Schiff, Andrew: Wie eine Volkswirtschaft wächst und warum sie abstürzt (engl.: How an economy grows and why it crashes), Kulmbach 2011

Schmalenbach, Eugen: Pretiale Wirtschaftslenkung, Band 1, Die optimale Geltungszahl, Bremen-Horn 1947

Schmelzer, Hermann J.: Sesselmann, Wolfgang, Geschäftsprozessmanagement in der Praxis, 6. Aufl., München 2008

Schmidt, Josef: Vorbilder – Leitbilder, Das gute Beispiel, 2. Aufl., Bayreuth 1989

Schönberger, Margit: Mein Chef, das Arschloch!, München 2007

Schreyögg, Georg: Organisation, Grundlagen moderner Organisationsgestaltung, 3. Aufl., Wiesbaden 1999

Sedláček, Tomáš: Die Ökonomie von Gut und Böse, München 2012

Sedláček, Tomáš/Orrell, David: Bescheidenheit, Für eine neue Ökonomie, München 2013

Seiwert, Lothar J.: Das 1x1 des Zeitmanagements, 18. Aufl., München 2001

Semler, Ricardo: Das Semco System, Management ohne Manager, Das neue revolutionäre Führungsmodell, München 1993

Siebenbrock, Heinz: Abteilungen mit Unternehmersinn (AmU) im Handel, Konzeptionelle Grundlagen einer dezentralen Verkaufsorganisation in Handelsunternehmen, Hrsg.: Dieter Ahlert, Frankfurt am Main 1992

Siebenbrock, Heinz: Managementwerkzeuge zur Verbesserung von Geschäftsprozessen, in: Distribution und Handel in Theorie und Praxis, Festschrift für Prof. Dr. Dieter Ahlert, Hrsg.: Hendrik Schröder u.a., Wiesbaden 2009, S. 243–262

Siebenbrock, Heinz: Grundlagen der Organisationsgestaltung, 4. Aufl., Altenberge 2012

Siebenbrock, Heinz/Zeilinger, Hans: Kernpunkte der Betriebswirtschaft, 3. Aufl., Münster 2010

Simon, Hermann (Hrsg.): Das große Handbuch der Strategiekonzepte, Ideen, die die Businesswelt verändert haben, 2. Aufl., Frankfurt 2000

Smith, Adam: An Inquiry into the Nature and Causes of the Wealth of Nations, Vol. I & II, 1776, http://en.wikisource.org/wiki/The_Wealth_of_Nations/Book_I/Chapter_1, abgerufen am 30.10.2012

Sprenger, Reinhard K.: Mythos Motivation, Frankfurt/New York 1991

Sprenger, Reinhard K.: Vertrauen führt, 2. Aufl., Frankfurt 2002

Stadler, Christian/Wältermann, Philip: Die Jahrhundert-Champions, Das Geheimnis langfristig erfolgreicher Unternehmen, in: *Zeitschrift für Organisation*, Nr. 3/2012, S. 156–160

Staehle, Wolfgang H.: Management, Eine verhaltenswissenschaftliche Perspektive, 5. Aufl., München 1990

Stehr, Christopher: Was bedeutet eigentlich CSR? in: *GGS Quarterly*, German School of Management & Law Heilbronn, Nr. 1/2012, S. 8–10

Stiglitz, Joseph: Der Preis der Ungleichheit, Wie die Spaltung der Gesellschaft unsere Zukunft bedroht (engl.: The Price of Inequality: How Today's Divided Society Endangers Our Future), München 2012

Streich, Richard K./Brennhol:, Jens, Kommunikation in Projekten, in: Angewandte Psychologie für das Projektmanagement, Hrsg.: Monika Wastian, Isabell Braumandel, Lutz von Rosenstiel, Heidelberg 2012, S. 61–82

Sutton, Robert I.: The No Asshole Rule, dt. Übersetzung: Der Arschlochfaktor, 2. Aufl., München/Wien 2008,

Taylor, Frederic W.: The principles of scientific management, London 1911 (Nachdruck: New York 2006)

Tannenbaum, Robert/Schmidt, Warren H.: How to choose a leadership pattern, in: *Harvard Business Review*, 36/1958, S. 95–102

Unger, Barbara: Das Project Management Office, in: Zeitschrift *Führung + Organisation*, Heft 1/2012, S. 11–16

Vahs, Dietmar: Organisation, 7. Aufl., Stuttgart 2009

Voigt, Connie: Einleitung, in: Voigt, Connie (Hrsg.): Interkulturell Führen, Diversity 2.0 als Wettbewerbsvorteil, Zürich 2009, S. 15–22

von Cube, Felix: Lust an Leistung, Die Naturgesetze der Führung, 13. Aufl., München/Zürich 2006

von Fournier, Cay: UnternehmerEnergie, Die Praxis der Unternehmensführung, Offenbach 2011

Wagner, Bruno: Business ist wie Krieg führen, Die kriminellen Methoden der Unternehmen in der globalisierten Wirtschaft, Frankfurt am Main 2004

Wehrle, Martin: Ich arbeite in einem Irrenhaus, Vom ganz normalen Büroalltag, 22. Aufl., Berlin 2012

Weik, Matthias, Friedrich, Marc: Der größte Raubzug der Geschichte, Warum die Fleißigen immer ärmer und die Reichen immer reicher werden, Marburg 2012

Werner, Götz: Authentizität – Führung – Dialog, Universität Karlsruhe (TH), Interfakultatives Institut für Entrepreneurship (IEP), Vorlesung am 14.01.2004, http://www.iep.uni-karlsruhe.de/download/WS03-04_V07_14.01.2004.pdf, abgerufen am 7.6.2012

Werner, Götz: Goehler, Adrienne, 1000€ für jeden, Freiheit Gleichheit Grundeinkommen, Berlin 2010

Wickert, Ulrich: Der Ehrliche ist der Dumme, Über den Verlust der Werte, 19. Aufl., Hamburg 2005

Winterstein, Hans: Die Mitarbeiterbefragung als Instrument des Personalmanagement, in. Personal, Heft 10/2002, S. 48–52

Wöhe, Günter: Einführung in die Allgemeine Betriebswirtschaftslehre, 13. Aufl., München 1978

Personenverzeichnis

A

Abs, Hermann Josef ◆ 17, 163
Ackoff, Russell Lincoln ◆ 111
Ahlert, Dieter ◆ 92, 178

B

Babiak, Paul ◆ 28
Berger, Roland ◆ 188
Berger, Wolfgang ◆ 1
Bergmann, Gustav ◆ 175, 177, 178, 235, 237, 265
Bilgri, Anselm ◆ 63
Blake, Robert R. ◆ 34, 71
Blanchard, Kenneth H. ◆ 35, 38, 49, 56, 57, 71
Bleicher, Knut ◆ 61
Breitscheidel, Markus ◆ 172
Brennholt, Jens ◆ 220

C

Carnall, Colin A. ◆ 224
Champy, James ◆ 212, 213
Christensen, John ◆ 84
Csikszentmihalyi, Mihaly ◆ 59

D

Daub, Jürgen ◆ 175, 177, 178, 235, 237, 265
Dittmann, Brigitta ◆ 260–262
Dittmann, Titus ◆ 238, 259–262
Dunbar, Robin ◆ 177

E

Erhard, Ludwig ◆ 156, 172
Exner, Alexander ◆ 48

F

Fayol, Henri ◆ 206
Feess, Eberhard ◆ 195
Fiedler, Fred Edward ◆ 35, 36
Fischermanns, Guido ◆ 210
Ford, Henry ◆ 14, 232, 233
Friedman, Milton ◆ 270
Friedrich, Marc ◆ 23
Fromm, Erich ◆ 77

G

Gamma, Anna ◆ 61
Gesell, Silvio ◆ 268
Gladwell, Malcolm ◆ 124
Goehler, Adrienne ◆ 266
Goeudevert, Daniel ◆ 27, 28,
    164, 170
Greutter, Barbara ◆ 189
Groß, Michael ◆ 21
Grün, Anselm ◆ 29, 40, 46
Gutenberg, Erich ◆ 55, 99, 101

H

Hammer, Michael ◆ 212, 213
Hare, Robert D. ◆ 28
Hartwig, Roland ◆ 184, 186
Hellmeyer, Folker ◆ 169, 170
Hengsbach, Friedhelm ◆ 25
Herbst, Christoph Maria ◆ 190
Hersey, Paul ◆ 35, 38, 49, 71
Hindle, Tim ◆ 203, 205
Höhn, Reinhard ◆ 34, 37, 71

J

Jay, Anthony ◆ 177

Jonas, Hans ◆ 70

K

Kahneman, Daniel ◆ 24
Kaplan, Robert S. ◆ 97, 116
Kästner, Erich ◆ 237
Kierkegaard, Sören ◆ 90
Klink, Daniel ◆ 86, 87
Koch, Helmut ◆ 43, 103, 104,
    119, 164
Koch, Samuel ◆ 187
Konfuzius ◆ 77
Königswieser, Roswita ◆ 48
Krause, Diana E. ◆ 5
Krupp, Alfred ◆ 203
Küng, Hans ◆ 9
Kutscher, Michael ◆ 188

L

Lenin, Wladimir Iljitsch ◆ 60
Lewin, Kurt ◆ 220
Lietaer, Bernard ◆ 269
Likert, Rensis ◆ 136, 137
Lohmann, Detlef ◆ 2, 3, 48, 51,
    52, 75–77, 123, 137, 138,
    160, 173, 237
Lotter, Wolf ◆ 14
Luhmann, Niklas ◆ 62
Lundin, Stephen C. ◆ 84

M

Malik, Fredmund ◆ 62–64,
    69–71, 74, 78, 80, 82, 84,
    85, 89, 92, 97, 100, 107, 110,
    137, 153
Marx, Karl ◆ 20

McGregor, Douglas M. ◆ 34, 35, 37
Meadows, Donella und Dennis L. ◆ 25
Meffert, Heribert ◆ 156
Megerle, Rainer ◆ 81
Menzies, Christof ◆ 184
Mihalcea, Radu ◆ 40
Mouton, Jane ◆ 34, 71
Müller, Klaus-Peter ◆ 128, 169

N

Niedereichholz, Christel ◆ 115
Nonaka, Ikujiro ◆ 230
Norton, David P. ◆ 97, 116

O

Ogger, Günter ◆ 28
Orrell, David ◆ 1
Ötsch, Otto ◆ 1
Otto, Michael ◆ 237

P

Parker Follett, Mary ◆ 33, 37
Paul, Harry ◆ 84
Peters, Thomas J. ◆ 36
Petrella, Riccardo ◆ 22
Peukert, Stefan ◆ 83
Pfläging, Niels ◆ 98, 139
Pinnow, Daniel F. ◆ 45
Pozzo di Borgo, Philippe ◆ 187
Prinzen, Die ◆ 45, 69

R

Rieger, Jacqueline ◆ 57
Robbins, Stephen P. ◆ 189
Rockefeller, Nelson R. ◆ 33
Rotermund, Uwe ◆ 125

S

Schäuble, Wolfgang ◆ 266
Schiff, Andrew ◆ 1
Schiff, Peter ◆ 1
Schmalenbach, Eugen ◆ 178, 229
Schmelzer, Hermann J. ◆ 209
Schmid, Stefan ◆ 188
Schmidt, Josef ◆ 39, 71, 78, 88, 109
Schreyögg, Georg ◆ 223, 226, 229
Schweitzer, Albert ◆ 237
Sedláček, Tomáš ◆ 6, 232
Semler, Ricardo ◆ 160–162, 167–170, 176, 181, 182, 192, 200, 237
Sesselmann, Wolfgang ◆ 209
Simon, Hermann ◆ 203, 205
Simon, Juliane ◆ 5
Smith, Adam ◆ 105, 232, 270
Spielbichler, Veronika ◆ 268
Sprenger, Reinhard K. ◆ 57, 64, 200, 201
Stadler, Christian ◆ 76
Staehle, Wolfgang H. ◆ 33
Stiglitz, Joseph ◆ 1, 156, 171, 267, 268
Streich, Richard K. ◆ 220
Stromberg, Bernd ◆ *Siehe* Herbst, Christoph Maria

T

Taylor, Frederic W. ◆ 232

U

Unterguggenberger, Michael
    ◆ 268

V

Voigt, Connie ◆ 189
von Clausewitz, Carl ◆ 22
von Cube, Felix ◆ 58, 59
von Ebner-Eschenbach, Marie
    ◆ 86
von Nursia, Benedikt ◆ 89

W

Wagner, Bruno ◆ 23
Waterman, Robert H. ◆ 36
Weber, Max ◆ 13
Wehrle, Martin ◆ 2, 49, 110, 111,
    137
Weik, Matthias ◆ 23
Welsh, Jack ◆ 175
Werner, Götz ◆ 91, 237, 244, 266
Winterkorn, Martin ◆ 169
Wöhe, Günter ◆ 13

Z

Zuckerberg, Mark ◆ 140

Stichwortverzeichnis

3

360°-Feedback ◆ 196, 200, 201
360-Grad-Beurteilung ◆ Siehe 360°-Feedback

A

ABC-Analyse ◆ 113
Ablauforganisation ◆ 121
Abzocke ◆ 6, 20, 21
Anerkennung ◆ 59, 140, 231
anständige Unternehmensführung ◆ 158, 174, 196
Anstrengung ◆ 46, 58, 59, 85, 191, 194, 196, 216
Anteil nehmen ◆ 47
Antizipationsentscheidung ◆ 119
Arbeitspaket ◆ 215
Arbeitsplatz ◆ 95, 107, 190, 192, 245, 258, 263
Arbeitsteilung ◆ 232

Arbeitsvereinfachung ◆ 233
Arbeitszeit ◆ 182, 192
assembly line ◆ Siehe Fließbandarbeit
Aufbauorganisation ◆ 121
Aufgabenanalyse ◆ 130
Ausbeutung ◆ 6, 20, 21, 25, 158, 236
Aus- und Weiterbildungsprogramme ◆ 106, 107
Authentizität ◆ 91

B

B2B ◆ 113, 299
BAFF-Methode ◆ 142
Balanced Scorecard ◆ 26, 97, 116, 198, 199
bedingungsloses Grundeinkommen ◆ 266
Benchmarking ◆ 120, 241
Beständigkeit ◆ 30, 31, 53
Best Practice ◆ 120
betriebliche Faktoren ◆ 116

betrieblisches Vorschlagswesen ◆ 204, 208

Betriebsklima ◆ 63, 72, 258

Bilanz ◆ 160–162, 171, 195

Bindung ◆ 59

Biografie ◆ 38, 39

Biorhythmus ◆ 147

Botschaft ◆ 29, 112, 148, 219

Bottom-up-Verfahren ◆ 118

Budget ◆ 17, 161, 216

Budgetierung ◆ 161

Business Process Modeling Notation (BPMN) ◆ 208

Business Reengineering ◆ 206, 211–213, 233

BVW ◆ Siehe betrieblisches Vorschlagswesen

C

Change Agent ◆ 225, 228

Change Champion ◆ Siehe Change Agent

Change-Management ◆ 218, 219

Change Manager ◆ Siehe Change Agent

Coach ◆ 40, 49, 55, 152, 189, 225

Compliance ◆ 175, 183, 184–186

Controlling ◆ 54, 55, 116, 120, 158, 161, 181, 196, 198, 241, 262

Corporate-Compliance-Office ◆ 184, 185

Corporate Governance ◆ 175, 183

Corporate Governance and Compliance ◆ 175

D

Distributionspolitik ◆ 114

Diversifikation ◆ 115, 179

Drei-Schritte-Modell ◆ 220

dunkles Management ◆ 28, 66, 108, 112, 127, 205

E

eBusiness ◆ 214

ehrbarer Kaufmann ◆ 86

Ehrlichkeit ◆ 30, 31, 61, 86

Eigenkapitalgeber ◆ 163, 164, 178, 179

Einengung ◆ 232–234

Einlinienprinzip ◆ 206

Einstellung ◆ 7, 28, 39

Einzelgespräch ◆ Siehe Mitarbeitergespräch

Eisenhower-Prinzip ◆ 145

Emissionshandel ◆ 195

Engagement ◆ 5

ereignisgesteuerte Prozesskette ◆ 208

Erfolgsbeitrag ◆ 161

Erfolgsfaktorenforschung ◆ 36

Erfüllung ◆ 31, 42, 56, 65, 77, 79, 81, 83, 85, 87

eTeaching ◆ 211

ethischer Kern ◆ 32, 62, 70–73, 76, 86, 155, 210, 224, 238

European Foundation for Quality Management (EFQM) ◆ 198

Evolutionstheorie ◆ 38, 50

externes Rechnungswesen ◆ 52, 159–161, 245

F

Fairness ◆ 30, 31, 48, 70, 158, 238
Fayolsche Brücke ◆ 206
Feedback ◆ 100, 138, 140, 141, 143, 148–152, 181, 196, 200, 201, 226
Finanz- und Währungssystem ◆ 267
Fließbandarbeit ◆ 233
Flow ◆ 59
Förderung ◆ 142, 143, 263
Förderungsmaßnahmen ◆ 142
Fortschritt ◆ 51, 55, 88, 193, 194
Freigeld ◆ 268
Freiheit von ◆ 235
Freiheit zu ◆ 235
Fremdbild ◆ 141, 149, 150
Frieden ◆ 29, 30, 31
Führungsaufgabe ◆ 92, 106
Führungsbaukasten ◆ 42, 69, 70
Führungsinstrument ◆ 10, 40, 61, 71, 72, 93, 101, 105, 108, 121, 126, 129, 130, 134, 136–139, 144, 147–149, 167
Führungsstil ◆ 34, 35, 38, 42, 43, 63, 71
Führungstheorie ◆ 33, 35, 37, 38, 42, 49, 69, 72
Führungsverhalten ◆ 7, 8, 34, 36, 72, 108, 198, 199, 200, 201
Funktionsmanager ◆ 209

G

Gegenstromverfahren ◆ 118
Genossenschaft ◆ 269
geplanter Wandel ◆ 223, 224

Geschäftsbereichsstrategie ◆ 110
Geschäftsprozessmanagement ◆ 209
Geschäftsstrategie ◆ 101, 110, 111, 115, 116, 118, 119, 144
Gesellschaft mit beschränkter Haftung (GmbH) ◆ 269
Gewinn ◆ 16–18, 44, 52, 75, 96, 112, 159, 163–166, 168, 196, 246, 260, 261
Gewinnbeteiligung ◆ 158, 165, 166–168
Gewinnerzielung ◆ 21, 43, 75, 95
Gewinnmaximierung ◆ 6, 14, 15, 17–22, 43, 66, 163, 164, 166
Gewinnschwelle ◆ 43, 44, 164
Gewinn- und Verlustrechnung ◆ 160
Gigantomanie ◆ 174, 270
Glaubwürdigkeit ◆ 87, 91, 155, 201
Glück(lich sein) ◆ 30
Grenzwerte ◆ 194, 195
Großzügigkeit ◆ 15

H

Harzburger Modell ◆ 34
Heuschrecken ◆ 178, 179

I

Idealbild erfolgreicher Führung ◆ 38
Ideenmanagement ◆ 88, 227

Improvisation ◆ 105, 109, 121,
    123–125
Improvisationstheater ◆ 124,
    125
Individualzielkomponente ◆
    165–167
Information ◆ 137, 142,
    148–150, 159, 161, 198, 221,
    252
Innovation ◆ 61, 74, 125, 134,
    189, 228–230, 233, 247
Innovationsfähigkeit ◆ 125
Innovationsgespräch ◆ 134
Innovationsmanagement ◆ 103,
    175, 213, 222, 224, 227, 228,
    244
Innovationsmethode ◆ 137
interne Analyse ◆ 113, 115
internes Rechnungswesen ◆ 159,
    161, 162, 245
Investitionsgüter ◆ 21, 106, 114,
    153
Investitionsrechnung ◆ 161

J

Jahresgespräch ◆ Siehe Mitar-
    beitergespräch
Jahresplanung ◆ 118, 119, 145,
    146
Johari-Fenster ◆ 150, 151

K

Kaizen ◆ 88, 99, 204
Kapitalgesellschaft ◆ 51, 183,
    269
Kernprozess ◆ 115, 207, 212
Kernziel ◆ 24, 95

Kleidung ◆ 129, 192, 262
Kommunikation ◆ 35, 48, 58, 79,
    107, 110, 133, 137, 148, 177,
    189, 197, 198, 221, 226
Kommunikationsentwicklung
    ◆ 226
Kommunikationspolitik ◆ 114
Komplementärwährung ◆ 269
Komponentenfertigung ◆ 212
Kontingenzmodell ◆ 35
kontinuierlicher Verbesserungs-
    Prozess (KVP) ◆ 99
Kontrahierungspolitik ◆ 114
Kontrolle ◆ 2, 14, 34, 35, 60–62,
    68, 101, 105, 109, 116, 119,
    120, 135, 144, 147, 175, 181
Konzentration auf das Wesentli-
    che ◆ 80, 81
Koordination ◆ 43, 79, 92,
    103–105, 110, 116, 121, 123,
    129, 131, 134, 147, 148, 152,
    175, 186, 215
Kosten- und Leistungsrechnung
    ◆ 161
Kostenverursacher ◆ 44
Kreativität ◆ 61, 125, 126, 189,
    226, 227, 233
Kundenbefragung ◆ 97, 113,
    196–199
Kundenbegeisterung ◆ 196
Kundenzufriedenheit ◆ 97, 116,
    196, 198
Kündigungsschutz ◆ 173
kurzfristige Ergebnisrechnung
    (KER) ◆ 119, 120

L

Lean Management ◆ 10, 206,
    211–213, 233

learning by doing ◆ 230

Leidenschaft ◆ 30, 31, 55–58, 262

Leiharbeiter ◆ 48, 172–174, 176, 179

Leistungslohn ◆ 204

Leistungsmessung ◆ 55

leistungsorientierte Vergütung ◆ 165, 167

Leitbild ◆ 6, 9, 10, 110–112, 115, 225

lernende Organisation ◆ 205, 223–226, 234

Liebe ◆ 30, 31, 59, 255

Limited Company (Ltd.) ◆ 269

Lohndumping ◆ 171–173

Lohn und Gehalt ◆ 44, 164

Lust ◆ 29, 55–60

M

Management-Buy-Out ◆ 213

Management by Delegation ◆ 37

Management by Exception ◆ 36

Management by Objectives ◆ 36

Management-by-Techniken ◆ 36, 37

Managementkonzept ◆ 3, 10, 103, 144, 203–206, 218, 232, 234

Managementkonzept, alternativ ◆ 205, 221, 222, 234, 235, 236

Managementkonzept, universell einsetzbar ◆ 205, 206, 232, 234, 236

Management-Meeting ◆ 120

Manager-Einkommen ◆ 164, 169, 170

Marktanalyse ◆ 111–113, 115

marktbeherrschende Stellung ◆ 176

Marktpolitik ◆ 114

Marktsegmentierung ◆ 114

Meilenstein ◆ 215

Mindestlohn ◆ 171, 172

Misstrauen ◆ 60–62, 66, 68, 98

Misstrauensorganisation ◆ 61

Mitarbeiteranzahl ◆ 176

Mitarbeiterbefragung ◆ 97, 196, 198–200

Mitarbeiterbeurteilung ◆ 139–141

Mitarbeiterbewertung ◆ 139, 140

Mitarbeiterentwicklung ◆ Siehe Personalentwicklung

Mitarbeitergespräch ◆ 109, 134, 136, 138–143, 149, 201

Mitarbeiterperspektive ◆ 199

Mitarbeiterzufriedenheit ◆ 97, 116, 198

Mitbestimmung ◆ 36, 94, 180–183

Mobbing ◆ 28, 47, 190

Mobiltelefon ◆ 146

Monatsplanung ◆ 146, 147

Motivation ◆ 35, 56, 57, 63, 77, 84, 89, 92, 94, 117, 118, 165, 167, 235

Motivation, extrinsische ◆ 57, 205

Motivation, intrinsische ◆ 92, 110, 221

muda ◆ 14

muddeling through ◆ 147

Müllabfuhr ◆ 152, 154

Multiprojektmanagement ◆ 105, 144, 206, 216, 217, 229, 233

N

Nachhaltigkeit ◆ 9, 30–32, 42, 50, 51, 55, 70, 73, 76, 79, 81, 85, 90, 91, 100, 101, 107, 157, 193, 225, 228, 231, 234, 237, 238
Neoliberalismus ◆ 267
Netzplantechnik ◆ 215, 216
Nutzung vorhandener Stärken ◆ 81, 107

O

Ökobilanz ◆ 195
ökologische Ziele ◆ 95–97
ökonomische Ziele ◆ 75, 95, 96
Optimierung ◆ 99, 100
Organisation ◆ 61, 82, 101, 105, 109, 121–124, 129, 144, 153
Organisation ad personam ◆ 82
Organisation ad rem ◆ 82
organisationales Lernen ◆ 223
Organisationsentwicklung (OE) ◆ 121, 226
Organisationsgestaltung ◆ 122, 124
Orientierungsgespräch ◆ Siehe Mitarbeitergespräch
Outsourcing ◆ 115, 179, 212

P

Parallelwährung ◆ Siehe Komplementärwährung
Partnerschaft ◆ 61, 139, 162
Performance ◆ 53, 139
Personal Computer ◆ 146

Personalentwicklung ◆ 106, 107, 185
Personengesellschaft ◆ 183, 269
persönliche Haftung ◆ 270
Planung ◆ 101, 105, 116–120, 144–147, 215, 234
PMO ◆ Siehe Project Management Office
positives Denken ◆ 83–85
pretiale Lenkung ◆ 229
Produktionsfaktor ◆ 2, 21, 55, 67, 99, 104, 106, 114, 121
Produktivität ◆ 55, 153, 161, 189, 204, 206, 211, 241
Produkt- und Sortimentspolitik ◆ 114
Profitmaximierung ◆ 52, 53
Programmablaufplan (PAP) ◆ 208
Project Management Office ◆ 217
Projektidee ◆ 216, 217
Projektleitung ◆ 214
Projektmanagement ◆ 122, 144, 206, 213, 215, 216, 233, 234
Projektziel ◆ 214
Protokoll ◆ 126–130, 133, 135
Prozessanalyse ◆ 207, 208
Prozesscontrolling ◆ 207, 208
Prozessdefinition ◆ 207, 208
Prozessidentifikation ◆ 207
Prozesskette ◆ 208, 212
Prozessmanagement ◆ 206–211, 213, 233
Prozessmanager ◆ 209
Prozessverbesserung ◆ 207, 208

Q

Qualifikation ◆ 9, 106

Qualifizierung ◆ 90, 106
Qualität ◆ 104, 112, 208, 209,
    212, 239
Qualitätsmanagement ◆ 3, 10,
    88, 206, 208–210, 233
Qualitätssicherungshandbuch
    ◆ 209

R

Raubbau ◆ 193, 194, 235
Reifegrad des Mitarbeiters ◆ 35
Reihum-Methode ◆ 127
Renditeerzielung ◆ 95
Renditemaximierung ◆ 163
Ressource ◆ 215, 216
Resultatorientierung ◆ 74–77,
    92
rollende Planung ◆ 119
Routinisierung ◆ 233

S

Schulungsprogramm ◆ 162
Schwundgeld ◆ Siehe Freigeld
Selbstbewusstsein ◆ 125, 235
Selbstbild ◆ 141, 150
Selbstführung ◆ 91, 143
Selbstorganisation ◆ 61, 213,
    235, 236, 251
Selbstreflexion ◆ 8, 39, 42, 70,
    189
Selbstwertgefühl ◆ 102, 125
Selbstwirksamkeit ◆ 235
Shareholder ◆ 178
Sicherheit ◆ 53, 59, 61
Sinn des Lebens ◆ 40
Sinn(haftigkeit) ◆ 30, 31
Smartphone ◆ 58, 138, 146

SMART-Prinzip ◆ 94
Societé à responsabilité limité
    (Sàrl) ◆ 269
soziale Ziele ◆ 77
Soziale Ziele ◆ 95
sozialökonomische Ziele ◆ 95
Sparsamkeit ◆ 14, 15, 66, 86
Spezialisierung ◆ 61, 105, 122,
    163, 195, 232
Spontaneität ◆ 124, 125, 233
Stabilität ◆ 53, 170
Stakeholder ◆ 44, 156, 157, 184
Standardisierung ◆ 179, 208,
    212, 233
Standfestigkeit ◆ 87
Stärken- und Schwächenanaly-
    se ◆ 113
Statut ◆ 129
Stellenbeschreibung ◆ 34, 130,
    134
Steuern ◆ 44, 76, 159, 168
Strategie ◆ 22, 111, 112, 115,
    181, 201, 203, 210, 211
strategische Instrumente ◆ 26
Stress ◆ 47, 191
systemische Intervention ◆ 48

T

Tagesplanung ◆ 146
Tätigkeitsplanung ◆ 145
Teamarbeit ◆ 204, 215
Teambesprechung ◆ Sie-
    he Teamgespräch
Teamgespräch ◆ 109, 134–138,
    204, 208, 223
Teleworking ◆ 214
Terminkalender ◆ 145, 148
Theaterpädagogik ◆ 125
Theorie X ◆ 34

Theorie Y ◆ 34
To-do-Liste ◆ 145
Top-down-Verfahren ◆ 117, 118
Total Quality Management
   (TQM) ◆ 204
Trainer ◆ 49, 50, 55, 56
Transparenz ◆ 76, 158, 160, 161,
   166, 167, 198, 199, 233

U

Umweltschutz ◆ 193, 195
Unified Modeling Language
   (UML) ◆ 208
Unternehmensgröße ◆ 115, 170,
   176, 182, 183
Unternehmensplanung ◆ 43, 44,
   98, 103, 109, 118, 119, 121,
   145, 161
Unternehmenszielkomponente
   ◆ 165, 167
Urlaub ◆ 129, 192

V

Veränderung ◆ 7, 28, 38, 39, 49,
   52–54, 84, 88, 89, 99–103,
   121, 140, 143, 152, 199, 209,
   213, 218–221, 223–225, 227,
   234–236, 238, 268
Veränderungsprozess ◆ 89, 134,
   220, 221, 225
Verantwortung ◆ 36, 45, 69, 70,
   87, 138, 182, 212, 263
Verbundenheit ◆ 30, 31, 197,
   207
Verdichtung ◆ 233
Verhaltensgitter ◆ 34
Verlässlichkeit ◆ 53

Verrechnungspreis ◆ 105
Verschachtelung ◆ 183
Verschwendung ◆ 14, 118
Vertrauen ◆ 9, 30–32, 42, 60–64,
   68–70, 73, 76, 77, 79, 81, 83,
   85, 87, 90, 91, 100, 101, 107,
   149, 152, 157, 160, 225, 228,
   231, 234, 238
Vertrauensorganisation ◆ 61
Vorgesetzten-Beurteilung ◆ 196,
   200, 201
Vorgesetzter ◆ 7, 83, 85, 87, 91,
   92, 136, 143, 201

W

Wachstum ◆ 6, 14–17, 25–28,
   31, 50, 51, 66, 112
Währungsmonopol ◆ 269
Werte ◆ 2, 6, 9, 13, 16, 17, 28, 29,
   30–32, 36, 41
Wertekatalog ◆ 31
Wertschätzung ◆ 7, 9, 30–32,
   42–46, 48, 50, 68, 70, 73,
   76, 79, 81, 83, 85, 87, 90, 91,
   100, 101, 157, 174, 225, 226,
   228, 231, 234, 238
Wertschöpfung ◆ 44, 76, 207
Wertschöpfungsschwelle ◆ 44
Wertschöpfungsstufe ◆ 115, 212
Wettbewerb ◆ 14, 17, 22–24
Wettbewerbsorientierung ◆ 6,
   15–17, 21–24, 66, 113
Widerstand ◆ 88, 102, 103, 218,
   219, 222, 226
Wirtschaftswissenschaften ◆ 1,
   7, 60, 265
Wissensmanagement ◆ 3, 10, 88,
   175, 222, 224, 229–231
Wohlfühl-Programm ◆ 192

Wohlgefühl ◆ 190, 191
Wunschbild ◆ 141, 150

Z

Zeitmanagement ◆ 109, 143,
    144, 147
Zeitmanagementsystem ◆ 145
Zeitplanbuch ◆ 146
Zinsen ◆ 44, 76, 246, 268
Zufriedenheit ◆ 30, 31, 198, 199
Zuhören ◆ 64, 109, 148, 152
Zukunft ◆ 51, 52, 54–56
Zuverlässigkeit ◆ 30, 31

Anmerkungen

1   Sedláček, Tomáš/Orrell, David: Bescheidenheit, Für eine
    neue Ökonomie, München 2013, S. 65.
2   Kafka, Franz: Gesammelte Werke, Briefe 1902–1924,
    Frankfurt 1958, S. 28. Bevor Kafka diesen Satz in sei-
    nem Brief an Oskar Pollak aus dem Jahr 1904 formuliert,
    schreibt er: „Ich glaube, man sollte überhaupt nur solche
    Bücher lesen, die einen beißen und stechen. Wenn das
    Buch, das wir lesen, uns nicht mit einem Faustschlag auf
    den Schädel weckt, wozu lesen wir dann das Buch? Da-
    mit es uns glücklich macht, wie Du schreibst? Mein Gott,
    glücklich wären wir eben auch, wenn wir keine Bücher
    hätten, und solche Bücher, die uns glücklich machen,
    könnten wir zur Not selber schreiben." (Ebenda, S. 27)
3   Vgl. o.V., Mitarbeiter vermissen Lob vom Chef, in:
    Zeit online vom 20.3.2012, http://www.zeit.de/karriere/
    beruf/2012-03/gallup-studie-mitarbeiterzufriedenheit,
    abgerufen am 29.8.2012 und http://eu.gallup.com/Ber-
    lin/118645/Gallup-Engagement-Index.aspx, abgerufen
    am 29.8.2012.
4   Vgl. Krause, Diana E./Simon, Juliane: Achieve Mission
    Impossible?, Ethische Führung als Anforderung an

Führungskräfte in Politik und Wirtschaft, in: Zeitschrift Führung + Organisation, Nr. 1/2013, S. 31–39.

5   O.V., Mitarbeiter vermissen Lob vom Chef, in: *Zeit online* vom 20.3.2012, http://www.zeit.de/karriere/beruf/2012-03/gallup-studie-mitarbeiterzufriedenheit abgerufen am 29.8.2012.

6   Sedláček, Tomáš: Die Ökonomie von Gut und Böse, München 2012, S. 19.

7   Schewietzek, R.: Kommentar zu ‚Mitarbeiter vermissen Lob vom Chef‘, in: *Zeit online* vom 20.3.2012, http://www.zeit.de/karriere/beruf/2012-03/gallup-studie-mit arbeiterzufriedenheit, abgerufen am 29.8.2012.

8   Vgl. Tannenbaum, Robert/Schmidt, Warren H.: How to choose a leadership pattern, in: *Harvard Business Review*, 36/1958, S. 95–102.

9   Maximilian Carl Emil Weber (* 21. April 1864 in Erfurt; † 14. Juni 1920 in München) war ein deutscher Soziologe, Jurist, National- und Sozialökonom. Er gilt als einer der Klassiker der Soziologie sowie der gesamten Kultur- und Sozialwissenschaften. Interdisziplinär wird Webers Werk über Kontinente hinweg und quer zu verschiedenen politischen und wissenschaftstheoretischen Lagern anerkannt. (Quelle: Wikipedia vom 13.1.2013)

10   Wöhe, Günter: Einführung in die Allgemeine Betriebswirtschaftslehre, 13. Aufl., München 1978, S. 42.

11   http://zitate.net/geiz:2.html vom 25.4.2012.

12   Japanisch = Vermeidung jeglicher Verschwendung. Vgl. Dowe/Reinhard/Muda: Grundlage für ein anderes Managementkonzept, Wien 1995.

13   Lotter, Wolf: Verschwendung – Wirtschaft braucht Überfluss, München/Wien 2006. Dieser Text stammt aus dem Einband des Buches.

14   Schmidt, Josef: Vorbilder – Leitbilder, Das gute Beispiel, 2. Aufl., Bayreuth 1989, S. 58.

15   Groß, Michael: Interview bei der Vorstellung seines Buches „Siegen kann jeder" auf der Frankfurter Buchmesse

am 15.10.2011, http://www.rp-online.de, abgerufen am 17.10.2011.

16 Petrella, Riccardo: Kritik des Wettbewerbs: Die Ideologie des Wirtschaftskrieges und des sozialen Überlebens der Besten im Lichte des 11. Septembers, Brüssel 2001, http://www.staytuned.at/sig/0020/32912.html, abgerufen am am 25.4.2012.

17 Petrella, Riccardo: Kritik des Wettbewerbs: Die Ideologie des Wirtschaftskrieges und des sozialen Überlebens der Besten im Lichte des 11. Septembers, Brüssel 2001, http://www.staytuned.at/sig/0020/32912.html, abgerufen am 25.4.2012.

18 Eine Anfrage in der Suchmaschine Google liefert fast 3 Milliarden Treffer (25.4.2012).

19 Vgl. Wagner, Bruno: Business ist wie Krieg führen, Die kriminellen Methoden der Unternehmen in der globalisierten Wirtschaft, Frankfurt am Main 2004.

20 Kahneman, Daniel; Als wären wir gespalten, Spiegel-Gespräch, in: *Der Spiegel* vom 21.5.2012, Nr. 21/2012, S. 109.

21 http://www.zitate.de/kategorie/Wachstum am 24.11.2011.

22 http://www.mittelstandswiki.de/2010/06/konjunktur-unternehmen-setzen-wieder-auf-wachstum/ vom 1.8.2011.

23 Goeudevert, Daniel: Das Seerosen-Prinzip, Wie uns die Gier ruiniert, Köln 2008, S. 7.

24 Brzoska, Maike: Unzufriedene Mitarbeiter: Null Bock auf den Job, in: *Focus online* vom 23.9.2011, http://www.focus.de/finanzen/karriere/berufsleben/tid-23711/un zufriedene-mitarbeiter-null-bock-auf-den-job_aid_668 000.html, abgerufen am 26.4.2012.

25 Vgl. Dettmer, Markus / Tietz, Janko: Wie Unternehmen ihre Beschäftigten vorm Burnout bewahren wollen, Jetzt mal langsam!, in: *Der Spiegel* Nr. 30 vom 25.7.2011, S. 55–68;
vgl. Blech, Jörg, Stress: Burnout, Depression, Schwer-

mut ohne Scham, in: *Der Spiegel* Nr. 6 vom 6.2.2012, S. 122–133;

vgl. Dahlkamp, Silvia u.a.: Wenn Kollegen Feinde sind – rund zwei Millionen Deutsche leiden unter Mobbing, in: *Der Spiegel*, Nr. 16 vom 16.4.2012, S. 56 -64.

26   Vgl. Goeudevert, Daniel: Das Seerosen-Prinzip, Wie uns die Gier ruiniert, Köln 2008, vgl. Wickert, Ulrich: Der Ehrliche ist der Dumme, Über den Verlust der Werte, 19. Aufl., Hamburg 2005.

27   Vgl. Babiak, Paul/Hare, Robert D.: Snakes in Suits, When Psychopaths go to Work, dt. Übersetzung: Menschenschinder oder Manager, Psychopathen bei der Arbeit, München 2007.

28   Sutton, Robert I.: The No Asshole Rule, dt. Übersetzung: Der Arschlochfaktor, 2. Aufl., München/Wien 2008; vgl. auch Reinker, Susanne: Rache am Chef, Berlin 2006 und vgl. Schönberger, Margit, Mein Chef das Arschloch!, München 2007.

29   Meine beruflichen Stationen, bevor ich Hochschullehrer wurde:
- Assistent am Lehrstuhl für BWL, insbes. Distribution und Handel, Universität Münster
- Vorstandsassistent eines Unternehmens der holzverarbeitenden Industrie
- Geschäftsführer einer konzerngebundenen Holzhandlung
- Mitglied der Geschäftsleitung eines Einkaufsverbandes für Eisen- und Hartwaren

30   Grün, Anselm: Menschen führen – Leben wecken, 4. Aufl., München 2007, S. 117.

31   Der Benediktinerpater Anselm Grün wählt als Basis seines Buches „Führen mit Werten" die vier Kardinaltugenden Gerechtigkeit, Tapferkeit, Maß und Klugheit und die drei göttlichen Tugenden Glaube, Liebe, Hoffnung.

32   Gefunden in: Schmidt, Josef, Vorbilder – Leitbilder, Das gute Beispiel, 2. Aufl., Bayreuth 1989, S. 99.

33 Vgl. Staehle, Wolfgang H.: Management, Eine verhaltenswissenschaftliche Perspektive, 5. Aufl., München 1990. Der Abschnitt „Führungstheorien in der Literatur" basiert im Wesentlichen auf Staehles Grundlagenwerk.

34 Vgl. dazu insbesondere auch den Abschnitt „Ken Blanchard: Whale Done!", mit dem weiter unten der Hintergrund der Einstellung ‚Wertschätzung' erläutert wird.

35 Im Gegensatz zu einer humanen Grundhaltung, die aus der Werteebene entspringt und eine persönliche Einstellung bzw. Überzeugung darstellt, erscheint eine humanistische Grundhaltung als Mittel zum Zweck, also als Kausalkette: Sei freundlich zu deinem Mitarbeiter, dann leistet er auch mehr. Eine humane Grundhaltung ist zweckfrei.

36 Das nach ihm benannte SchmidtColleg in Bayreuth arbeitet auch unter neuer Leitung nach seinen Grundsätzen.

37 Grün, Anselm: Führen mit Werten, Ethisch handeln – Herausforderungen bewältigen, München 2006, S. 15.

38 Mihalcea, Radu: Selbstmanagement, Eine Einführung, o.O. 2005.

39 Die Fragen entsprechen einem teilweise leicht veränderten Auszug des Fragenkatalogs, der im Lehrwerk des SchmidtCollegs verwendet wird. Vgl. o.V., UnternehmerEnergie, Strategisches Management für moderne Unternehmensführung, 6. Aufl. im SchmidtColleg, Bayreuth 1995, S. 31ff.

40 Malik, Fredmund: Führen, Leisten, Leben, Wirksames Management für eine neue Zeit, 8. Aufl., Stuttgart/München 2000, S. 140ff.

41 Koch, Helmut,:Integrierte Unternehmensplanung, Wiesbaden 1982.

42 Pinnow, Daniel F.: Elite ohne Ethik, Frankfurt 2007, S. 174.

43 Ebenda, S. 176.

44   Prinzen, Die (Musikgruppe), Schweine, Audio CD, Columbia (Sony Music) 1995.

45   Grün, Anselm / Altmann, Petra: Klarheit, Ordnung, Stille, Was wir vom Leben im Kloster lernen können, München 2007, S. 124.

46   Lohmann, Detlef: … und mittags geh ich heim, Die völlig andere Art, ein Unternehmen zum Erfolg zu führen, Wien 2012, S. 63.

47   Ebenda.

48   Vgl. Königswieser, Roswita / Exner, Alexander: Systemische Intervention, Stuttgart 1998, S. 42.

49   Wehrle, Martin: Ich arbeite in einem Irrenhaus, Vom ganz normalen Büroalltag, 22. Aufl., Berlin 2012, S. 175ff.

50   Blanchard, Ken u.a.: Whale done!, München 2005.

51   Lohmann, Detlef: … und mittags geh ich heim, Die völlig andere Art, ein Unternehmen zum Erfolg zu führen, Wien 2012, S. 57.

52   Ebenda, S. 58f.

53   Vgl. Gutenberg, Erich: Einführung in die Betriebswirtschaftslehre, Wiesbaden 1958.

54   Sprenger, Reinhard K.: Mythos Motivation, Frankfurt/ New York 1991.

55   Rieger, Jacqueline: Der Spaßfaktor, Warum Arbeit und Spaß zusammengehören, 2. Aufl., Offenbach 1999.

56   von Cube, Felix: Lust an Leistung, Die Naturgesetze der Führung, 13. Aufl., München/Zürich 2006, S. 13.

57   Vgl. Csikszentmihalyi, Mihaly: Flow im Beruf, Das Geheimnis des Glücks am Arbeitsplatz, 2. Aufl., Stuttgart 2004.

58   von Cube, Felix: Lust an Leistung, Die Naturgesetze der Führung, 13. Aufl., München/Zürich 2006, S. 12.

59   Ebenda.

60   Gamma, Anna: Vertrauen als Führungsinstrument – Aus Überzeugung handeln, gefunden in: Cichy, Uwe / Matul, Christian / Rochow, Michael: Vertrauen gewinnt, Die bessere Art, in Unternehmen zu führen, Stuttgart 2011, S. 52.

61   Bleicher, Knut: Organisation, Strategien – Strukturen – Kulturen, 2. Aufl., Wiesbaden 1991, S. 781f.

62   Luhmann, Niklas: Vertrauen: Ein Mechanismus der Reduktion sozialer Komplexität, 3. Aufl., Stuttgart 1989, S. 24.

63   Vgl. Malik, Fredmund: Führen, Leisten, Leben, Wirksames Management für eine neue Zeit, 8. Aufl., Stuttgart/München 2000, S. 137.

64   Ebenda, S. 136.

65   Bilgri, Anselm: Ethisches Führen in Betrieben, Radio-Interview in der Sendung Theo.Logik, Bayern 2 vom 22.10.2012.

66   Sprenger, Reinhard K.: Vertrauen führt, 2. Aufl., Frankfurt 2002, S. 8.

67   Ebenda, S. 159.

68   Malik, Fredmund: Führen, Leisten, Leben, Wirksames Management für eine neue Zeit, 8. Aufl., Stuttgart/München 2000, S. 72f.

69   Sprenger, Reinhard K.: Das Prinzip Selbstverantwortung, Frankfurt/New York, 3. Aufl. 1996, S. 19.

70   Jonas, Hans: Das Prinzip Verantwortung, Versuch einer Ethik für die technologische Zivilisation, Frankfurt 1979.

71   O.V., UnternehmerEnergie, Strategisches Management für moderne Unternehmensführung, 6. Aufl. im Josef Schmidt Colleg, Bayreuth 1995.

72   Malik, Fredmund: Führen, Leisten, Leben, Wirksames Management für eine neue Zeit, 8. Aufl., Stuttgart/München 2000, S. 140.

73   Ebenda. Der Grundsatz ‚Vertrauen‘ wird nicht übernommen, da er bereits Teil des zuvor dargestellten Wertekanons ist.

74   Ebenda, S. 73.

75   Ebenda, S. 76.

76   Lohmann, Detlef: … und mittags geh ich heim, Die völlig andere Art, ein Unternehmen zum Erfolg zu führen, Wien 2012, S. 81.

77   Ebenda, S. 83.

78   Stadler, Christian / Wältermann, Philip: Die Jahrhundert-Champions, Das Geheimnis langfristig erfolgreicher Unternehmen, in: *Zeitschrift für Organisation*, Nr. 3/2012, S. 156–160, hier S. 156.

79   Gefunden in: Schmidt, Josef: Vorbilder – Leitbilder, Das gute Beispiel, 2. Aufl., Bayreuth 1989, S. 154.

80   Gefunden in: http://www.sozialekompetenz.info/a_16_15_16_0_-Zitate-_301_Ziel-Konfuzius.html am 13.1.2013.

81   Gefunden in: Schmidt, Josef: Vorbilder – Leitbilder, Das gute Beispiel, 2. Aufl., Bayreuth 1989, S. 36.

82   O.V., UnternehmerEnergie, Strategisches Management für moderne Unternehmensführung, 6. Aufl. im Schmidt Colleg, Bayreuth 1995.

83   Malik, Fredmund: Führen, Leisten, Leben, Wirksames Management für eine neue Zeit, 8. Aufl., Stuttgart/München 2000, S. 89.

84   Malik, Fredmund: Konzentration auf Weniges, in: manager magazin online vom 19.6.2002 (Abruf: http://www.manager-magazin.de/unternehmen/karriere/a-201192.html am 6.6.2012)

85   Malik, Fredmund: Führen, Leisten, Leben, Wirksames Management für eine neue Zeit, 8. Aufl., Stuttgart/München 2000, S. 104.

86   Gefunden in: http://www.zitate.de/kategorie/St%C3%A4rke/ am 13.1.2013.

87   Malik, Fredmund: Führen, Leisten, Leben, Wirksames Management für eine neue Zeit, 8. Aufl., Stuttgart/München 2000, S. 119.

88   Peukert, Stefan: Der Mittelstand als attraktiver Arbeitgeber – der kleine Unterschied macht es! Von der Personalauswahl zur Mitarbeiterbindung, in: Ringvorlesung Hochschule Bochum, Fachbereich Wirtschaft am 15.5.2012.

89   Gefunden in: http://www.gratis-spruch.de/spruch/thema/sprueche/Positives+Denken/tid/45/ am 6.6.2012.

90 Lundin, Stephen C./Paul, Harry/Christensen, John:
    FiSH! Ein ungewöhnliches Motivationsbuch, München
    2003, S. 38.

91 Ebenda.

92 Malik, Fredmund: Führen, Leisten, Leben, Wirksames
    Management für eine neue Zeit, 8. Aufl., Stuttgart/
    München 2000, S. 159.

93 Ebenda, S. 156.

94 Gefunden in: http://www.gratis-spruch.de/spruch/
    thema/sprueche/Zuverl%C3%A4ssigkeit/tid/227/ am
    7.6.2012.

95 Klink, Daniel: Diplomarbeit „Der ehrbare Kaufmann",
    geschrieben am Institut für Management der Wirt-
    schaftswissenschaftlichen Fakultät der Humboldt-
    Universität zu Berlin, eingereicht am 01. September
    2007 (http://www.der-ehrbare-kaufmann.de/fileadmin/
    Gemeinsame_Dateien/der-ehrbare-kaufmann.de/PDFs/
    der-ehrbare-kaufmann.pdf, abgerufen am 9.8.2011),
    S. 59.

96 Ebenda, S. 60.

97 Schmidt, Josef: Vorbilder – Leitbilder, Das gute Beispiel,
    2. Aufl., Bayreuth 1989, S. 77.

98 Malik, Fredmund: Führen, Leisten, Leben, Wirksames
    Management für eine neue Zeit, 8. Aufl., Stuttgart/
    München 2000, Campus, S. 226.

99 Ebenda, S. 227.

100 Gefunden in: http://www.benediktiner.de/index.php/
    die-ordensregel-des-hl-benedikt/gemeinschaft-unter-
    regel-und-abt/die-einberufung-der-brueder-zum-rat.
    html am 7.6.2012.

101 Gefunden in: http://www.benediktiner.de/index.php/
    die-ordensregel-des-hl-benedikt/gemeinschaft-unter-
    regel-und-abt/die-einberufung-der-brueder-zum-rat.
    html am 7.6.2012.

102 Malik, Fredmund: Führen, Leisten, Leben, Wirksames
    Management für eine neue Zeit, 8. Aufl., Stuttgart/
    München 2000, S. 229.

103 Gefunden in: Hoffmann, Margit (Hrsg.): Der Schlüssel zur Gelassenheit, Germering 2007, S. 18.

104 Werner, Götz: Authentizität – Führung – Dialog, Universität Karlsruhe (TH), Interfakultatives Institut für Entrepreuneurship (IEP), Vorlesung am 14.01.2004, http://www.iep.uni-karlsruhe.de/download/WS03-04_V07_14.01.2004.pdf, abgerufen am 7.6.2012.

105 Vgl. Cichy, Uwe/Matul, Christian/Rochow, Michael: Vertrauen gewinnt, Die bessere Art, in Unternehmen zu führen, Stuttgart 2011, S. 81; vgl. Dudas, Andreas, Herausragende Führungspersönlichkeiten benötigen Authentizität, http://www.business-wissen.de/mitarbeiterfuehrung/persoenlichkeit-herausragende-fuehrungspersoenlichkeiten-benoetigen-authentizitaet/, abgerufen am 7.6.2012;
vgl. o.V., Authentische Führung, Hrsg.: CTS Group, http://www.ctsgroup.ch/fileadmin/Dateien/Publikationen/Authentische_Fuehrung.pdf, abgerufen am 7.6.2012.

106 Ahlert, Dieter/Franz, Klaus-Peter/Kaefer, Wolfgang: Grundlagen und Grundbegriffe der Betriebswirtschaftslehre, 5. Aufl., Düsseldorf 1989, S. 224.

107 Vgl. Bleicher, Knut: Das Konzept Integriertes Management, 4. Aufl., Frankfurt/New York 1996.

108 http://wirtschaftslexikon.gabler.de/Definition/unternehmensverfassung.html vom 14.6.2012.

109 Bleicher, Knut: Organisation, 2. Aufl., Wiesbaden 1991, S. 4f. Selbst Bleicher benutzt unglücklicherweise das Wort ‚Ausbeutung‘ statt ‚Nutzung‘.

110 Vgl. Kaplan, Robert S./Norton, David P.: Die strategiefokussierte Organisation: Führen mit der Balanced Scorecard, Stuttgart 2001.

111 Vgl. Malik, Fredmund: Führen, Leisten, Leben, Wirksames Management für eine neue Zeit, 8. Aufl., Stuttgart/München 2000, S. 177 – 190.

112 Pfläging, Niels: Führen mit flexiblen Zielen, Beyond Budgeting in der Praxis, Frankfurt 2006, S. 105.

113 Vgl. Gutenberg, Erich: Einführung in die Betriebswirt-schaftslehre, Wiesbaden 1958.

114 Vgl. Siebenbrock, Heinz: Managementwerkzeuge zur Verbesserung von Geschäftsprozessen, in: Distribution und Handel in Theorie und Praxis, Festschrift für Prof. Dr. Dieter Ahlert, Hrsg.: Hendrik Schröder u.a., Wiesbaden 2009, S. 243–262, hier S. 245.

115 Malik, Fredmund: Führen, Leisten, Leben, Wirksames Management für eine neue Zeit, 8. Aufl., Stuttgart/München 2000, S. 202.

116 Ebenda, S. 212.

117 Pinchot, Gifford III: Intrapreneuring, New York u.a. 1985, S. 22.

118 Lundin, Stephen C./Paul, Harry/Christensen, John: FiSH! Ein ungewöhnliches Motivationsbuch, München 2003, S. 47.

119 Vgl. Schreyögg, Georg: Organisation, Grundlagen moderner Organisationsgestaltung, 3. Aufl., Wiesbaden 1999, S. 483–487.

120 Ich besuchte als Examenskandidat im Jahr 1985 eine Vorlesung von Prof. Dr. Helmut Koch zur betriebswirt-schaftlichen Theorie an der Westf. Wilhelms-Universität zu Münster.

121 Vgl. zum Beispiel Staehle, Wolfgang H.: Management, 5. Aufl., München 1990, S. 528.

122 Vgl. Siebenbrock, Heinz: Grundlagen der Organisations-gestaltung, 4. Aufl., Altenberge 2012, S. 16.

123 Malik, Fredmund: Führen, Leisten, Leben, Wirksames Management für eine neue Zeit, 8. Aufl., Stuttgart/München 2000, S. 250.

124 Vgl. o.V., UnternehmerEnergie, Strategisches Management für moderne Unternehmensführung, 6. Aufl. im SchmidtColleg, Bayreuth 1995 und vgl. von Fournier, Cay, UnternehmerEnergie, Die Praxis der Unternehmensführung, Offenbach 2011.

125 Malik, Fredmund: Führen, Leisten, Leben, Wirksames Management für eine neue Zeit, 8. Aufl., Stuttgart/ München 2000, S. 177.

126 Wehrle, Martin: Ich arbeite in einem Irrenhaus, Vom ganz normalen Büroalltag, 22. Aufl., Berlin 2011, S. 100.

127 Ebenda.

128 Ackoff, Russell L.: Creating the Corporate Future – Plan or Be Planned for, New York 1981.

129 Vgl. Liebl, Franz: Vision Impossible, http://www.brand-eins.de/magazin/archiv/2001/ ausgabe_10/was_unter-nehmen_nuetzt/artikel2.html vom 7.10.2003.

130 Paul, Michael/Scheuch, Michael/Zinöcker, Richard: So entwickeln Sie Ihre Unternehmensstrategie, Hrsg.: Michael Paul, Frankfurt/Wien 2002, S. 115.

131 Vgl. Siebenbrock, Heinz/Zeilinger, Hans: Kernpunkte der Betriebswirtschaft, 3. Aufl., Münster 2010, S. 287–322.

132 Wehrle, Martin: Ich arbeite in einem Irrenhaus, Vom ganz normalen Büroalltag, 22. Aufl., Berlin 2011, S. 97.

133 Mit B2B (Business to Business) werden Geschäfte zwischen Unternehmen bezeichnet. B2C (Business to Consumer) kennzeichnet Geschäfte mit Privatkunden.

134 Die besonders umsatzstarken Kunden werden dann als A-Kunden bezeichnet, während durchschnittliche Kunden als B-Kunden und umsatzschwache Kunden als C-Kunden betitelt werden.

135 Vgl. Meffert, Heribert: Marketing, Einführung in die Absatzpolitik, 6. Aufl., Wiesbaden 1982, S. 213ff.

136 Vgl. Niedereichholz, Christel: Die Praxis professioneller Mitglieder-Betriebsberatung, Seminarunterlage Akademie Deutscher Genossenschaften, Schloss Montabaur 1996.

137 Vgl. Kaplan, Robert S./Norton, David P.: Die strategiefokussierte Organisation: Führen mit der Balanced Scorecard, Stuttgart 2001.

138 Der weit verbreitete Begriff der „Integrierten Unternehmensplanung" (vielleicht treffender: „Integrierende

Unternehmensplanung") wurde von Prof. Dr. Dr. h.c. Helmut Koch aus Münster geprägt. Vgl. Koch, Helmut, Integrierte Unternehmensplanung, Wiesbaden 1982.

139 Vgl. Koch, Helmut: Integrierte Unternehmensplanung, Wiesbaden 1982, S. 11.

140 Ebenda.

141 Lohmann, Detlef: … und mittags geh ich heim, Die völlig andere Art, ein Unternehmen zum Erfolg zu führen, Wien 2012, S. 177.

142 Vgl. Malik: Fredmund, Führen, Leisten, Leben, Wirksames Management für eine neue Zeit, 8. Aufl., Stuttgart/München 2000, S. 191–201.

143 Gladwell, Malcom: BLINK!, Die Macht des Moments, Frankfurt/New York 2005.

144 Ebenda, S. 116f.

145 O.V., Shakespeare und Goethe für dm-Lehrlinge, dm.de vom 18.4.2011, http://www.dm.de/cms/servlet/segment/de_homepage/unternehmen/werte-kultur/erantwortlich_leben/5494/abenteuer_kultur.html;jsessionid=07E881BC3371C527472C88458AE4A12A, abgerufen am 28.6.2012.

146 E-Mail vom 3.1.2013 von Uwe Rotermund an Heinz Siebenbrock.

147 Vgl. z.B. Berkel, Karl: Konflikttraining, 7. Aufl., Heidelberg 2002; vgl. Crisand, Ekkehard: Methodik der Konfliktlösung, 2. Aufl., Heidelberg 1999.

148 Vgl. Staehle, Wolfgang H.: Management, Eine verhaltenswissenschaftliche Perspektive, 5. Aufl., München 1990, S. 700ff.

149 Vgl. Malik, Fredmund: Führen, Leisten, Leben, Wirksames Management für eine neue Zeit, 8. Aufl., Stuttgart/München 2000, S. 280.

150 Wehrle, Martin: Ich arbeite in einem Irrenhaus, Vom ganz normalen Büroalltag, 22. Aufl., Berlin 2012, S. 80.

151 Lohmann, Detlef: … und mittags geh ich heim, Die völlig andere Art, ein Unternehmen zum Erfolg zu führen, Wien 2012, S. 97.

152 Ebenda, S. 101.

153 Ebenda, S. 100.

154 Malik, Fredmund: Führen, Leisten, Leben, Wirksames Management für eine neue Zeit, 8. Aufl., Stuttgart/ München 2000, S. 281.

155 Pfläging, Niels: Führen mit flexiblen Zielen, Beyond Budgeting in der Praxis, Frankfurt/New York 2006, S. 161.

156 Ebenda, S. 162.

157 Ebenda.

158 Vgl. Seiwert, Lothar J.: Das 1x1 des Zeitmanagements, 18. Aufl., München 2001.

159 Vgl. Jäger, Roland: Selbstmanagement und persönliche Arbeitstechniken, 4. Aufl., Wettenberg 2008, S. 191.

160 Vgl. Luft, Joseph: Einführung in die Gruppendynamik, Stuttgart 1971.

161 Malik, Fredmund: Führen, Leisten, Leben, Wirksames Management für eine neue Zeit, 8. Aufl., Stuttgart/ München 2000, S. 377.

162 Vgl. Stiglitz, Joseph: Der Preis der Ungleichheit, Wie die Spaltung der Gesellschaft unsere Zukunft bedroht (engl.: The Price of Inequality: How Today's Divided Society Endangers Our Future), München 2012, S. 162.

163 Vgl. Hardt, Christian: Erhard – Der qualmende Engel, in: Wunder, Pleiten und Vision, Hrsg.: Jörg Lichter und Christoph Neßhöver, Berlin 2007, S. 119–124, hier S. 120.

164 Vgl. dazu zum Beispiel den Schwerpunkt ‚Corporate Social Responsibility' in den Zeitschriften Führung + Organisation' und ‚GGS Quarterly': *Führung + Organisation* Nr. 6/2008 und *GGS Quarterly*, German School of Management & Law Heilbronn, Nr. 1/2012.

165 Meffert, Heribert: Corporate Social Responsibility – mehr als eine Modewelle, in: Zeitschrift *Führung + Organisation*, Heft 3/2008, S. 381–383, S. 383.

166 Stehr, Christopher: Was bedeutet eigentlich CSR? in: *GGS Quarterly*, German School of Management & Law Heilbronn, Nr. 1/2012, S. 8–10, S. 9.
167 Lohmann, Detlef: … und mittags geh ich heim, Die völlig andere Art, ein Unternehmen zum Erfolg zu führen, Wien 2012, S. 91f.
168 Semler, Ricardo: Das Semco System, Das neue revolutionäre Führungsmodell, 2. Aufl., München 1993, S. 171.
169 Ebenda.
170 Ebenda, S. 88.
171 Ebenda, S. 169.
172 Ebenda.
173 Vgl. Goeudevert, Daniel: Das Seerosen-Prinzip, Wie uns die Gier ruiniert, Köln 2008, S. 171.
174 Ebenda.
175 Vgl. Koch, Helmut: Integrierte Unternehmensplanung, Wiesbaden 1988.
176 Dorfer, Tobias/Waldermann, Anselm: NOKIAS FLUCHTGRÜNDE, Run auf Rendite, Rendite, Rendite, in: *Der Spiegel* vom 17.1.2008, gefunden: http://www.spiegel.de/wirtschaft/0,1518,529294,00.html am 18.11.20012.
177 Vgl. dazu weiterführend Sprenger, Reinhard K.: Mythos Motivation, 9. Aufl., Frankfurt/New York 1995.
178 Semler, Ricardo: Das Semco System, Das neue revolutionäre Führungsmodell, 2. Aufl., München 1993, S. 172.
179 Ebenda, S. 173.
180 Ebenda, S. 174.
181 Ebenda.
182 Ebenda, S. 174f.
183 O.V., Top-Manager rät Kollegen zu weniger Gehalt, *Spiegel Online* vom 23.4.2012, in: http://www.spiegel.de/wirtschaft/unternehmen/hohe-gehaelter-manager-raten-dax-unternehmen-zu-obergrenzen-a-829108.html, abgerufen am 10.7.2012.
184 Vgl. o.V., Top-Manager fordern Obergrenze für ihr Gehalt, NDR.de regional vom 23.4.2012, in: http://www.

ndr.de/regional/niedersachsen/harz/gehalt103.html,
abgerufen am 10.7.2012.

185 Semler, Ricardo: Das Semco System, Das neue revolutionäre Führungsmodell, 2. Aufl., München 1993, S. 245.

186 Hellmeyer, Folker, im Interview: Bosse, Börsen und Bilanzen, ausgestrahlt auf arte am 7.10.2008, 21:00 Uhr.

187 Goeudevert, Daniel: Das Seerosen-Prinzip, Wie uns die Gier ruiniert, Köln 2008, S. 155.

188 http://www.spiegel.de/wirtschaft/unternehmen/hohe-ge haelter-manager-raten-dax-unternehmen-zu-obergren zen-a-829108.html vom 10.7.2012.

189 Vgl. dazu ausführlich Goeudevert, Daniel: Das Seerosen-Prinzip, Wie uns die Gier ruiniert, Köln 2008 und vertiefend Butterwegge, Christoph: Armut in einem reichen Land: Wie das Problem verharmlost und verdrängt wird, 3. Aufl., Frankfurt/Main 2012.

190 Vgl. Breitscheidel, Markus: Arm durch Arbeit, Düsseldorf u.a. 2008.

191 Lohmann, Detlef: … und mittags geh ich heim, Die völlig andere Art, ein Unternehmen zum Erfolg zu führen, Wien 2012, S. 62.

192 Größenwahn, aus dem *Griechischen.*: gigas = groß, mania = Wahnsinn.

193 Vgl. o.V., Erfolg auf Befehl, *Zeit Online*, Februar 2012, in: http://www.zeit.de/2012/08/Weltmacht-Samsung/ vom 10.7.2012.

194 Bergmann, Gustav/Daub, Jürgen: Systemisches Innovations- und Kompetenzmanagement, 2. Aufl., Wiesbaden 2008, S. 32.

195 Die Rundfunkanstalt ARD berichtet am 10.5.2013: „Der staatlich kontrollierte Baufinanzierer Fannie Mae erzielt wieder Gewinne und will dem US-Finanzministerium im kommenden Monat 59,4 Milliarden Dollar (45,4 Milliarden Euro) zurückzahlen. Hintergrund ist die Erholung auf dem US-Häusermarkt. In der Finanzkrise 2008 war Fannie Mae vom Staat mit einem Rettungskredit von 116 Milliarden Dollar gerettet worden. Der

Sanierungsplan sieht vor, dass die Hypothekenbank alle Gewinne über drei Milliarden Dollar an das Finanzministeriums zurückführen muss." O.V., Fannie Mae zahlt 60 Milliarden zurück, http://www.tagesschau.de/wirtschaft/fannie-mae100.html, abgerufen am 16.5.2013.

196 Vgl. http://de.wikipedia.org/wiki/Liste_der_gr%C3%B6%C3%9Ften_Unternehmen_der_Welt vom 10.7.2012.

197 Semler, Ricardo: Das Semco System, Das neue revolutionäre Führungsmodell, 2. Aufl., München 1993, S. 158f.

198 Bergmann, Gustav/Daub, Jürgen: Systemisches Innovations- und Kompetenzmanagement, 2. Aufl., Wiesbaden 2008, S. 275.

199 Siebenbrock, Heinz: Abteilungen mit Unternehmersinn (AmU) im Handel, Konzeptionelle Grundlagen einer dezentralen Verkaufsorganisation in Handelsunternehmen, Hrsg.: Dieter Ahlert, Frankfurt am Main 1992, Klapptext.

200 Semler, Ricardo: Das Semco System, Das neue revolutionäre Führungsmodell, 2. Aufl., München 1993, S. 100.

201 Ebenda, S. 101.

202 Ebenda, S. 101f.

203 Ebenda, S. 104.

204 Menzies, Christof/Tüllner, Jörg/Martin, Alan: Compliance Management, in: Zeitschrift *Führung + Organisation*, Nr. 3/2008, S. 136–142, hier S. 136.

205 Hartwig, Roland: Gesetzmäßiges und verantwortungsbewusstes Handeln bei der Bayer AG, Interview, in: Zeitschrift *Führung + Organisation*, Nr. 3/2008, S. 150–152, hier S. 151.

206 Menzies, Christof/Tüllner, Jörg/Martin, Alan: Compliance Management, in: Zeitschrift *Führung + Organisation*, Nr. 3/2008, S. 136–142, hier S. 139.

207 Ebenda.

208 Hartwig, Roland: Gesetzmäßiges und verantwortungsbewusstes Handeln bei der Bayer AG, Interview, in: Zeitschrift *Führung + Organisation*, Nr. 3/2008, S. 150–152, hier S. 152.

209 Pozzo di Borgo, Philippe: Ziemlich beste Freunde: Ein zweites Leben, Berlin 2012.

210 Tetraplegiker ist der Ausdruck für einen Menschen, dessen Lähmung Arme und Beine betrifft, mithin eine der schlimmsten Formen der Querschnittslähmung.

211 Feldenkirchen, Markus: Das Schicksal ist doof, Interview mit Philippe Pozzo de Borgo und Samuel Koch, in: *Der Spiegel*, Nr. 29 vom 16.7.2012, S. 110–118, hier S. 118.

212 Vgl. Kutscher, Michael/Schmid, Stefan: Internationales Management, 6. Aufl., München 2008, S. 807.

213 Berger, Roland: Kulturelle Vielfalt als Wettbewerbsvorteil nutzen, in: Voigt, Connie (Hrsg.): Interkulturell Führen, Diversity 2.0 als Wettbewerbsvorteil, Zürich 2009, S. 9–11, hier S. 11.

214 Robbins, Stephen P.: Organisation der Unternehmung, 9. Aufl., München 2001, S. 32.

215 Voigt, Connie: Einleitung, in: Voigt, Connie (Hrsg.): Interkulturell Führen, Diversity 2.0 als Wettbewerbsvorteil, Zürich 2009, S. 15–22, hier S. 20.

216 Greutter, Barbara: Der dritte Raum: transkulturelle Teamentwicklung, in: Voigt, Connie (Hrsg.): Interkulturell Führen, Diversity 2.0 als Wettbewerbsvorteil, Zürich 2009, S. 229–237, hier S. 231.

217 Ebenda, S. 235.

218 Semler, Ricardo: Das Semco System, Das neue revolutionäre Führungsmodell, 2. Aufl., München 1993, Anhang (S. 370, 371, 372 u. 383; auf Einzelnachweise und Auslassungszeichen wurde zu Gunsten einer besseren Lesbarkeit verzichtet).

219 Vgl. ausführlich Graeber, David: Schulden, Die ersten 5.000 Jahre, Stuttgart 2012.

220 Feess, Eberhard: Ökobilanz, in: http://wirtschaftslexikon. gabler.de/Definition/oekobilanz.html vom 17.6.2012.

221 Vgl. Winterstein, Hans: Die Mitarbeiterbefragung als Instrument des Personalmanagement, in. *Personal*, Heft 10/2002, S. 48–52.

222 Vgl. Semler, Ricardo: Das Semco System, Management ohne Manager, Das neue revolutionäre Führungsmodell, München 1993, S. 208–218.

223 Ebenda, S. 209.

224 Sprenger, Reinhard K.: Aufstand des Individuums, Frankfurt/New York 2000, S. 66f.

225 Ebenda, S. 71f.

226 Gefunden in: Schmidt, Josef: Vorbilder – Leitbilder, S. 56.

227 Simon, Hermann (Hrsg.): Das große Handbuch der Strategiekonzepte, Ideen, die die Businesswelt verändert haben, 2. Aufl., Frankfurt 2000.

228 Hindle, Tim: Die 100 wichtigsten Managementkonzepte, München 2001.

229 Vgl. Siebenbrock, Heinz: Grundlagen der Organisationsgestaltung und -entwicklung, 4. Aufl., Altenberge 2012, S. 79.

230 Vgl. Ebenda, S. 91f.

231 Schmelzer, Hermann/Sesselmann, Wolfgang: Geschäftsprozessmanagement in der Praxis, 6. Aufl., München 2008, S. 410.

232 Fischermanns, Guido: Praxishandbuch Prozessmanagement, 7. Aufl., Gießen 2008, S. 53.

233 Hammer, Michael/Champy, James: Business Reengineering, Die Radikalkur für das Unternehmen, Frankfurt/New York 1994, S. 48.

234 Ebenda, S. 269f.

235 Vgl. Unger, Barbara: Das Project Management Office, in: Zeitschrift *Führung + Organisation*, Heft 1/2012, S. 11–16.

236 Schreyögg, Georg: Organisation, Grundlagen moderner Organisationsgestaltung, 3. Aufl., Wiesbaden 1999, S. 485.

237 Ebenda.

238 Ebenda.

239 Vahs, Dietmar: Organisation, 7. Aufl., Stuttgart 2009, S. 344.

240 Ebenda.

241 Vgl. Lewin, Kurt: Group Decision and Social Change, in: Readings in Social Psychology by Theodore M. Neweomb and Eugene L. Hartley, New York 1947, S. 340–344, gefunden in: http://www.crossroad.to/Quotes/brainwashing/kurt-lewin-change.htm am 1.3.2013. Die Idee zur Gestaltung der Grafik ist entnommen: Schreyögg, Georg: Organisation, Grundlagen moderner Organisationsgestaltung, 3. Aufl., Wiesbaden 1999, S. 493.

242 Streich, Richard K./Brennholt, Jens: Kommunikation in Projekten, in: Angewandte Psychologie für das Projektmanagement, Hrsg.: Monika Wastian, Isabell Braumandel, Lutz von Rosenstiel, Heidelberg 2012, S. 61–82.

243 Vgl. Vahs, Dietmar: Organisation, 7. Aufl., Stuttgart 2009, S. 354.

244 Vgl. Schreyögg, Georg: Organisation, Grundlagen moderner Organisationsgestaltung, 3. Aufl., Wiesbaden 1999, S. 484.

245 Vgl. Burnes, Bernard: Managing Change, A Strategic Approach to Organisational Dynamics, 3. Aufl., Harlow u.a. 2000, S. 283ff.

246 Schreyögg, Georg: Organisation, Grundlagen moderner Organisationsgestaltung, 3. Aufl., Wiesbaden 1999, S. 548. Schreyögg verwendet statt des Begriffs ‚Geplanter Wandel' den Begriff ‚Organisationsentwicklung', der in der Literatur häufig auch als deutsche Übersetzung für Change-Management benutzt wird.

247 Carnall, Colin A.: Managing Change in Organizations, 4. Aufl., Harlow u.a. 2003, S. 240f.

248 Vgl. Vahs, Dietmar: Organisation, 7. Aufl., Stuttgart 2009, S. 370f.; vgl. Carnall, Colin A.: Managing Change in Organizations, 4. Aufl., Harlow u.a. 2003., S. 264.

249 So schließen Klaus Doppler und Christoph Lauterburg im „Großen Buch der Strategiekonzepte" das Kapitel „Change Management" mit den dafür essenziellen Kommunikationsformen ‚Moderation' und ‚Persönliches Feedback' (Simon, Hermann (Hrsg.): Das große Hand-

buch der Strategiekonzepte, Ideen, die die Businesswelt verändert haben, 2. Aufl., Frankfurt 2000, S. 182–202, hier S. 200–202). Vgl. aber auch ausführlich Doppler, Klaus/Lauterburg, Christoph: Change Management, Den Unternehmenswandel gestalten, Frankfurt 1994.

250 Schreyögg, Georg: Organisation, Grundlagen moderner Organisationsgestaltung, 3. Aufl., Wiesbaden 1999, S. 550.

251 O.V., Kommunikationsentwicklung im Team, http://www.iak.de/index.php?id=175, abgerufen am 26.10.2012.

252 Siebenbrock, Heinz: Grundlagen der Organisationsgestaltung und -entwicklung, 4. Aufl., Altenberge 2012, S. 83.

253 Vgl. Schmalenbach, Eugen: Pretiale Wirtschaftslenkung, Band 1, Die optimale Geltungszahl, Bremen-Horn 1947, S. 69.

254 Schreyögg, Georg: Organisation, Grundlagen moderner Organisationsgestaltung, 3. Aufl., Wiesbaden 1999, S. 534.

255 Vgl. Ebenda, S. 547.

256 Nonaka, Ikujiro/Konno, Noboru: The Concept of „Ba", Building a Foundation for Knowledge Creation, in: *California Management Review*, Vol. 40, No. 3/1998, S. 40ff., http://home.business.utah.edu/actme/7410/Nonaka%20 1998.pdf, abgerufen am 25.10.2012.

257 Vgl. Nonaka, Ikujiru/Takeuchi, Hirotaka: Die Organisation des Wissens: Wie japanische Unternehmen eine brachliegende Ressource nutzbar machen, Frankfurt 1997, S. 114ff.

258 Vgl. Smith, Adam: An Inquiry into the Nature and Causes of the Wealth of Nations. Vol. I & II, 1776; http://en.wikisource.org/wiki/The_Wealth_of_Nations/ Book_I/ Chapter_1, abgerufen am 30.10.2012.

259 Vgl. Sedláček, Tomáš: Die Ökonomie von Gut und Böse, München 2012, S. 134f..

260 Vgl. Taylor, Frederic W.: The principles of scientific management, London 1911 (Nachdruck: New York 2006).

261 Vgl. Kreitling, Holger: Das Vorbild des Fließbands ist
    der Schlachthof, in: *Die Welt* vom 13.7.2011, gefunden
    in: http://www.welt.de/kultur/history/article13416694/
    Das-Vorbild-des-Fliessbands-ist-der-Schlachthof.html
    am 30.10.2012.

262 Kreitling, Holger: Das Vorbild des Fließbands ist der
    Schlachthof, in: *Die Welt* vom 13.7.2011, gefunden in:
    http://www.welt.de/kultur/history/article13416694/
    Das-Vorbild-des-Fliessbands-ist-der-Schlachthof.html
    am 30.10.2012.

263 Siebenbrock, Heinz: Grundlagen der Organisationsge-
    staltung und -entwicklung, 4. Aufl., Altenberge 2012,
    S. 35.

264 Vgl. Ebenda, S. 56ff.

265 Bergmann, Gustav/Daub, Jürgen: Das menschliche Maß,
    Entwurf einer Mitweltökonomie, München 2012, S. 228.

266 Ebenda, S. 241.

267 Ebenda, S. 242f.

268 Ebenda, S. 242.

269 Gefunden in: Schmidt, Josef: Das gute Beispiel, S. 79.

270 Kästner, Erich: Zeitgenossen, haufenweise Gedichte,
    Hrsg. Harald Hartung, Nicola Brinkmann, München
    1998, S. 277.

271 Machatschke, Michael: Hall of Fame, Götz Werner und
    Michael Otto aufgenommen, Online Ausgabe des Mana-
    ger-Magazins vom 14.6.2012, in: http://www.manager-
    magazin.de/unternehmen/artikel/0,2828,838933,00.
    html, abgerufen am 12.1.2013.

272 Bergmann, Gustav/Daub, Jürgen: Das menschliche Maß,
    München 2012, S. 188.

273 Vgl. Dittmann, Titus/Matthiass, Michael: Brett für die
    Welt, Köln 2012.

274 Diese Geschichte geht zurück auf meine persönlichen
    Erfahrungen Mitte der 1980er Jahre im Unilever-
    Konzern.

275 Ein Vortrag von Stefan Peukert an der Hochschule Bo-
    chum hat mich zu dieser größtenteils frei erfundenen

Geschichte angeregt. Richtig ist allerdings, dass Peukerts Plattform ‚meinpraktikum.de' ein erfolgreiches Startup-Unternehmen in Bochum ist, welches tatsächlich auf Diversität setzt. Vgl. Peukert, Stefan: Der Mittelstand als attraktiver Arbeitgeber – der kleine Unterschied macht es! Von der Personalauswahl zur Mitarbeiterbindung, in: Ringvorlesung Hochschule Bochum, Fachbereich Wirtschaft am 15.5.2012.

276 Diese Geschichte basiert im Wesentlichen auf wahren Begebenheiten, die Namen wurden allerdings verändert.

277 http://www.musicalradio.de/Berichte-und-Rezensionen /603-tick-tick…-BOOM-in-Datteln.html vom 9.7.2012. Diese Geschichte beruht also nicht nur auf Fakten, der Leser kann sie in Datteln (NRW) hautnah nachempfinden. Gehen Sie mal wieder ins Theater! Ich habe Gerd auf einer Reise in Schottland kennengelernt.

278 Von 1993 bis 1995 war ich angestellter Geschäftsführer dieses Unternehmens, das auch heute noch unter dem Namen Sperrholz Koch GmbH firmiert.

279 Fischer, Gabriele: „Ich kann mich unglaublich gut selber bescheißen.", Interview mit Titus Dittmann, brand eins, Heft 8/2008, S. 80–85, hier S. 84.

280 Ebenda.

281 Ebenda. Titus Dittmann liegt aber wohl falsch, wenn er behauptet, nichts angestellt zu haben. Immerhin erlag auch er einer grenzenlosen Gier, als er Anfang 2000 mit den Investoren paktierte.

282 Ebenda, S. 85.

283 O.V.: Kinder, die skaten, schießen nicht, in: Online-Ausgabe *Die Welt* vom 8.9.2012, http://www.welt.de/ regionales/duesseldorf/article109015468/Kinder-die-skaten-schiessen-nicht.html, abgerufen am 9.5.2013.

284 Vgl. http://www.kommende-dortmund.de/kommende_ dortmund/5-Fachbereiche/43-Wirtschaftsethik/45-Un ternehmerpreis.html vom 20.9.2012.

285 http://www.greatplacetowork.de/dba-initiative vom 20.9.2012.

286 http://www.topjob.de/projekt/top-job/index.html vom 20.9.2012.

287 Bergmann, Gustav/Daub, Jürgen: Das menschliche Maß, München 2012, S. 147.

288 Werner, Götz/Goehler, Adrienne: 1000€ für jeden, Freiheit Gleichheit Grundeinkommen, Berlin 2010.

289 Vgl. http://www.bundesregierung.de/nn_1500/Content/ DE/Interview/2010/01/2010-01-25-interview-schaeuble-welt.html vom 25.1.2010, abgerufen am 7.11.2012.

290 Vgl. Weik, Matthias/Friedrich, Marc: Der größte Raubzug der Geschichte, Warum die Fleißigen immer ärmer und die Reichen immer reicher werden, Marburg 2012, S. 93f.

291 Vgl. Stiglitz, Joseph: Der Preis der Ungleichheit, München 2012, S. 27f.

292 Vgl. Gesell, Silvio: Die Natürliche Wirtschaftsordnung, Band 11, 4. Aufl. 1920, S. 9.

293 Ebenda, S. 133.

294 http://www.wdr.de/tv/quarks/sendungsbeitraege/2012 /0605/geld_3_008.jsp vom 18.11.2012.

295 Das nach Bürgermeister Michael Unterguggenberger benannte Institut hat es sich zur Aufgabe gemacht, das ‚Wunder von Wörgl‘ in Erinnerung zu halten.

296 http://www.wahrheitssuche.org/curitiba.html vom 18.11.2012.

297 http://www.wahrheitssuche.org/curitiba.html vom 18.11.2012.

298 Vgl. Lietaer, Bernard: Complementary Currencies in Japan Today: History, Originality and Relevance, in: http://www.regiogeld-mv.de/media/document/20/ IJCCR_8no1.pdf vom 18.11.2012.

299 Bei Tomáš Sedláček können wir nachlesen, dass Adam Smith mit seinen beiden Hauptwerken „Theorie ethischer Gefühle" (1759) und „Wohlstand der Nationen" (1776) widersprüchliche Konzepte über menschliches Handeln liefert. Im ersten Werk spielen Sympathie und Wohlwollen die tragende Rolle, während im zweiten

Werk besonders das Eigeninteresse als Triebfeder menschlichen Handelns angesehen wird. Nach Tomáš Sedláček müsste man weniger Smith, sondern vielmehr Bernard Mandeville (um 1720) die verbreitete These zuschreiben, dass Egoismus und sogar Laster das Allgemeinwohl ‚mit einer unsichtbaren Hand' fördern. Vgl. Sedláček, Tomáš: Die Ökonomie von Gut und Böse, München 2012, S. 229–265.

300 Bergmann, Gustav/Daub, Jürgen: Das menschliche Maß, Entwurf einer Mitweltökonomie, München 2012, S. 140.